JIAOZHILIU DIANWANG ROUXING XIANLIU JISHU

# 交直流电网
# 柔性限流技术

郑 峰 主 编

林燕贞 郑 松 副主编

中国电力出版社

CHINA ELECTRIC POWER PRESS

**图书在版编目（CIP）数据**

交直流电网柔性限流技术 / 郑峰主编. —北京：中国电力出版社，2025.8
ISBN 978-7-5198-8606-6

Ⅰ. ①交… Ⅱ. ①郑… Ⅲ. ①电网–电力系统–研究 Ⅳ. ①TM7

中国国家版本馆 CIP 数据核字（2023）第 253314 号

出版发行：中国电力出版社
地　　址：北京市东城区北京站西街 19 号（邮政编码 100005）
网　　址：http://www.cepp.sgcc.com.cn
责任编辑：周天琦　董洋辰
责任校对：黄　蓓　马　宁
装帧设计：郝晓燕
责任印制：钱兴根

印　　刷：北京世纪东方数印科技有限公司
版　　次：2025 年 8 月第一版
印　　次：2025 年 8 月北京第一次印刷
开　　本：710 毫米×1000 毫米　16 开本
印　　张：14.5
字　　数：242 千字
定　　价：70.00 元

# 编 写 组

主　编　郑　峰

副主编　林燕贞　郑　松

成　员　杨佩佩　孙　涛　孙玉波　伍仰金

　　　　涂承谦　宋　涛　刘宝谨　刘菀玲

# 前　言

　　交直流电网限流技术是抑制电力系统故障电流，提升新型电力系统运行安全性与可靠性，缩短故障处理时间，降低设备损坏率，延长设备的使用寿命，实现电力系统高效经济运行的重要手段，也是实现强韧性新型电力系统的重要保障。随着电力电子技术快速发展，我国交直流电网限流技术从传统"虚体"控制策略限流，"实体"电感、超导限流，逐步发展为利用高频电力电子器件"实虚"结合的限流方式，目前已由探意和试点阶段走向实用阶段。随着高占比新能源接入电网和新型电力系统建设工作的大规模开展，故障电流越限问题、投资成本问题愈发严重。因此，迫切需要一本系统介绍交直流电网柔性限流技术的高校教材，供高校培养相关专业人才使用。

　　本书共 6 章，在简要介绍交直流电网限流技术的概念、手段、功能及发展等的基础上，首先对交直流电网限流装置种类、拓扑结构、投资成本等做了系统阐述，接着介绍了电力电子类交直流电网柔性限流装置控制系统、限流器与断路器协同保护策略，最后介绍了计及多元影响因素的交直流电网柔性限流装置优化配置问题。全书撰写按照理论与实际相结合的思路，列举了大量的仿真实例，旨在让读者在学习交直流电网柔性限流装置的基础上，掌握实用的交直流电网柔性限流技术并应用到实际工作中。

　　感谢福州大学电气工程与自动化学院硕士研究生张锦松、郑泽楠、郑传良、吴国靖等同学认真细致地完成了书稿的插图绘制工作。

　　限于作者水平，书中不妥和错误之处在所难免，诚望读者批评指正。

作者于福州大学旗山校区

# 目　　录

# 1 概　　述

## 1.1 背　景　及　意　义

能源是人类生存和发展的重要基础,电能作为一种清洁、便利的能源形式,对于国民经济的发展至关重要。随着经济与科技的发展,人类对电能的需求不断增加,也因此造成了许多环境保护方面的问题。2021 年 5 月,国际能源署公布了其年度报告《全球能源行业 2050 净零排放路线图》,此报告指出能源领域产生了全世界约 3/4 的温室气体,其中,电力行业是最大的碳排放行业,占全球碳排放总量的 40%。因此,推动能源领域绿色低碳转型是应对气候危机等环保问题的关键。作为世界上最大的能源生产国和消费国,我国目前仍以煤炭发电为主要发电形式,占总发电量的 62.59%,远高于世界其他代表性经济体。为此,我国在 2020 年提出"碳达峰、碳中和"目标战略,旨在持续推进我国产业结构和能源结构调整,大力发展可再生能源发电,兼顾经济发展和绿色转型同步进行。近年来,基于可再生能源的分布式电源(Distributed Generation,DG)及其技术得以迅速发展与应用。我国也在大力发展 DG 产业,国家发展改革委报告显示,截至 2022 年底,我国风电光伏装机容量突破 7 亿 kW,风电、光伏发电装机均处于世界第一;2022 年风电光伏新增装机容量占全国新增装机容量的 78%,新增风电光伏发电量占全国当年新增发电量的 55% 以上。但这也给电网安全运行带来了巨大的挑战。

针对电网短路故障电流问题,传统的限流措施主要从网络结构、运行方式与额外设备三方面入手。其中,故障限流器(Fault Current Limiter,FCL)作为增设额外设备的有效手段之一,因其具有灵活抑制故障电流、不改变电网结构、正常态无损耗、提高电网可靠性等优点,受到国内外广泛关注。但现有FCL,如超导型故障限流器(Superconducting Fault Current Limiter,SFCL)因故障后超导体恢复时间过长与超导体限流后的散热等问题而无法广泛应用；电力电子型器件中的开关型 FCL、可变阻抗型 FCL、桥式型 FCL 等，在计及短路限制设备成本、损耗、暂态稳定性、容量等的影响下，较难实现故障期间对故障电流的有效限制。因此寻找新的、有效的 FCL 就显得尤为重要。

此外，研究表明 FCL 配置方案的不同对系统故障电流的大小、配电网运行可靠性与经济性等方面影响较大。合理的配置方案有助于改善故障电流水平、提高配电网的可靠性。同时，经济因素牵制着新兴设备的实际工程应用，而现存 FCL 的费用较高，对其合理的规划配置，有助于提高配电网的经济性。因此 FCL 安装位置、规模与数量的选取是其规划阶段亟须解决的重要问题，目前较为主流的解决方法是：在满足位置、数量与规模等约束条件的前提下，将规划问题转化为寻优问题进行求解。但现有优化算法，如数学规划法因计算模型复杂、计算效率低等问题而无法广泛应用；单目标优化算法因引入主观权重将多个目标函数整合成单目标而产生规划误差，导致优化配置问题的客观性；多目标优化算法虽然消除了主观权重的影响，但是不同算法间的性能差异较大，最终获得的优化方案偏差也不尽相同。因此寻找合适的优化算法对规划配置问题起到至关重要的影响。目前 FCL 技术的相关研究主要集中在硬件模式与软件模式，具体情况如下。

（1）硬件模式，即主要增加额外硬件设备消纳电力系统多余的有功功率以实现抑制逆变器直流侧过电压和交流侧过电流的目的。① 利用超级电容储能装置解决 DG 低电压穿越问题，基于其快速充放电特性可消除 DG 输出电能的随机性，但也附加较大的投资维护成本。② 在双馈风力发电机转子处串联电阻，根据电压跌落程度改变风力发电机的有功功率。③ 在串联电阻的同时加装直流卸荷电路以改善微电网的暂态稳定性。④ 提出串联制动电阻以消除电网侧故障，改善电网侧电压骤降问题，从而提升了 DG 的低电压穿越能力，但是该类方法未考虑逆变器的无功电流对并网点的支撑作用。⑤ 通过动态电压恢复器抬高故障时并网点电压，但是存在过流问题。⑥ 通过静止同步补偿器抑制电压跌落，有利于故障清除后的电压恢复，但此方法结构复杂，且需要增设额外设备辅助其抑制故障过电流。⑦ 通过 SFCL 抑制故障电流，但 SFCL 只有在失超态才能实现 DG 故障穿越能力。综合以上研究可以看出，当发生短路故障，装设额外设备在增加投资成本的同时往往会降低分布式电源的利用率，使电网环境变得更为复杂。

（2）软件模式，即针对并网逆变器的控制实现抑制过压过流、向电网提供无功支撑以抑制系统电压跌落等问题。① 在前馈控制策略的基础上引入电流环，通过双环控制加快对故障扰动的响应速度，实现稳定逆变器直流侧电压和抑制交流侧过电流的目的，但是双环控制的比例积分参数难以实现最优适配，参考目标的实时跟踪也因不同整定参数而存在较大差异。② 在传统双环控制中引入各相序分离方法，解决了负序分量在控制中对目标的扰动，从而得到非对称性故障下的故障电流，但复杂分离算法产生的时滞使逆变器控制系统仍然存在动态限制。③ 根据故障电压跌落程度与故障前的功率数值，通过最大功率点跟踪控制算法向电网提供无功支撑，确保光伏发电系统在故障期间以最大功率或非最大功率运行，但是没有考虑到交直流两侧的功率平衡问题。④ 在故障期间转换光伏发电系统的最大功率点跟踪控制至非最大功率点跟踪控制以抑制逆变器交流侧过电流、直流侧过电压，同时提供无功支撑并网点电压，但相关研究并未检验算法在非对称故障下的低电压穿越能力。综上所述，发生短路故障时虽然无须增加多余费用，但是部分控制策略使得微电网动态恢复速度减缓且暂态性能削弱。因此在系统发生短路故障时，设计一种兼备结构简单与鲁棒性的微电网控制器以消除电力系统过流、新能源并网逆变器交流侧过流、直流侧过压就显得异常重要。

综合微电网供电的诸多优势及绿色能源发展的时代背景，微电网及其相关技术也得以迅速发展。然而，随着新能源并网发电系统渗透率的增大，其公共耦合点（Point of Common Coupling，PCC）处出现的电能质量问题也更加突出。当微电网处于并网状态时，若外部电网故障，保护装置会将微电网与外网解列形成孤岛运行状态，而当并网功率较大时，对微电网的非计划性切除可能导致电网功率失衡，影响系统安全稳定运行。因此，微电网系统应具备一定故障穿越（Fault Ride-through，FRT）能力，以减少因外部故障造成的脱网事件。此外，随着配电网电力电子化的发展，电网中的非线性负载造成的谐波污染问题也更突出，其将造成 PCC 电压电流的波形畸变，使得微电网在谐波环境下的 FRT 更加复杂。为此，研究微电网在复杂电网环境下的 FRT 技术，具有非常重要的现实意义。

## 1.2　故障限流器分类

相较于传统解决故障穿越问题的方案，短路 FCL 在不破坏电网结构的前提下，能够灵活地抑制故障电流甚至提高配电网的供电质量。历经二三十年的发展，FCL 的种类与研究深度已突飞猛进，且能够作用于中高压配电网，通过半导体器件替代传统开关器件以实现故障的灵敏响应。短路故障下，FCL 通过等效为高阻抗以限制故障电流至目标范围内。其中以 SFCL、柔性故障限流器（Flexible Fault Current Limiter，FFCL）在工程实际研究最为广泛。

超导型故障限流器种类之多，基于电气特性可分为：电阻型、电感型；基于物理结构可分为：磁屏蔽型、电桥型、磁饱和型、变压器型等。SFCL 通过转换超导态至失超态实现故障时等效阻抗的增大以抑制故障电流，但超导限流器的散热问题与超导材料的生产维护问题使其发展受限。而电力电子型限流器亦可称为 FFCL，因其柔性可控、快速动作且重复性高等特点饱受关注。

依据电力电子型限流器的拓扑结构，可分为谐振型、固态开关型、混合型和桥路型。

1. 谐振型 FFCL

图 1-1 为谐振型 FFCL 的两种电路拓扑结构图，通过电力电子器件的导通与关断实现限流器谐振状态的切换。当正常运行时，通过门极可关断晶闸管（Gate-Turn-off Thyristor，GTO）的截止与导通使得电感电容形成串联谐振或并联谐振状态而对外等效为零阻抗，削弱对配电网的影响；配电网存在故障时，串联谐振或并联谐振状态被打破，通过表现出高阻抗以抑制故障电流。但因暂态振荡、工作电流过大与损耗过大等问题而导致其发展与应用受限。

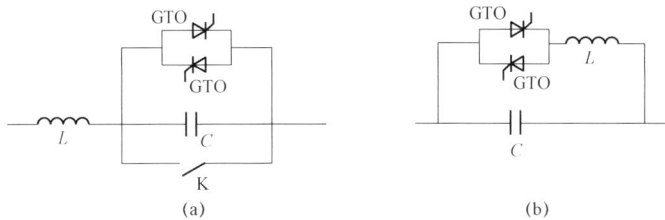

图 1-1 谐振型 FFCL 电路拓扑图
（a）串联谐振；（b）并联谐振

2. 固态开关型 FFCL

图 1-2 中固态开关型 FFCL 包含电感与三组反向连接的晶闸管。其中，SSCB（Solid State Circuit Breaker）为固态断路器。在配电网处于非故障状态时，GTO 的导通使得电感 $L$ 被旁路而表现出零阻抗，在配电网处于短路状态时，保护控制在短时间内使 GTO 断开，通过电感实现等效阻抗的增大以抑制短路电流。基于上述限流原理，对 GTO 材料与控制系统的灵敏度存在着较高的要求，并且 GTO 断开时刻电流转移至电感瞬间会产生较大的 $di/dt$、$du/dt$，这将导致

实现限流之余产生过电压与暂态振荡等问题，因此其发展受到较大的限制。

3. 混合型 FFCL

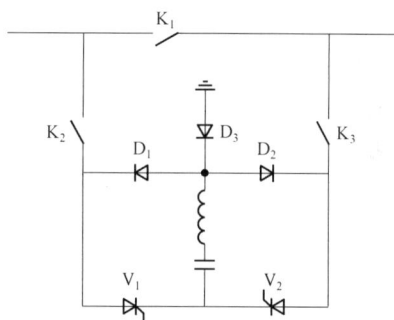

图 1-3 为一种交直流两用混合型 FFCL 的拓扑结构，结合断路器与电力电子器件以解决上述两种限流器所产生的缺点。$V_1$，$V_2$ 为普通晶闸管。正常运行，闭合 $K_1$ 使得限流器被短路以消除限流器对网络的影响；在配电网发生短路时，基于三个机械开关与二极管通断以改变耦合结构，开关 $K_1$ 接收由电容释放的逆向能量，从而切断短路故障。虽然该混合型 FFCL 具有较好的限流效果，但该结构较固态开关型复杂，而且同样存在着高成本等问题。

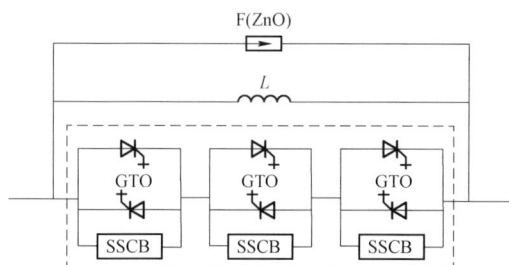

图 1-2　固态开关型 FFCL 电路拓扑图　　　图 1-3　混合型 FFCL 电路拓扑图

4. 桥路型 FFCL

图 1-4（a）为浙江大学最早提出的桥路型 FFCL 的拓扑结构，通过电力电子器件的导通与关断实现阻抗对故障电流的限制，但是该结构体积重量过大且含有较大的谐波污染。福州大学郭谋发教授基于多电平变换器提出了级联 H 桥路型 FFCL，其拓扑结构如图 1-4（b）所示，该拓扑采用电容电感耦合替

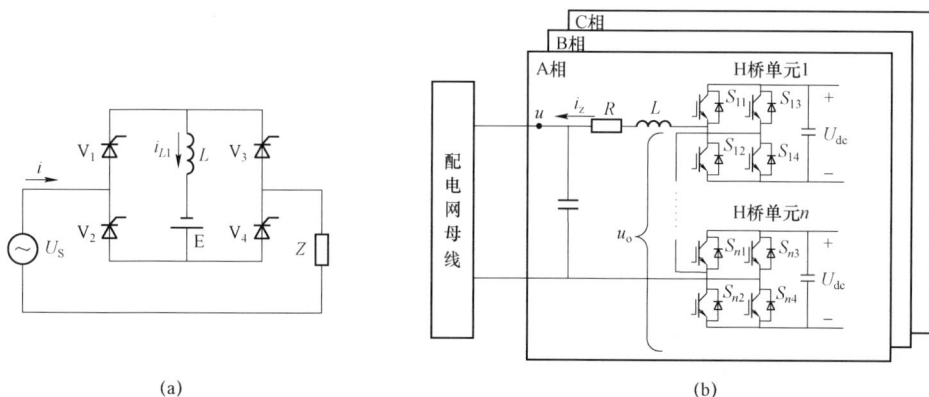

（a）　　　　　　　　　　　　　　　　　　　（b）

图 1-4　桥路型 FFCL 电路拓扑图

（a）早期桥路型 FFCL；（b）级联 H 桥路型 FFCL

代变压器，消除配电网的谐波污染，同时多级联 H 桥的结构实现了故障电流的柔性可控，易于扩大限流器的规模以适应更多应用场景。但是电力电子器件承受着较大的电压，较难在成本与使用寿命之间进行权衡。

## 1.3  多功能故障限流器

随着电力系统安全可靠性要求的提高，电网故障发生的频率大幅度降低，由此导致部署的 FCL 装置大部分时间处于闲置状态，与设备部署的经济性要求相矛盾。因此，经过近几十年的技术发展，FCL 的研究由原来单一的限流功能转向多功能方向进行，从而扩展了 FCL 装置的使用场景，而对于微电网故障穿越而言，其具备更加完善的电能质量治理能力，有利于实现长时段的故障穿越。依托于电力电子器件的可控性，柔性故障限流器（FFCL）具有良好的功能扩展的潜力，使其成为目前多功能 FCL 技术研究的主要对象。

1. 具有串联补偿功能的 FFCL

如图 1-5 所示为一种具有串联补偿功能的限流装置。该装置除了能够在故障时限制短路电流，还可以对线路起串联补偿作用。其具体工作方式如下：线路未发生故障正常运行时，固态开关截止，电容 $C$ 上流过负荷电流，从而实现对电力线路的串联补偿作用；发生故障时，控制固态开关导通，将旁路电感接入，配合适当的器件参数设计，实现短路电流限制。该装置扩展了 FFCL 的使用场景，但要求保护电路具有极快的响应速度以保证固态开关正常工作，实现难度较大。

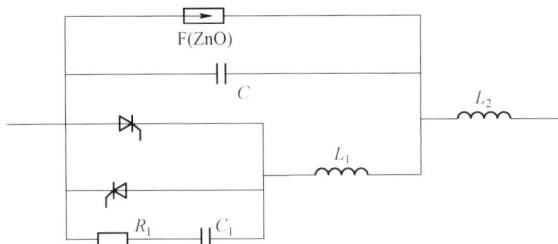

图 1-5  具有串联补偿功能的 FFCL 结构

2. $L$ 型单相 FFCL

$L$ 型单相 FFCL 结构如图 1-6 所示。该装置由四个二极管（$D_1$、$D_2$、$D_3$

和 $D_4$）和一个集成门极换流晶闸管（Integrated Gate-Commutated Thyristor，IGCT）（VT）组成。其中，F(ZnO)避雷器用于限制过电压。当 IGCT 开通时，所有电流流过二极管；当 IGCT 关断时，所有电流流过电感 L。一方面，基于快速运用与快速自动恢复，该装置实现对短路电流的限制作用；另一方面，该装置发挥了良好的阻尼系统作用，具有动态无功补偿和电力系统静态稳定器等功能。

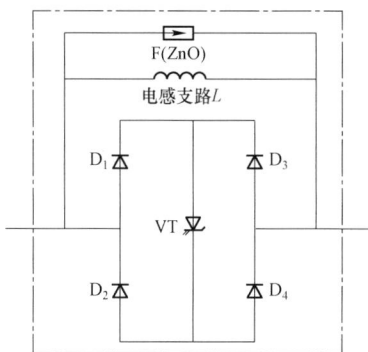

图 1-6　L 型单相 FFCL 结构

**3. 具有故障限流功能的直流断路器**

作为多功能限流技术的新的研究思路，一种具有故障限流功能的直流断路器被提出，其拓扑结构如图 1-7 所示。该装置由超导限流器（SFCL）、通流开关组和主断路器组成，其通过并联电阻分担了超导体的故障电流，通过换向开关组保证直流电流的双向流动，且该开关组由于配备了双向导通电力电子器件，减少了器件使用，降低了设备造价；同时在开关动作瞬间，降低了主断路器所需要承受的过大的电流和电压应力。

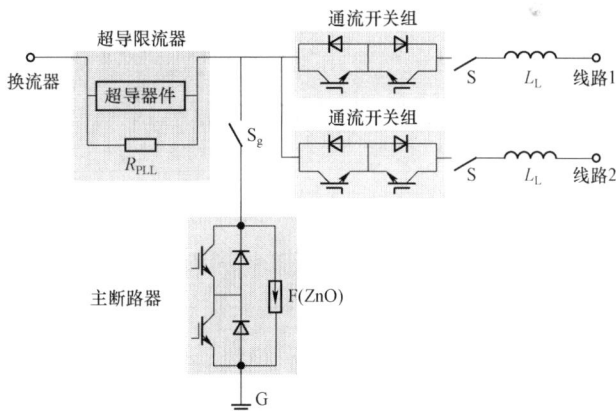

图 1-7　具有故障限流功能的直流断路器结构

**4. 具备限流功能的动态电压恢复器（Dynamic Voltage Restorer，DVR）**

现有研究提出了将 DVR 与桥式 FCL 功能相结合的装置（Multifunctional Dynamic Voltage Restorer，MF-DVR），该装置由储能系统、直流侧电容、泄放/限流支路、三相四桥臂逆变器及滤波电路等组成，其拓扑结构如图 1-8 所示。

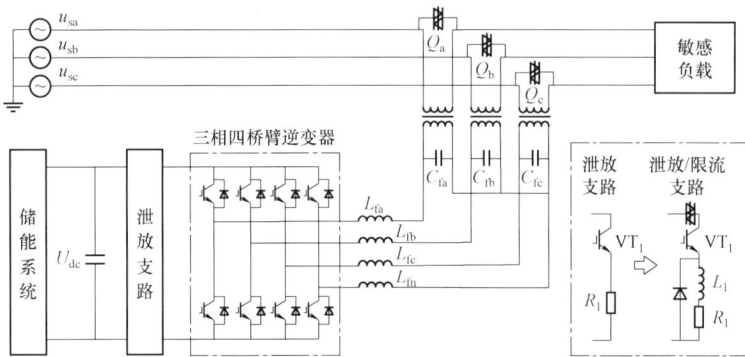

图 1-8　MF-DVR 结构

其工作模式包括电压补偿和短路限流两种。当检测到电网电压暂降或暂升时，MF-DVR 工作在动态电压恢复模式，此时其相当于传统 DVR，通过控制逆变器输出相应的补偿电压叠加到负载侧，从而维持负载电压稳定。当发生短路故障导致流过的负载电流过大时，MF-DVR 切换为短路限流模式，其通过对三相四桥臂 IGBT 的封锁，保护直流侧的储能系统；而通过对泄放支路的控制，实现将限流电感和电阻投入，从而将短路电流限制在故障范围内。

5. 多功能控制策略研究

上述通过拓扑结构改进实现多功能限流器的方案通常存在着拓扑复用率低、设备利用率不高等问题，相比较而言，通过控制策略的设计实现设备多功能方案具有更好的通用性。

有学者针对负载侧发生故障情况，提出可通过控制串联 DVR 设备输出电网反向电压的方式，补偿负载电压的同时，抑制短路过电流。有学者通过引入 $RL$ 前馈环节设计了限流设备的限流算法，从而构造了虚拟阻抗环节，实现对短路电流的限制。相似地，有学者通过构建磁链环节的方式，将 DVR 的等效阻抗调整为感性，从而实现在故障时对有功交换的抑制，保证了良好的限流阻尼。还有学者设计了一种全时段投入的 DVR 控制策略，在电网电压暂降时，控制 DVR 进行动态电压补偿输出；在电网正常情况下，控制其对外表现为虚拟电容，改善线路压降；而在负载侧发生短路故障时，将对外特性调整为虚拟电感，实现短路限流功能。

# 1.4　故障限流器优化配置算法

FCL 的优化配置是解决约束空间中多维变量的最优问题,具备离散性、不确定性、随机性等特点,合理的规划对其在电网中发挥的作用起到了至关重要的影响。传统规划限流器的方法是通过人工经验或装置试验评估,同时兼顾限流器的安装位置、容量及数量等约束进行综合考虑。但是对于多节点短路故障及大型配电网而言,该方式计算复杂,耗费较长的时间和较高人力成本,因此想要得到最优的规划方案较为困难。随着优化算法的发展,将规划问题转化为数学问题进行求解是目前规划配置研究的热点。其中优化算法通常可分为数学规划法、单目标与多目标优化算法。

1. 数学规划法

数学规划法是基于多种相互关联变量约束下,寻求某个对象目标函数的最优解问题。在研究前期主要采用枚举法解决限流器的规划配置问题,在给定较小范围的候选支路与规模的前提下,罗列出所有方案进行排序以选择最优方案。随着电网规模与限流器容量的增大,传统枚举法的运算量将呈倍数增长,算法解决问题的效率大大降低,在时间上也难以承受,同时容易错过最佳配置方案。随着算法的不断发展,部分学者利用解析法搜索限流器的最优配置方案,相比于试探法,所提方法不仅能够提高限流器配置效率,而且能够实现限流器的选型。但是该方法仅用于优化故障电流的抑制能力,无法优化限流器的经济性成本,目标较为单一。还有部分学者通过引入一种迭代混合整数非线性规划方法来求解配电网中限流器的最优位置和规模,实现限流器总安装成本的最小化。利用混合整数非线性规划建立了限流器的最优配置方案以增强电力系统的安全性和稳定性。然而随着优化问题复杂性的增加,运行效率低、通用性差等缺点的暴露,传统数学规划法无法得到广泛的应用。

2. 单目标优化算法

根据仿生学中各类生物的习性或社会特征等因素构建优化算法的基本原理,其中最为典型的当属蚁群优化算法、模拟退火算法、帝国主义竞争算法等。启发式优化算法的发展突破了传统数学规划法在优化配置问题中所呈现出的窘迫局面,加强解集在范围空间中的搜索能力并实现多个规划方案的并行处理,大大提高了算法的搜索效率。基于启发式优化算法所存在的优点,已将其应用于电力系统的各个领域,并取得了较大的进展。

粒子群算法（Particle Swarm Optimization，PSO）是 Kennedy 在 20 世纪 90 年代通过融合鸟类飞行特征而衍化的启发式智能算法，通过个体承载问题所需的相应信息以实现方向性的指引。PSO 算法根据对环境的适应度将群体中的个体移动到适应值较优的位置。同时，种群中的每个个体在约束范围内参照种群中局部最优个体的移动方向以改变移动速度，进而不断向全局最优解靠拢。部分学者采用粒子群算法确定限流器在配电网中的最优规模和位置，以提高电力系统可靠性和经济性，减少电力损耗。为了进一步提高算法的搜索性能和适应度，部分学者针对超高压 FCL 的定容选址问题，基于网络全局的限流能力与经济成本提出了改进粒子群游算法。

遗传算法（Genetic Algorithm，GA）是 John Holland 在 20 世纪 70 年代基于种群迭代特征而衍化的智能算法，种群中的个体通过交叉变异、弱肉强食等更新种群手段实现最优个体的搜索。有学者利用改进型遗传算法求解多目标优化问题，基于成本、网络损耗和短路水平对限流器进行优化配置。部分学者提出了一种两阶段优化方法，在第一阶段采用基于哈希函数的遗传算法对限流器配置问题进行优化，第二阶段由 PSO 确定限流器的最优阻抗值。

在处理优化问题时常伴随着多个目标函数的规划，单目标优化算法虽然能够解决优化问题，但求解效率较低，同时不同指标之间所引入的主观权重将导致限流器在优化配置问题中的主观性与偏差性。

3. 多目标优化算法

为解决单目标优化算法因引入主观权重而产生的优化误差，针对原有非支配排序计算复杂、需指定共享参数等缺点，Kalyanmoy 于 2000 年提出了基于非支配排序的多目标进化算法（Multi Objective Evolutionary Algorithm，MOEA），亦称为 NSGA-Ⅱ算法。该算法从传统的最优解映射至最优解集，所得解集称为帕累托（Pareto）相对占优前沿面，不存在某一方案能够在所有维度下均优于 Pareto 前沿面中的任意方案。有学者提出了一种全寿命周期效益的 SFCL 全局协同配置方法，利用 NSGA-Ⅱ算法求解配置方案的 Pareto 最优解集，综合考虑了 SFCL 的初始成本与维护成本，为 SFCL 在实际工程应用提供了新的经济配置思路。

# 1.5 故障限流器优化配置问题与挑战

随着 DG 装机容量的增长，新能源对于配电网规划问题的影响不容忽视。

配电网在短路故障初期，DG 的暂态特性被恶化，甚至使得 DG 因自我保护而脱网，从而引发新的网络故障，这将使得配电网从一重短路故障转化为 DG 脱网性的多重故障。然而限流器优化配置问题是对理想情况下的配电网一重短路故障进行研究，因此为消除 DG 在配电网短路故障下带来的额外影响，提出微电网低电压穿越的控制算法以抑制故障下的暂态动荡，维持电气量于安全裕度范围内，保证 FCL 的规划准确性。

国内外学者从不同角度对限流器优化配置问题进行了研究，提出了不同目标函数的限流器优化配置计算模型。例如，从成本角度，以投资成本最小化作为优化目标；从限流效果角度，以限流效果作为目标函数，利用网络的安全裕度约束搜索空间；基于可靠性角度，以装设限流器后提高网络的可靠性作为优化目标。更有结合限流器与 DG 的综合规划而形成具有综合规划配置的一体化决策，实现配电网重构与限流器优化配置的综合规划等。由于限流器作为新兴设备，未有详尽的经济成本评估数据，因此现存文献较少有完整地构建限流器的经济评估模型，并且在寿命成本分析中，常常将研究周期等效为设备的使用周期而忽略了设备更换成本，导致成本分析的不准确。因此寻找合适的目标函数与优化算法、全面地构建限流器的经济价值评估模型是完善 FCL 优化配置研究的关键组成部分。

## 1.6　本　章　小　结

本章以微电网故障穿越问题为切入点，引出研究交直流柔性限流器的意义，并以限流器为研究对象，展开叙述了现有国内外的研究情况，全面且系统地介绍了限流器发展及现有装置的问题；为推广限流器在电网系统中的实际应用，充分发挥限流器装置的价值，引出限流器优化配置研究算法的意义，介绍了现有国内外关于限流器优化配置算法研究的不足与缺漏，这也是本书接下来重点研究的方向。本书为推进限流器及其相关技术的发展，研究了交直流限流器结构、控制策略及相应的优化配置算法，全面且系统地对限流器技术进行了研究，具体研究相关的技术内容，将通过接下来的几个章节进行详细介绍。

# 2 交流柔性限流器工作原理及基本控制方法

本章主要对分压式 H 桥型柔性故障限流器（Split Voltage H Bridge Flexible Fault Current Limiter，SVHB-FFCL）实现多功能工作的原理和主电路设计展开研究，由于 SVHB-FFCL 采用分相控制，且各个级联单元结构、参数一致，故以下分析过程均以单相系统为研究对象。在正式分析 SVHB-FFCL 前，首先对交流电网故障特性和传统交流限流器的工作原理及其在应用上存在的不足进行介绍。

## 2.1 交流电网故障特性分析

电网正常运行时，可以认为是三相对称的，即认为各元件三相参数是相同的、三相电路中各点的三相电压和电流是对称的，且具有正弦波形和正常相序。当发生诸如三相短路的对称性短路故障时，系统依然是对称的；而当配电网发生不对称短路故障时，如两相短路、两相接地短路故障，系统的对称性被破坏。不对称短路故障必然会引起电流波形发生不同程度的畸变，即除基波外，还含有一系列谐波分量，在暂态过程中谐波成分更复杂，而且还会出现非周期分量。

### 2.1.1 交流电网对称性故障特性分析

图 2-1 为无限大功率电源供电的三相短路示意图。所谓无限大功率电源即电源内阻抗为零、电源电压幅值和频率均为恒定。

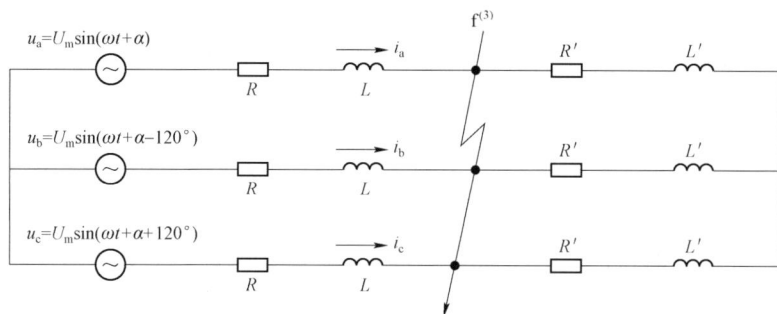

图 2-1 无限大功率电源供电的三相短路示意图

短路前，a 相的电流表达式为

$$i_a = I_{m|0|}\sin(\omega t + \alpha - \varphi_{|0|}) \tag{2-1}$$

式中

$$I_{m|0|} = \frac{U_m}{\sqrt{(R+R')^2 + \omega^2(L+L')^2}} \tag{2-2}$$

$$\varphi_{|0|} = \arctan\frac{\omega(L+L')}{R+R'} \tag{2-3}$$

当在 f 点发生三相短路时，该电路被分成无源回路（没有电源）和短路回路（仍与电源连接），二者相互独立。其中无源回路的电流从短路瞬间开始不断地衰减至零，即磁场中储存的能量均转化为阻抗所消耗的热能；短路回路即为短路暂态过程分析与计算的对象。在该回路中，每相阻抗由原来的 $(R+R')+j\omega(L+L')$ 减小为 $R+j\omega L$，短路电流周期分量必将增大。

假设 $t=0$s 时发生短路，因电路依然对称，以 a 相为例进行分析，其电流的瞬时值满足如下微分方程

$$L\frac{di_a}{dt} + Ri_a = U_m\sin(\omega t + \alpha) \tag{2-4}$$

该方程的特解即为强制分量稳态短路电流 $i_{\infty a}$，又称交流分量或周期分量 $i_{pa}$，表达式为

$$i_{\infty a} = i_{pa} = \frac{U_m}{Z}\sin(\omega t + \alpha - \varphi) = I_m\sin(\omega t + \alpha - \varphi) \tag{2-5}$$

式中：$Z$ 为每相短路阻抗（$R+j\omega L$）的模值；$\varphi$ 为每相短路阻抗的阻抗角；$I_m$ 为稳态短路电流的幅值。

式（2-4）的通解对应如下齐次方程的解

$$L\frac{\mathrm{d}i_\mathrm{a}}{\mathrm{d}t} + Ri_\mathrm{a} = 0 \quad\quad\quad (2-6)$$

即短路电流的自由分量 $i$，又称直流分量或非周期分量，它按指数规律衰减，即

$$i = C\mathrm{e}^{-1/T_\mathrm{a}} \quad\quad\quad (2-7)$$

式中：$C$ 为积分常数，其值即为非周期分量的初始值；$T_\mathrm{a}$ 为衰减时间常数，是特征方程 $pL+R=0$ 的根 $p=-R/L$ 的负导数，即

$$T_\mathrm{a} = L / R \quad\quad\quad (2-8)$$

a 相短路电流的表达式为

$$i_\mathrm{a} = I_\mathrm{m}\sin(\omega t + \alpha - \varphi) + C\mathrm{e}^{-t/T_\mathrm{a}} \quad\quad\quad (2-9)$$

式中的 $C$ 可由初始条件决定。

由楞次定律可知，在该电路中，流过电感的电流无法突变，即短路瞬间电流不能突变（用下标|0|、0 分别表示短路前、后一瞬间的电流值），即

$$i_{\mathrm{a}|0|} = I_{\mathrm{m}|0|}\sin(\alpha - \varphi_{|0|}) = i_{\mathrm{a}0} = I_\mathrm{m}\sin(\alpha - \varphi) + C \quad\quad\quad (2-10)$$

故

$$C = I_{\mathrm{m}|0|}\sin(\alpha - \varphi_{|0|}) - I_\mathrm{m}\sin(\alpha - \varphi) \quad\quad\quad (2-11)$$

即非周期分量初始值为短路前瞬时电流与短路后交流分量瞬时值之差。

将式（2-11）代入式（2-9）中得

$$i_\mathrm{a} = I_\mathrm{m}\sin(\omega t + \alpha - \varphi) + [I_{\mathrm{m}|0|}\sin(\alpha - \varphi_{|0|}) - I_\mathrm{m}\sin(\alpha - \varphi)]\mathrm{e}^{-t/T_\mathrm{a}} \quad (2-12)$$

考虑到三相电路的对称性，为得到 b、c 两相的电流表达式，分别用（$\alpha-120°$）和（$\alpha+120°$）代替式（2-12）中的 $\alpha$ 进行运算。结合式（2-12），最终得到三相短路电流表达式为

$$\begin{cases} i_\mathrm{a} = I_\mathrm{m}\sin(\omega t + \alpha - \varphi) + [I_{\mathrm{m}|0|}\sin(\alpha - \varphi_{|0|}) - I_\mathrm{m}\sin(\alpha - \varphi)]\mathrm{e}^{-t/T_\mathrm{a}} \\ i_\mathrm{b} = I_\mathrm{m}\sin(\omega t + \alpha - 120° - \varphi) + [I_{\mathrm{m}|0|}\sin(\alpha - 120° - \varphi_{|0|}) - I_\mathrm{m}\sin(\alpha - 120° - \varphi)]\mathrm{e}^{-t/T_\mathrm{a}} \\ i_\mathrm{c} = I_\mathrm{m}\sin(\omega t + \alpha + 120° - \varphi) + [I_{\mathrm{m}|0|}\sin(\alpha + 120° - \varphi_{|0|}) - I_\mathrm{m}\sin(\alpha + 120° - \varphi)]\mathrm{e}^{-t/T_\mathrm{a}} \end{cases}$$
$$(2-13)$$

由式（2-13）可知，三相短路电流交流分量幅值相等、相角相差 120°，由于短路时刻前后电感中电流不能突变，每相电流还包含衰减的直流分量；三相的直流分量明显不相等，相对应的波形图见图 2-2。

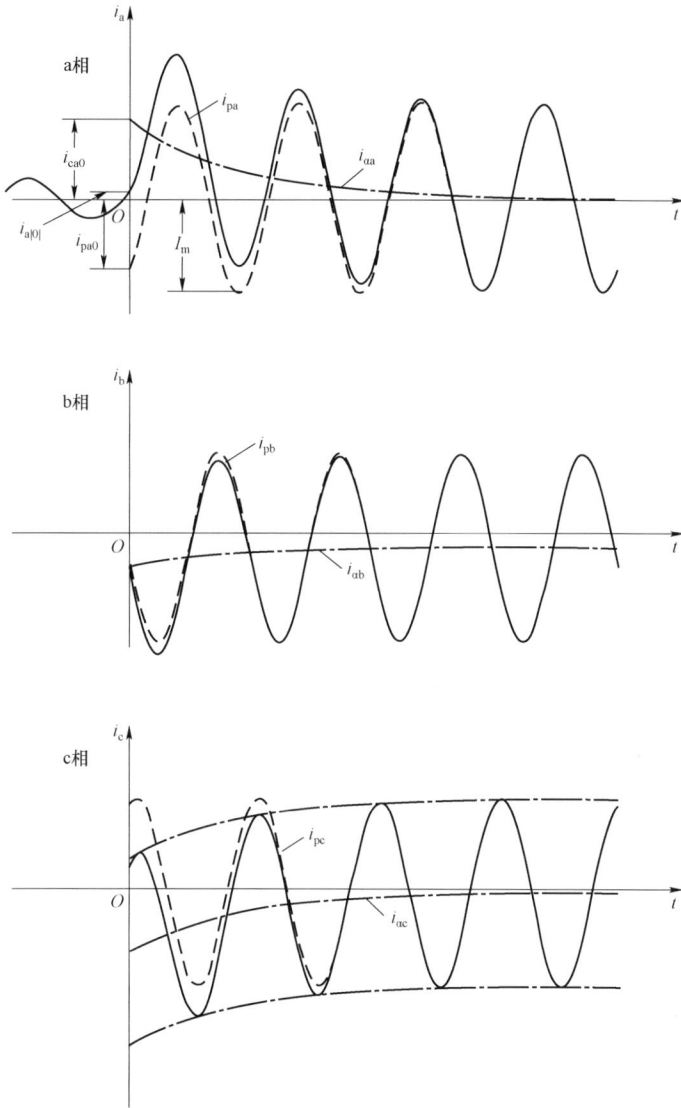

图 2-2  三相短路电流波形图

  图 2-3（b）为 $t=0$ 时 a 相的电源电压、短路前的电流和短路电流交流分量的相量图。很明显，$\dot{I}_{\mathrm{ma|0|}}$ 和 $\dot{I}_{\mathrm{ma}}$ 在时间轴上的投影分别为 $I_{\mathrm{a|0|}}$ 和 $I_{\mathrm{pa0}}$，它们的差值即为 $I_{\alpha\mathrm{a0}}$。如果改变 $\alpha$，使相量差 $(\dot{I}_{\mathrm{ma|0|}} - \dot{I}_{\mathrm{ma}})$ 与时间轴平行，则 a 相直流分量起始值的绝对值最大；如果改变 $\alpha$，使相量差 $(\dot{I}_{\mathrm{ma|0|}} - \dot{I}_{\mathrm{ma}})$ 与时间轴垂直，

则 a 相直流分量为零，此时 a 相电流由短路前的稳态电流直接变为短路后的稳态电流，而不存在暂态过程。

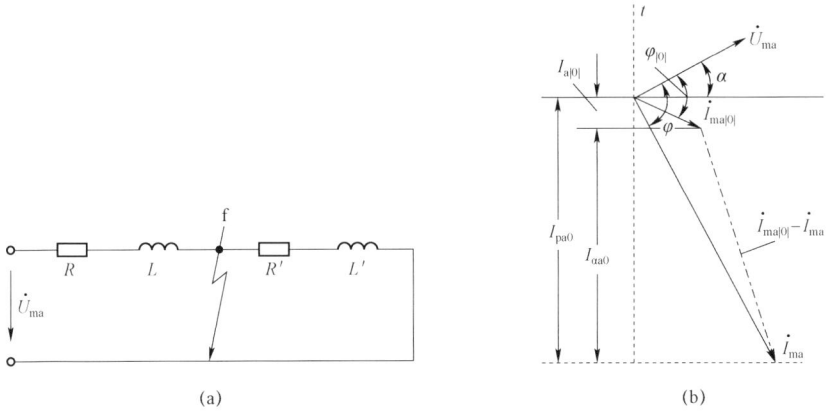

图 2-3　初始状态故障示意图和电流相量图
（a）故障示意图；（b）电流相量图

图 2-4 为短路瞬时（$t=0$）三相电流相量图，可见三相中直流分量初始值不可能同时最大或同时为零。在某一故障初相角下，总有一相（图 2-4 中为 a 相）的直流分量初始值较大，有一相较小（图 2-4 中为 b 相）。由于短路时刻是任意的，因此必须考虑有一相（如 a 相）的直流分量初始值为最大值。

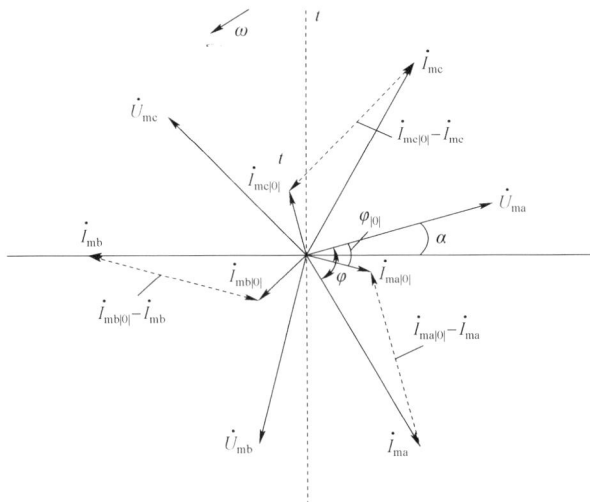

图 2-4　短路瞬时三相电流相量图

## 2.1.2 交流电网不对称性故障特性分析

接下来研究交流电网不对称性故障时的特性，在微电网并网系统中，如果系统处于正常稳态或网侧发生三相对称短路故障时，逆变器输出变量中不含负序分量，并网逆变器控制系统仍可通过对逆变器输出电压的幅值或相位来实现系统中有功功率和无功功率的调节。同时，通过对输出电流直轴分量的控制实现直流侧电压的稳定，但当系统电网侧发生不对称故障时，逆变器交流侧输出电压、电流将会出现负序分量。若充放电系统继续运行于传统的比例积分（Proportional Integral，PI）控制策略，网侧电压和逆变器交流侧输出电流经过检测器。在 $abc-dq$ 旋转坐标变换下，逆变器的输出电流和网侧电压的 $d$ 轴分量和 $q$ 轴分量中会产生直流分量和二倍频交流分量，传统的 PI 控制器将无法实现对交流分量的无静差跟踪，使得逆变器交流侧输出电压 $d$ 轴分量和 $q$ 轴分量中也含有二倍频交流分量，经 $dq-abc$ 坐标变换得到静止 $abc$ 坐标下将含有奇次谐波电压分量，进而逆变输出电流中也将含有奇次谐波电流分量，而充电站并网是一个动态过程，奇次谐波分量会继续在故障中传播，影响逆变器直流侧和交流侧电压电流。

1. 不对称故障条件下负序电压的存在

系统发生单相接地短路、两相短路或者两相接地短路等不对称故障时，电压分量中应当包含基频负序电压，通过对充电系统不对称故障分析，在动态传播过程中，电压分量中还应含有高次正负序谐波分量。因此，假设 a 相电压在时域的表达式为

$$u_{\mathrm{u}}(t)=U_1\cos(\omega_1 t)+U_2\cos(\omega_1 t+\varphi_{\mathrm{v}2})+U_{\mathrm{p}}\cos(\omega_{\mathrm{p}}t+\varphi_{\mathrm{vp}})+U_{\mathrm{n}}\cos(\omega_{\mathrm{n}}t+\varphi_{\mathrm{vn}}) \quad (2-14)$$

式中：$U_1$、$U_2$ 为正负序基频电压幅值，$\omega_1$ 为基频角频率（$100\pi\mathrm{rad/s}$），$\varphi_{\mathrm{v}2}$ 为基频负序电压初始相角。$U_{\mathrm{p}}$、$\varphi_{\mathrm{vp}}$ 为正序谐波电压幅值和初始相角，$\omega_{\mathrm{p}}$ 为其相应的角频率，$U_{\mathrm{n}}$、$\varphi_{\mathrm{vn}}$ 为负序谐波电压幅值和初始相角，$\omega_{\mathrm{n}}$ 为其相应的角频率。

时域下三相静止 $abc$ 坐标系下的 a 相电压转到频域得

$$2\pi U/2[\delta(\omega-2\pi f_0)e^{j\varphi}+\delta(\omega+2\pi f_0)e^{-j\varphi}] \quad (2-15)$$

时域的一个正弦信号在频域分别为 $+f_0$、$-f_0$ 频率的两个冲击，$e^{\pm j\varphi}$ 分别反映了冲击的相角，为方便找到各分量之间的关系，简写为 $(U/2)e^{\pm j\varphi}$，$f=\pm f_0$ 形式，因此，频域下逆变器交流侧电压电流在频域下的表达式如下

$$U_a(f) = \begin{cases} U_1, f = \pm f_1 \text{[positive]} \\ U_2, f = \pm f_1 \text{[negative]} \\ U_p, f = \pm f_p \text{[positive]} \\ U_n, f = \pm f_n \text{[positive]} \end{cases} \quad (2-16)$$

$$I_a(f) = \begin{cases} I_1, f = \pm f_1 \text{[positive]} \\ I_2, f = \pm f_1 \text{[negative]} \\ I_p, f = \pm f_p \text{[positive]} \\ I_n, f = \pm f_n \text{[negative]} \end{cases} \quad (2-17)$$

其中，Positive、Negative 分别代表正、负序分量。

2. 负序分量对并网逆变器直流侧电压的影响

并网逆变器在正常运行时，在传统的有功无功独立解耦控制下，直流电压可在一定范围内不存在任何波动成分。然而，当网侧发生不对称故障时，逆变器交流侧电流 $dq$ 轴分量中既包含直流分量，又包含偶次频分量。由于电网负序电压的存在，使得逆变器的输出功率当中含有偶次频波动分量，进而使直流侧电压中出现偶次频波动分量，对并网逆变器的安全运行造成一定的威胁，影响系统的运行稳定性。本节将在此分析的基础上对此过程进行理论推导，得出不对称故障条件下，并网逆变器直流侧波动分量的表达式。

不计并网逆变器的功率损耗则有

$$P = U_{dc}I_{c1} = \frac{3}{2}(u_d i_d + u_q i_q) \quad (2-18)$$

$$I_{c1} = I_{dc} - C\frac{dU_{dc}}{dt} \quad (2-19)$$

在仿真过程中，直流侧电流 $I_{dc}$ 几乎无波动，可认为是稳定值，又知在两相旋转坐标系下可实现有功无功的解耦控制，在 PLL 作用下 $dq$ 坐标系中 $d$ 轴定向于电网电压矢量方向，从而有 $u_q = 0$。联立以上两式可得直流侧电压与逆变器交流侧电流 $d$ 轴分量的状态方程为

$$U_{dc}\left(I_{dc} - C\frac{dU_{dc}}{dt}\right) = \frac{3}{2}u_d i_d \quad (2-20)$$

若直流侧电压有波动分量存在，采用小信号分析计算波动分量的大小，已知直流侧电流几乎无波动，则 $\Delta I_{dc} = 0$，那么 $\Delta I_{c1} = -C\frac{d\Delta U_{dc}}{dt}$，故直流侧功率波动小信号表示应为

$$\Delta P = \Delta U_{dc}I_{c1} + U_{dc}\Delta I_{c1} = \frac{3}{2}(u_d\Delta i_d + \Delta u_{d1}i_d) \qquad (2-21)$$

又 $U_{dc}\Delta I_{c1} \gg \Delta U_{dc}I_{c1}$，得时域下直流侧电压波动分量的表达式 d$t$ 信号表示应为

$$\Delta U_{dc}(t) = \begin{cases} -\dfrac{3U_d I_{p3}}{2U_{dc}Cs}\cos(2\pi(2f)^{t\pm(\varphi_{pi}-\varphi_{p1})}), & f = 2f \\[3mm] -\dfrac{3U_d I_{m1}}{2U_{dcc}Cs}\cos(2\pi(2f)^{t\pm(\varphi_{m1}+\varphi_{p1})}), & f = 2f \\[3mm] -\dfrac{3U_d I_{m3}}{2U_{dc}Cs}\cos(2\pi(4f)^{t\pm(\varphi_{m3}+\varphi_{p1})}), & f = 4f \end{cases} \qquad (2-22)$$

可以看出，随着直流侧电压偶次频的增大，直流电压波动分量幅值逐渐减小，且 4 次频以上的电压分量值很小，而且对电压波动的影响可以忽略不计。因此，并网逆变器网侧不对称故障条件下，负序电压分量的存在使得直流侧电压产生波动分量且主要以二次谐波为主，因此可以将直流侧电压的时域表达式简化为

$$U_{dc} = U_{dc0} + \Delta U_{dc} = U_{dc0} + U_{dc2}\cos[2\pi(2f)t + \varphi_{dc2}] \qquad (2-23)$$

3. 负序分量对锁相环的影响

为实现有功和无功解耦简化控制，锁相环 PLL 将 $d$ 轴定向于电网电压的矢量方向，在 $abc-dq$ 坐标变换中，锁相环的输出值应为坐标变换矩阵中初始相角。在并网逆变器网侧不对称故障下，负序分量的存在必然会对锁相环的输出相角产生影响，正常运行情况下，电网电压 a 相正序电压的相位角为 $\theta = 2\pi ft + \varphi_1$，即 PLL 的输出，那么由锁相环的控制原理应有

$$\left[u_q(s)\left(k_p + \frac{k_i}{s}\right) + \omega_0(s)\right]\frac{1}{s} = \theta(s) \qquad (2-24)$$

电网不对称故障条件下，考虑到负序分量的存在，可认为锁相环的输出角存在扰动分量，即假设 $\theta(t) = \theta_1(t) + \Delta\theta(t) = 2\pi f_0 t + \varphi_1 + \Delta\theta(t)$，代入上式有

$$\Delta\theta(\omega) = \frac{k_p + \dfrac{k_i}{j\omega}}{j\omega + U_1\left(k_p + \dfrac{k_i}{j\omega}\right)}u_2(\omega) = K(\omega)\angle\varphi(\omega)u_2(\omega) \qquad (2-25)$$

式中：$k_p$、$k_i$ 分别为锁相环 PI 调节器中的比例和积分增益环节，$u_2(\omega)$ 为负序电压的相量变换。

上式表明，负序电压的存在将使得 PLL 输出相角的扰动中含有二倍频扰动分量，扰动量的存在将会使得 $abc-dq$ 左边变换矩阵存在扰动变量，进一步影响逆变器的输出电压，使得谐波含量与谐波次数增加。

## 2.2 传统限流器及基本工作原理

### 1. 谐振型故障限流器

谐振型故障限流器可分为串联谐振型限流器、并联谐振型限流器、可变阻抗式限流器，如图 2-5 所示，主要利用了串联谐振电路阻抗为零和并联谐振电路导纳为零的特点。以下是三种谐振型故障限流器的拓扑结构及原理优缺点分析。

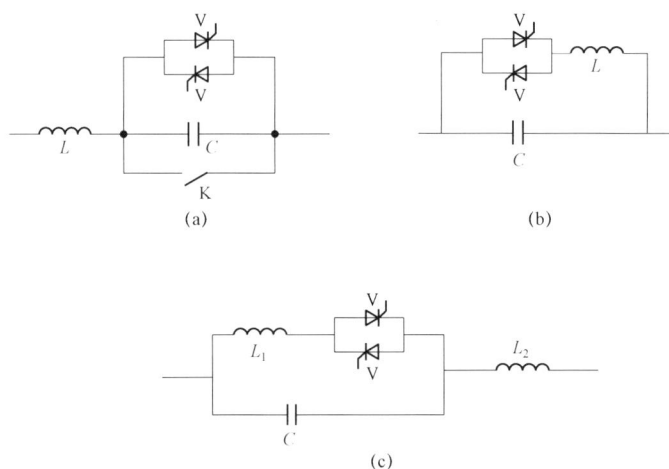

图 2-5 谐振型故障限流器
(a) 串联谐振型限流器；(b) 并联谐振型限流器；(c) 可变阻抗式限流器

图 2-5（a）为串联谐振型限流器结构原理图。正常工作时，晶闸管 V 处于截止态，电感 $L$ 和电容 $C$ 串联串在系统中发生谐振对系统表现零阻抗。系统故障时，V 变为导通态，将电容 $C$ 短路，并把电感 $L$ 串入系统实现了限流。

图 2-5（b）为并联谐振型限流器原理图。正常运行时，电容器 $C$ 与线路串联表现为补偿状态；当短路发生后，晶闸管 V 导通将使电感 $L$ 和电容器 $C$ 产生并联谐振，从而限制短路电流的限制。

图 2-5（c）则是在谐振结构的基础上发展衍生出来的。正常运行时 V 断

态，电感 $L_2$ 与电容 $C$ 产生串联谐振，FCL 呈现低阻抗；故障发生时，V 在控制系统作用下变为通态，电感 $L_1$ 接入电路与电容 $C$ 产生并联谐振，通过调节 V 的导通角，就可以改变限流阻抗值，从而改变限流程度。

谐振型故障限流器的主要特点是结构原理简单，控制灵活，但是可能会引起谐振过电压。

2. 固态开关型柔性故障限流器

固态限流器也称作电力电子限流器，相较超导限流器，固态限流器随着电力电子的蓬勃发展，可以更快地在实践中得到应用，并且演变出了丰富的拓扑结构，其容量与耐压等级也越来越适应目前的输配电系统。

固态开关型柔性故障限流器如图 2-6 所示。其电路主要由 GTO 和限流器件组成，其中 SSCB 为固态断路器。在正常工作时，GTO 开通，将限流电感短接，当短路故障发生时，GTO 在短路电流到达峰值之前关断，使限流电感接入电路中，限制短路电流的上升速度。这种限流器对 GTO 的开关应力与响应速度要求较高，且需要外加电路来抑制较大的电压和电流变化率，从而提升了 GTO 的价格要求，而且要求其保护电路具备极快的响应速度。同时，由于短路截断过程中的 GTO 的快速截断数值远大于额定值，此时转移至限流线圈中的短路电流将引起极大的电压电流变化率，因此必须另外采取有效措施以抑制由该变化率产生的高电压值以及振荡，以提高限流装置的绝缘性能。

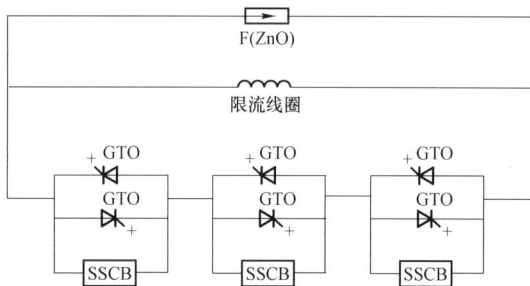

图 2-6　固态开关型柔性故障限流器

3. 混合型柔性故障限流器

本节分析一种通态损耗低、主限流电路采用晶闸管器件、可在直流断路器断路时将限流电感快速旁路的混合型柔性故障限流器。

对于故障线路电流发展，可分为原线路电流方向与换流站馈入电流方向相同和不同两种情况。以图 2-7 混合型柔性故障限流器为例，假设故障发生前，其所在线路电流方向为从左向右。情况 1：故障点在其右侧，换流站馈入电流方向也为从左向右，流过其的电流将迅速增加，方向不变；情况 2：故障点在其左侧，换流站馈入电流方向为从右向左，流过其的电流会先迅速减小到零，然后反向增加。

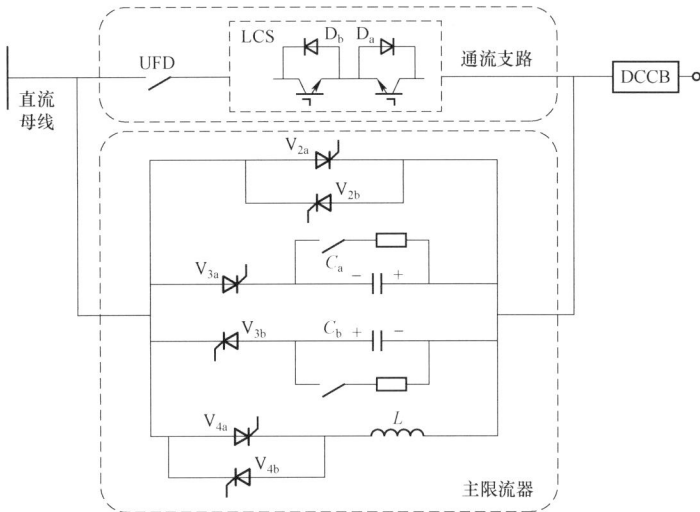

图 2-7　混合型柔性故障限流器

该限流器的工作原理如下：

场景 1：

当系统正常工作时，超快速机械开关（Ultra-Fast Disconnector，UFD）闭合，线路换向开关（Line Communication Switch，LCS）接通，支路导通。如果限流器检测到电流升高了 1/5，则会向 LCS 模块发出断开信号，并向 $V_{2a}$ 发出线路信号，$V_{2a}$ 会快速将电流传输到 $V_{2a}$。直到 UFD 达到额定开启距离后，向 $V_{3a}$ 和 $V_{4a}$ 提供线路信号，$V_{3a}$ 由于承载超压而导通。$C_a$ 开始放电，并且电迅速从 $V_{2a}$ 分支转移到 $C_a$ 分支。如果 $V_{2a}$ 中的电流为零，则电容器 $C_a$ 没有完全放电，并且在 $C_a$ 的背压已经磨损一定时间段之后 $V_{2a}$ 自动断开。当电压降至 $C_a$ 至零时，并继续向相反方向充电时，$V_{4a}$ 由于承受正电压而导通，限流电抗被置于故障电路中。$C_a$ 继续充电，如果两端的电压高于系统电压，则限流器所在线路上的电流开始减小，直到 $V_{3a}$ 中的电流降至零。$C_a$ 充电结束，剩余电流完全转移到限流电感电路。

场景 2：

当系统正常工作时，UFD 闭合，LCS 模块接通，支路导通。如果限流器检测到电流减少 1/5，则向 LCS 模块发出断开信号，并向 $V_{2a}$ 和 $V_{2b}$ 提供线路信号，从而电流快速传输到 $V_{2a}$。当线路电流首次降至零时，线路电流沿相反方向上升，并且电流从 $V_{2a}$ 转移到 $V_{2b}$。在 UFD 达到标称打开距离之后，线路信号被提供给 $V_{3b}$ 和 $V_{4b}$。以上过程与场景 1 相同，只是从 a 组设备动作更改为 b 组设备动作。

这种类型的限流器的缺点是它可能由于容量问题而受到限制。

### 4. 桥路型柔性故障限流器

基本桥路型柔性故障限流器的工作原理如图 2-8 所示，直流偏压电源 $U_b$ 为超导线圈 $L$ 提供直流偏流 $I_0$，调整直流偏压电源 $U_b$，使其产生的、流经超导线圈的偏流 $I_0$ 大于负载电流峰值。此时 $I_0$ 在 $D_4$ 与 $D_1$、$D_2$ 与 $D_3$ 均匀分流，A、B 点等电位，各二极管分别流过 $U_b$ 提供的直流电流的一半及负载电流的一半。

可见 4 个二极管同时导通，线路电流 $i_1$ 经 $D_1$ 与 $D_3$、$D_4$ 与 $D_2$ 分两路流通而不经过超导线圈 $L$，$L$ 对负载电流不起作用。当系统发生短路故障时，线路故障电流 $i_1$ 的峰值急剧增大，当 $i_1$ 的峰值大于或等于 $I_0$ 后，两组二极管 $D_1$ 与 $D_2$、$D_3$ 与 $D_4$ 轮流导通，故障电流自动流经超导线圈 $L$，$L$ 起储能作用，又对故障电流峰值起限流作用。调整 $U_b$ 的大小，使直流偏流 $I_0$ 大于正常运行的负载电流峰值，且小于短路故障电流峰值。若偏压取得得当，故障短路电流前几个峰值被降低，随后增加到稳态值。

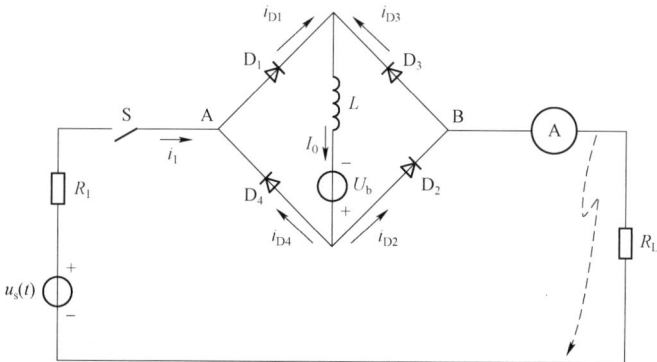

图 2-8　基本桥路型柔性故障限流器的原理

桥路型柔性故障限流器的不足之处主要包括以下几点。

（1）成本较高。超导体是一种昂贵的材料，因此制造成本较高，这限制了其在大规模应用中的普及和推广。

（2）体积较大。桥路型柔性故障限流器的结构较为复杂，需要安装多个超导元件和电容器，因此体积较大，不便于在狭小的空间内安装。

（3）失超后需要冷却。超导体在失超后会产生热量，需要进行冷却，否则会影响设备的性能和寿命，增加维护成本。

（4）响应时间较长。桥路型柔性故障限流器的响应时间较长，无法快速响应瞬态故障，可能会对电力系统造成较大的影响。

## 2.3 SVHB-FFCL 数学模型

相比较传统限流器，SVHB-FFCL 通过采用多电容串联以及多个 H 桥单元级联的结构，克服了传统固态限流器存在着的器件耐压耐流水平低的问题，能够应用在更高电压等级电网，且具有良好的输出波形质量和可控性；此外，通过分压电容代替变压器接入电网，减小了设备体积的同时，不会带来励磁涌流问题。考虑到 SVHB-FFCL 的诸多应用优势，本章基于该装置研究微电网故障穿越辅助方案，相应的 SVHB-FFCL 并网拓扑结构图如图 2-9 所示。

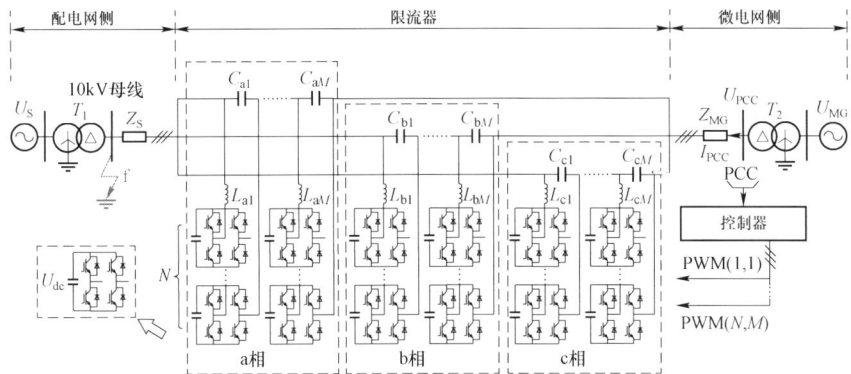

图 2-9　SVHB-FFCL 并网拓扑结构图

SVHB-FFCL 采用三相独立的逆变器结构，每相包括多个串联成组的单相全桥变换器组，经过滤波电感与耦合电容串联接入微电网与配电网之间线路；各相独立控制，旨在减少三相之间的耦合，能够更加灵活地应对三相不平衡故障。图中，$U_s$ 为配电网侧电源，$U_{MG}$ 为微网侧电源；$C_{ai/bi/ci}$ 和 $L_{ai/bi/ci}$（$i=1\cdots M$）为 SVHB-FFCL 的滤波分压电容和滤波电感；$N$ 和 $M$ 分别表示每相 SVHB-FFCL

的级联数和分压电容数，取决于单个开关器件的耐压、耐流水平；$U_{dc}$ 为 H 桥变换器的直流侧电压。通过 $M$ 个分压电容串联以及 $N$ 个 H 桥单元级联的结构，大大减少了加在单个电力电子器件与串联电容上的压降，也便于后期限流器容量的扩大。

SVHB-FFCL 数学模型的分析可针对单相单分压电容级联型多电平逆变器展开，本章采用级联七电平逆变器进行分析，将图 2-9 进行等效处理，得到相应的单相功率电路如图 2-10 所示。

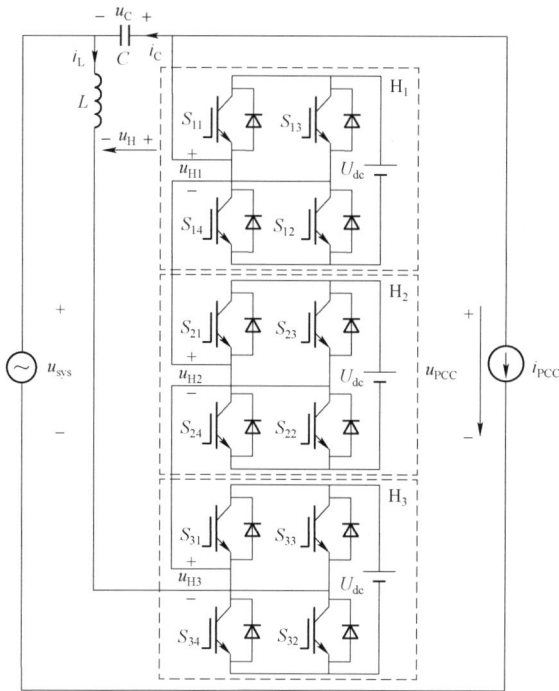

图 2-10　级联七电平逆变器单相功率电路图

图中，$H_1$、$H_2$、$H_3$ 分别为三个级联 H 桥单元；$u_{H1}$、$u_{H2}$、$u_{H3}$ 分别为三个 H 桥单元输出电压；$u_H$ 为逆变器输出电压；$u_{sys}$ 为 PCC 外部等效电源，即微电网和配电网等效电源；$u_{PCC}$ 和 $i_{PCC}$ 分别为 PCC 电压和电流。

由图 2-10 可列出系统的状态方程为

$$u_{PCC} = u_{sys} + u_C = u_{sys} + u_H - L\frac{di_L}{dt} \qquad (2-26)$$

$$i_{PCC} = i_L - i_C = i_L - C\frac{du_C}{dt} \qquad (2-27)$$

其中逆变器输出电压与 H 桥单元输出电压满足

$$u_{\mathrm{H}} = u_{\mathrm{H1}} + u_{\mathrm{H2}} + u_{\mathrm{H3}} \qquad (2-28)$$

逆变器各 $\mathrm{H}_i\,(i=1,2,3)$ 单元的开关状态函数 $S_i$ 满足

$$S_i = S_{i1}S_{i2} - S_{i3}S_{i4} \qquad (2-29)$$

规定 $\mathrm{H}_i$ 单元的开关器件 $S_{in}$ （$n=1,2,3,4$）导通时，$S_{in}$ 取值为 1，否则取值为 0，则由式（2-29），$\mathrm{H}_i$ 功率单元的开关状态函数 $S_i$ 取值只能为 $-1$、0 或 1，对应各 $\mathrm{H}_i$ 功率单元输出电压分别为 $-U_{\mathrm{dc}}$、0、$+U_{\mathrm{dc}}$。根据级联多电平逆变器结构，由式（2-28）可知逆变器输出电压由各级联单元输出电压叠加得到，对于 $N$ 个级联单元的逆变器而言，其交流侧输出电压函数表达式为

$$u_{\mathrm{H}} = \sum_{i=1}^{N} S_i U_{\mathrm{dc}} \qquad (2-30)$$

直流侧电压相同的 $N$ 级联逆变器交流侧输出电压有 $2N+1$ 种电平状态，即 $-NU_{\mathrm{dc}}$，$-(N-1)U_{\mathrm{dc}}$，0，$\cdots$，$(N-1)U_{\mathrm{dc}}$，$NU_{\mathrm{dc}}$。逆变器开关状态函数的组合状态有 $3N$ 种，这些开关状态函数组合均能够使逆变器输出电压上述 $2N+1$ 种电平状态，即某些电平状态对应着多种开关状态函数组合，但其中部分开关状态函数组合使得逆变器存在极性相反的级联单元，引起级联单元间能量回馈，降低系统工作效率。合理地选择开关状态函数组合，避开使逆变器输出电压与其单元输出电压极性相异的组合方式，能够有效解决因开关状态组合引起的级联单元间能量回馈问题。以级联七电平逆变器为例，此时级联单元开关状态函数组合方式（$S_1$，$S_2$，$S_3$）共有 27 种，为了更加直观地说明上述所提解决方案，将三个级联单元的开关状态函数 $S_1$、$S_2$、$S_3$ 分别置于三维坐标的 $x$、$y$、$z$ 轴位置，如图 2-11 所示。

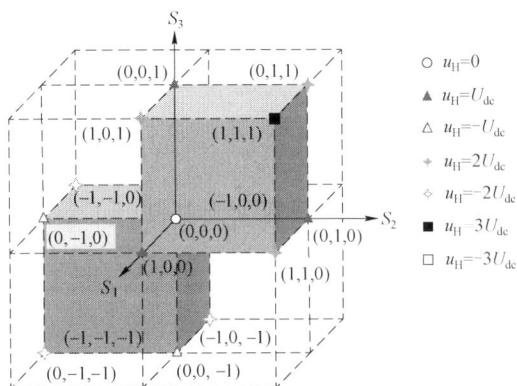

图 2-11　单相级联七电平逆变器输出电压与开关状态函数组合关系

可以看出，$(S_1, S_2, S_3)$ 的 27 种组合方式均能用该三维坐标系表示，为了保证级联单元间不存在输出电压极性相异的情况，只能保留落在第 Ⅰ、Ⅶ 象限（对应图 2-11 中标注的象限区域）的坐标组合，当逆变器输出电压极性非负时，要求级联单元输出电压极性只能为正或者零，即 $(S_1, S_2, S_3)$ 落在第 Ⅰ 象限区域；同理可得，逆变器输出电压极性非正时，可以推得 $(S_1, S_2, S_3)$ 要落在第 Ⅶ 象限的结论；而其他开关状态组合方式均将造成级联单元间输出电压极性相反，需要避开这些组合，以消除级联多电平逆变器单元间能量回馈现象。

将式（2-30）代入式（2-26），可以得到

$$u_{PCC} = u_{sys} + \sum_{i=1}^{N} S_i U_{dc} - L \frac{di_L}{dt} \qquad (2-31)$$

式（2-31）为开关状态函数在不同取值情况下的 3 个状态方程，由式（2-29）可知，具体的 H 桥单元开关组合状态对应取值如表 2-1 所示。

表 2-1　　　　　　　　　　　　H 桥 开 关 组 合 状 态

| 导通开关 | $S_i$ |
| --- | --- |
| $S_{i1}$、$S_{i2}$ | 1 |
| $S_{i3}$、$S_{i4}$ | −1 |
| $S_{i1}$、$S_{i4}$ | 0 |
| $S_{i2}$、$S_{i3}$ | 0 |

由图 2-9 拓扑结构可知，每相 SVHB-FFCL 的输出电压为 $M$ 个分压电容输出的叠加，输出的总电平数为 $2(M+N)+1$，随着级联数 $N$ 和分压电容数 $M$ 的增加，SVHB-FFCL 能够输出的总电平数也更多，输出波形将更加接近正弦波。每个分压电容的输出，由其辖下所有的 H 桥单元共同决定。

## 2.4　多功能 SVHB-FFCL 辅助故障穿越工作原理

鉴于只具备限流功能的 FCL 存在利用率低等现实原因，本章针对 SVHB-FFCL 展开实现多功能技术的研究，主要包括故障电压恢复、故障电流限制与有源滤波等多个功能，基于图 2-5 所示拓扑结构，讨论 SVHB-FFCL 实现上述功能的工作原理。

首先是微电网外部故障时，SVHB-FFCL 对 PCC 电压的调节作用。由图 2-9

等效得到的 SVHB-FFCL 接线示意图如图 2-12（a）所示，图中，$U_\mathrm{S}$ 为配电网电压，$U_\mathrm{MG}$ 为并入该配电网的微电网电压，SVHB-FFCL 安装在 PCC 出口靠近配电网侧，当微电网外部，即配电网侧发生故障时，SVHB-FFCL 可等效为一受控电压源 VCVS，如图 2-12（b）所示，其输出电压为 $U_\mathrm{C}$，对于故障点而言，$U_\mathrm{C}$ 的方向与配电网和微电网电源电压的方向相反，因此，PCC 电压可表示为

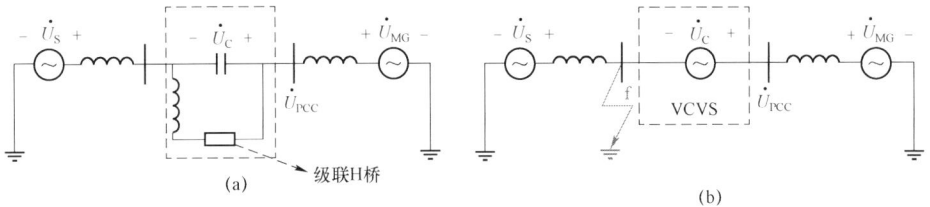

图 2-12　SVHB-FFCL 调压原理示意图
（a）SVHB-FFCL 接入示意图；（b）故障等效电路

$$\dot{U}_\mathrm{PCC} = \dot{U}_\mathrm{f} + \dot{U}_\mathrm{C} \qquad (2-32)$$

式中：$\dot{U}_\mathrm{f}$ 为 SVHB-FFCL 未投入情况下，故障时的 PCC 电压，在不考虑短路点 f 与 PCC 间的线路阻抗时，其值为短路点 f 的电压值。

由式（2-32）可知，通过对 SVHB-FFCL 输出电压 $\dot{U}_\mathrm{C}$ 控制，可达到减少故障时 PCC 电压跌落的目的。

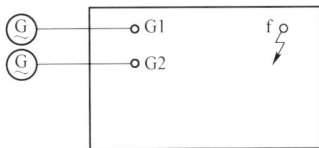

图 2-13　复杂电力系统示意图

接下来分析故障时 SVHB-FFCL 的限流原理，将图 2-9 系统看作图 2-13 所示的复杂电力系统，图中，G1 为配电网电源端点，G2 为微网电源端点。

根据对称分量法，运用通用复合序网对该类电力系统的短路电流进行分析，以 f 点发生两相（b、c 相）短路为例，结合边界条件，得到 SVHB-FFCL 投入前，故障相短路电流表达式为

$$\dot{I}_\mathrm{fb} = -\dot{I}_\mathrm{fc} = a^2 \dot{I}_\mathrm{f(1)} + a\dot{I}_\mathrm{f(2)} = (a^2 - a)\frac{\dot{U}_\mathrm{f|0|}}{z_{\Sigma(1)} + z_{\Sigma(2)}} = -\mathrm{j}\sqrt{3}\,\frac{\dot{U}_\mathrm{f|0|}}{z_{\Sigma(1)} + z_{\Sigma(2)}} \qquad (2-33)$$

式中：

$$\begin{cases} a = e^{j120°} = -\dfrac{1}{2} + j\dfrac{\sqrt{3}}{2} \\ a^2 = e^{j240°} = -\dfrac{1}{2} - j\dfrac{\sqrt{3}}{2} \end{cases} \tag{2-34}$$

$\dot{I}_{f(1)}$、$\dot{I}_{f(2)}$ 分别为故障点的正序和负序电流；$\dot{U}_{f|0|}$ 为未发生故障时，f 点开路电压；$z_{\Sigma(1)}$、$z_{\Sigma(2)}$ 分别为从故障点 f 看入的正序和负序等效阻抗。

故障时 SVHB-FFCL 投入，相当于在线路中串联一个大小为 $k$（$0 \le k \le 1$）倍 $U_{f|0|}$，方向与电源电压相反的电压源，如图 2-14 所示。

此时故障点 f 开路电压降低为原来的 $1-k$ 倍，对应的故障相短路电流减小为

图 2-14  SVHB-FFCL 投入后两相短路故障点电流、电压

$$\dot{I}_{fb} = -\dot{I}_{fc} = a^2\dot{I}_{f(1)} + a\dot{I}_{f(2)} = (a^2 - a)\frac{(1-k)\dot{U}_{f|0|}}{z_{\Sigma(1)} + z_{\Sigma(2)}} = -j\sqrt{3}\frac{(1-k)\dot{U}_{f|0|}}{z_{\Sigma(1)} + z_{\Sigma(2)}} \tag{2-35}$$

同理，在配电网侧发生其他类型短路故障时，进行上述分析，可得到对应的 SVHB-FFCL 投入后故障电流表达式，由图 2-8 可知，该故障电流即为故障时流过 PCC 电流。

综合以上分析可知，SVHB-FFCL 的结构保证了其对输出电压的控制，可实现故障时的调压—限流双功能，提高微电网故障穿越能力。此外，通过对输出电压的控制，产生与谐波电流反向的补偿电流，可以实现有源滤波目的，拓展了 SVHB-FFCL 的使用场景。

## 2.5  SVHB-FFCL 主电路结构及参数设计

### 2.5.1  分压电容数与级联单元数

SVHB-FFCL 采用级联多电平逆变器与多电容串联分压的结构，较好地解决了单个器件耐压耐流水平低的问题，使其能够适用于更高的电压等级场景。由上一节结论可知，随着级联单元数和分压电容数的增加，不仅降低了加在

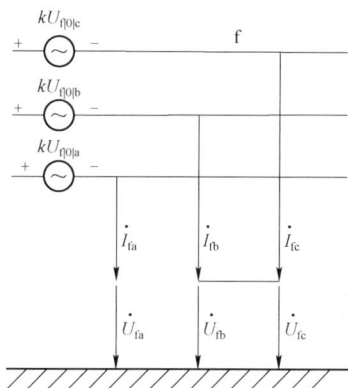

SVHB-FFCL 单个器件上的电压电流，而且提高了输出电压的波形质量。但是，分压电容数与级联单元数的增加，也带来了更高的设备成本，降低 SVHB-FFCL 装置的实用性，且由此带来了控制的复杂性与不可靠等潜在风险。因此，需要综合考虑确定分压电容数 $M$ 与级联单元数 $N$。

1. 分压电容数 $M$

SVHB-FFCL 采用分压电容耦合的方式代替了常规的变压器接入线路，减小了设备体积；同时，多电容串联分压，降低了加在单个电容器上的电压电流以及单个开关器件上的电压应力，提高了装置可靠性；此外，分压电容还发挥着变换器输出滤波电容的作用，改善输出谐波特性。

由变换器拓扑结构，单个 H 桥单元上开关器件的最大承受电压 $U_{RRM}$ 应超过变换器直流侧的等效电压 $U_{dc}$。设定 SVHB-FFCL 每个串联分压电容仅并联了一个 H 桥单元，即级联单元数 $N=1$，在考虑电网接地故障带来的过压情况，则 H 桥单元的开关器件最大承受电压 $U_{RRM}$ 应满足

$$U_{RRM} > \max\left(U_{dc}, \frac{\sqrt{2}U_{line}}{M}\right) \tag{2-36}$$

式中：$U_{line}$ 为线电压有效值，$U_{dc}$ 为变换器直流侧等效电压，$M$ 为分压电容数。由此推得，分压电容数 $M$ 应满足

$$M > \frac{\sqrt{2}U_{line}}{U_{RRM}} \tag{2-37}$$

2. 级联单元数 $N$

级联单元数的确定需要考虑 SVHB-FFCL 限流时装置所承受的最大电压，对于采用电压反馈控制的 SVHB-FFCL，其在工作时等效为串联在线路的一反向受控电压源，此时分压电容电压即为变换器组最大耐受压降，则级联单元数 $N$ 应满足

$$N > \frac{\sqrt{2}U_{line}}{MU_{dc}} \tag{2-38}$$

对于采用电流反馈控制的 SVHB-FFCL，其在工作时等效为串联在线路的一反向受控电流源，加在 SVHB-FFCL 两端的电压将随着故障情况而发生变化，此时级联单元数应根据最恶劣工况确定，以馈线首端发生三相短路进行分析，则加在 SVHB-FFCL 变换器组的压降为

$$\dot{U}_\mathrm{C} = \frac{\dot{E} - \dot{I}_\mathrm{FCL} Z_\mathrm{S}}{M} \qquad (2-39)$$

式中：$\dot{E}$ 为单相等效电源电动势；$\dot{I}_\mathrm{FCL}$ 为经过 FCL 限流后的故障电流值；$Z_\mathrm{S}$ 为 SVHB-FFCL 安装点至系统的等效阻抗值。由此推得，此时级联单元数 $N$ 应满足

$$N \geqslant \frac{\sqrt{2}\,|\dot{U}_\mathrm{C}|}{U_\mathrm{dc}} \qquad (2-40)$$

### 2.5.2 滤波单元

对于 PWM 逆变器而言，其输出交流谐波呈现以下特点：

（1）在输出交流频谱中，谐波分量按角频率（$n\omega_\mathrm{c} \pm k\omega_1$）分组分布，其中，$n$ 和 $k$ 为谐波系数，$\omega_\mathrm{c}$ 为 PWM 调制载波角频率，$\omega_1$ 为信号波频率。

（2）各组谐波以载波角频率 $n\omega_\mathrm{c}$ 为中心，边频为 $k\omega_1$ 分布其两侧，两侧幅度对称衰减。

（3）谐波频率随着 $\omega_\mathrm{c}$ 载波角频率的增加而整体向较高频带上移动。

因此，PWM 调制技术下的逆变器输出交流电量中含有较多高次谐波分量，需要对其输出进行滤波处理，考虑到 $LC$ 滤波器具有结构简洁、高频次数谐波抑制效果较好等技术特点，可采用低通 $LC$ 型滤波电路作为 SVHB-FFCL 的级联 H 桥变换器的输出滤波器，改善 SVHB-FFCL 的输出特性。本节接下来对 $LC$ 滤波器的参数设计进行阐述。

在图 2-9 中，单个 $LC$ 滤波电路的状态方程为

$$\begin{cases} u_\mathrm{H} = L\dfrac{\mathrm{d}i_\mathrm{L}}{\mathrm{d}t} + R_\mathrm{L}i_\mathrm{L} + u_\mathrm{C} \\[2mm] i_\mathrm{L} = i_\mathrm{PCC} + C\dfrac{\mathrm{d}u_\mathrm{C}}{\mathrm{d}t} \end{cases} \qquad (2-41)$$

式中：$R_\mathrm{L}$ 为滤波电感内阻。

对式（2-41）做 Laplace 变换，得到式（2-42）。

$$u_\mathrm{H}(s) = (LCs^2 + R_\mathrm{L}Cs + 1)u_\mathrm{C}(s) + (sL + R_\mathrm{L})i_\mathrm{PCC}(s) \qquad (2-42)$$

在外部电网发生短路故障时，可将 PCC 电流 $i_\mathrm{PCC}$ 视为扰动量，由此得到系统的传递函数为

$$\frac{u_\mathrm{C}(s)}{u_\mathrm{H}(s)} = \frac{1}{LCs^2 + R_\mathrm{L}Cs + 1} \qquad (2-43)$$

忽略滤波电感内阻 $R_L$ 时，角频率的极大增益处为 $1/\sqrt{LC}$ ，即所设计的参数 $L$ 和 $C$ 应满足

$$\frac{1}{\sqrt{LC}} = 2\pi f \qquad (2-44)$$

因此，系统的截止频率为

$$f_n = \frac{1}{2\pi\sqrt{LC}} \qquad (2-45)$$

为了防止变换器开关器件动作时的特征谐波对系统的干扰，需要选取的 H 桥电路的开关频率应远大于截止频率 $f_n$ 。

当考虑滤波电感内阻时，式（2-43）所示的系统传递函数可以看作典型二阶系统，由式（2-45）可知，其自然频率 $\omega_n = 1/\sqrt{LC}$ ，阻尼比 $\zeta = R_L\sqrt{C}/2\sqrt{L}$ 。取阻尼比 $\zeta \in (0, \sqrt{2}/2)$ ，并将谐振频率 $\omega_n\sqrt{1-2\zeta^2}$ 设计为在基频处，即

$$\omega_n\sqrt{1-2\zeta^2} = 2\pi f \qquad (2-46)$$

随着滤波电感的增大，H 桥单元的负载适应能力下降，因此，在设计滤波电路参数时，应做到在满足滤波性能要求的情况下，尽可能地减小滤波电感值。对于 SVHB-FFCL 而言，输出电感除了起滤波作用外，还负责对电气量进行转换的功能，所选的电感值应保证：当流过电感的电流过零时，选取的电感值应保证系统具有良好的跟踪速度；当流过电感的电流为峰值时，选取的电感值应保证系统具有良好的脉动谐波抑制能力。

当忽略滤波电感内阻时，由式（2-40）和式（2-41）可得，流过电感电流的变化率为

$$\Delta i_L = \frac{u_H - u_C}{L} = \frac{\sum_{i=1}^{N} S_i U_{dc} - u_C}{L} \qquad (2-47)$$

从而得到电流纹波为

$$\Delta i_r = \frac{\left(\sum_{i=1}^{N} S_i U_{dc} - u_C\right)(DT)}{L} \qquad (2-48)$$

式中：$D$、$T$ 分别为占空比与器件开关周期。

为保证 H 桥单元良好的输出波形特性，通常需要满足

$$\begin{cases} \Delta i_L \gg \Delta i_r \\ |\Delta i_r| \leq (0.15 \sim 0.25)I_N \end{cases} \qquad (2-49)$$

式中：$I_N$ 为 H 桥单元额定电流。

由以上分析，在确定 $LC$ 滤波器参数时，应对滤波效果以及响应速度进行综合考虑。可用于初步估计 $LC$ 滤波器参数的具体方法如下。

为了简化分析，这里选取 SVHB-FFCL 单独带负载情况进行论述，由此得到的电路如图 2-15 所示。

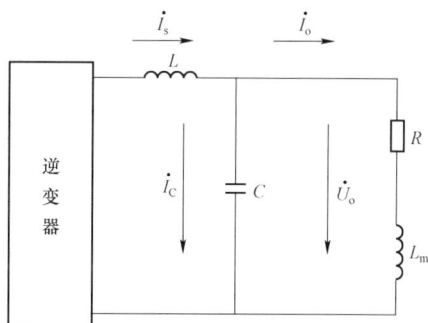

图 2-15　SVHB-FFCL 单独供电系统电路示意图

图中，$\dot{I}_s$ 为滤波电感 $L$ 电流；$\dot{I}_C$ 为滤波电容 $C$ 电流；$\dot{I}_o$ 为 SVHB-FFCL 输出相电流；$\dot{U}_o$ 为 SVHB-FFCL 输出相电压；$R$，$L_m$ 为所带负载的等效阻抗，其中，$R$ 为等效电阻，$L_m$ 为等效电感。

对图 2-15 所示系统作如下假设：① 直流电源为理想电压源；② 逆变器变频电源的功率开关器件为理想开关器件；③ 忽略滤波电感、电容的寄生参数；④ 忽略系统交流电力传输线路的寄生参数。

对于该系统，由时域分析法，可推得对应的二阶 $LC$ 滤波电路的传递函数为

$$\frac{U_o(s)}{U_i(s)} = \frac{1}{\dfrac{1}{\omega_{cut}^2}s^2 + 1} \qquad (2-50)$$

式中：$U_o(s)$ 为 $LC$ 滤波器输出电压；$U_i(s)$ 为 $LC$ 滤波器输入电压；$\omega_{cut}$ 为 $LC$ 滤波器的截止角频率。

由上面推导的式（2-45）可知，截止角频率满足

$$\omega_{cut} = 2\pi f_n = \frac{1}{\sqrt{LC}} \qquad (2-51)$$

$LC$ 滤波器的截止频率要求远小于输出交流信号中的最低次谐波信号频率，远大于基波频率，以使得逆变器输出交流具有良好的波形质量。由于 PWM

逆变器的载波频率 $f_c$ 较高，通常达到几 kHz 以上，远大于基波频率的 10 倍以上，因此，系统截止频率通常选为载波频率的 1/10～1/5，即

$$\frac{f_c}{10} < f_n < \frac{f_c}{5} \tag{2-52}$$

在计算滤波器参数 $L$、$C$ 时，可从式（2-51）所示范围选择具体的截止频率，通常选取该范围的中间值作为系统截止频率。

由式（2-50）所示系统传递函数可知，该滤波器系统截止频率由滤波电感 $L$ 与滤波电容 $C$ 共同确定，在确定截止频率后，可分别确定 $L$ 和 $C$ 的值。从滤波器无功容量的角度出发，进行 $L$、$C$ 参数的计算研究。该无功容量还间接反映了滤波器的尺寸、成本等要素。对于图 2-15 所示的滤波器结构，其无功容量 $Q$ 可表示为

$$Q = \left( \omega_1 L \overline{I}_1^2 + \sum_{x=2}^{\infty} \omega_x L \overline{I}_x^2 \right) + \left( \omega_1 C \overline{U}_o^2 + \sum_{x=2}^{\infty} \omega_x C \overline{U}_{xo}^2 \right) \tag{2-53}$$

式中：$\omega_1$ 为基波角频率；$\omega_x$ 为 $x$ 次谐波角频率；$\overline{I}_1$ 为电感电流的基波有效值；$\overline{I}_x$ 为 $x$ 次谐波电感电流的有效值；$\overline{U}_o$ 为电容电压的基波有效值；$\overline{U}_{xo}$ 为 $x$ 次谐波电容电压的有效值。

通常而言，对于 PWM 逆变器输出电压来说，其谐波分量相对于基波分量而言非常小，故式（2-53）可简化为

$$Q \approx \omega_1 L \overline{I}_1^2 + \omega_1 C \overline{U}_o^2 \tag{2-54}$$

通常而言，电容器为定型产品，其容量和体积有相应的标准规格，而电感器则由于绕线圈数和磁芯材料的变化，电感值是可以任意确定的。此外，滤波器体积和重量主要由电感器决定。因而，在对 $LC$ 滤波器进行参数设计时，主要应考虑电感取值对 $LC$ 无功特性的影响。

由式（2-51）可得

$$C = \frac{1}{\omega_{cut}^2 L} \tag{2-55}$$

将式（2-55）代入式（2-54）可得

$$Q \approx \omega_1 L \overline{I}_1^2 + \frac{\omega_1 \overline{U}_o^2}{\omega_{cut}^2 L} \tag{2-56}$$

由于本节在此讨论计算方式为初步估计方式，故上式可取等号，即

$$Q = \omega_1 L \overline{I}_1^2 + \frac{\omega_1 \overline{U}_o^2}{\omega_{cut}^2 L} \tag{2-57}$$

对于阻性负载，有

$$\overline{I}_1 = \sqrt{\overline{I}_o^2 + (\omega_1 C \overline{U}_o)^2} \tag{2-58}$$

将式（2-58）代入（2-57）有

$$Q = \omega_1 L [\overline{I}_o^2 + (\omega_1 C \overline{U}_o)^2] + \frac{\omega_1 \overline{U}_o^2}{\omega_{cut}^2 L} \tag{2-59}$$

将式（2-55）代入式（2-59），得

$$Q = \omega_1 L \overline{I}_o^2 + \left( \frac{\omega_1 \overline{U}_o^2}{\omega_{cut}^2} + \frac{\omega_1^3 \overline{U}_o^2}{\omega_{cut}^4} \right) \frac{1}{L} \tag{2-60}$$

式（2-60）中，$\overline{U}_o$、$\overline{I}_o$ 均为给定值，故 $Q$ 为关于 $L$ 的函数，要使得 $Q$ 最小，则有 $\dfrac{\partial Q}{\partial L} = 0$，即

$$\frac{\partial Q}{\partial L} = \omega_1 \overline{I}_o^2 - \left( \frac{\omega_1 \overline{U}_o^2}{\omega_{cut}^2} + \frac{\omega_1^3 \overline{U}_o^2}{\omega_{cut}^4} \right) \frac{1}{L^2} = 0 \tag{2-61}$$

推得滤波器参数 $L$ 的计算式为

$$L = \sqrt{\frac{\dfrac{\omega_1 \overline{U}_o^2}{\omega_{cut}^2} + \dfrac{\omega_1^3 \overline{U}_o^2}{\omega_{cut}^4}}{\omega_1 \overline{I}_o^2}} \tag{2-62}$$

由式（2-55），推得滤波器参数 $C$ 的计算式为

$$C = \frac{1}{\omega_{cut}^2} \sqrt{\frac{\omega_1 \overline{I}_o^2}{\dfrac{\omega_1 \overline{U}_o^2}{\omega_{cut}^2} + \dfrac{\omega_1^3 \overline{U}_o^2}{\omega_{cut}^4}}} \tag{2-63}$$

由以上式，可初步估计滤波电感 $L$ 和滤波电容 $C$ 的参数，在此基础上，综合滤波效果以及响应速度等进行考虑，调整得到合适的参数。

### 2.5.3 直流侧整流单元

当微电网外部电网发生故障时，SVHB-FFCL 通过逆变输出合适电压叠加到 PCC 进行调压、限流以及有源滤波，逆变所需能量来自直流储能单元。直流侧能量可来自 DG，实际应用中，通常采用电容电感等储能元件或者超导蓄

电池、飞轮等储能设备，提供逆变器所需直流侧能量。若 SVHB-FFCL 中 H 桥单元的直流侧能量仅由电容提供,在发生严重故障时,可能会导致 SVHB-FFCL

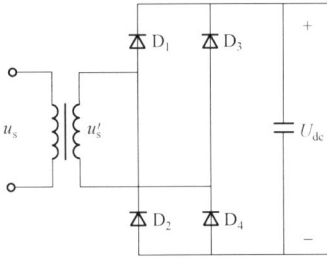

图 2-16　SVHB-FFCL 直流侧
整流桥电路结构

在辅助微电网故障穿越的整个过程中因直流侧能量不足而无法保证恒定输出的问题。为了降低实际设备成本,避免增加电路的复杂性,本章采用电容储能并辅以不可控整流桥电路作为 SVHB-FFCL 的直流侧储能单元,其基本拓扑结构如图 2-16 所示。该结构采用不可控整流方式,当电容电压降低时,整流桥将立即工作,对电容进行充电,保证直流侧电压维持在恒定值。

由图 2-16 可知,当整流桥导通工作时,电容实时充电,电容电压 $U_{dc}$ 稳定在 $u_s'$ 幅值;当电容电压幅值高于 $u_s'$ 时,二极管截止,整流桥不工作。当 SVHB-FFCL 辅助微电网故障穿越时,电容放电,电容电压降低。这时,通过整流桥对电容的不断充电,电容电压得以维持,保证 SVHB-FFCL 的持续输出能力。在对直流侧整流单元进行设计时,首先需要根据 SVHB-FFCL 的接入电压等级、选取的级联单元数和分压电容数等,确定单个 H 桥单元的直流侧电压 $U_{dc}$,通过调整整流单元的变压器变比,使其输出电压 $u_s'$ 的幅值等于 $U_{dc}$。至此,整流侧整流单元的基本参数设计完成。

## 2.6　SVHB-FFCL 调制策略

### 2.6.1　多电平调制策略的选择

多电平调制策略多种多样,多数基于脉冲宽度调制技术（Pulse Width Modulation，PWM）,常用的主要有：最近电平逼近调制法（Nearest Level Modulation，NLM）、特定次谐波消除脉宽调制法（Selective Harmonic Elimination PWM，SHEPWM）、空间电压矢量脉宽调制法（Space Vector Pulse Width Modulation，SVPWM）、载波移相脉宽调制法（Carrier Phase Shifted Sinusoidal PWM，CPS-SPWM）以及载波层 PWM 调制法（Phase Disposition PWM，PDPWM）等。按作用原理的不同,上述调制策略可以按图 2-17 所示进行分类。

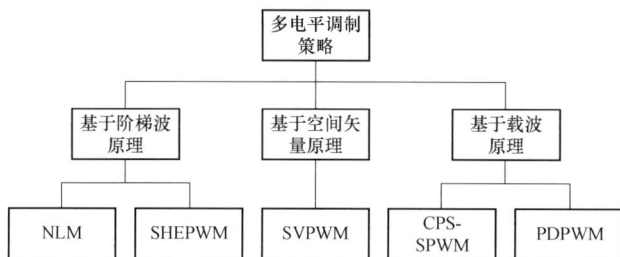

图 2-17 常用多电平调制技术分类

　　这些调制策略应用在多电平变换器时，有以下特点：NLM 能够在较大工作范围内使多电平变换器的输出波形逼近调制波，且输出波形的谐波含量较少，但该方法对变换器直流侧电压的平衡控制要求较高，且动态跟踪性能较差；SHEPWM 具有消除输出电压波形中的特定次谐波的特性，因此能够保证输出波形的总谐波畸变率很小，但随着变换器电平数的增加，其动态性能也随之变差；SVPWM 的直流侧电压利用率高，但其基于空间矢量的原理导致该方法应用在较多电平数的变换器时，需要安排的冗余矢量增大，计算量也随之骤增，控制算法也更加复杂；CPS-SPWM 以其等效开关频率高、具有良好的输出波形特性以及易于扩展等特点，被广泛应用于多电平变换器的调制输出，但该方法不易实现冗余模块的备用。PDPWM 虽然能够保证输出波形具有良好的谐波特性，但无法保证各个模块的开关频率的一致性，且该方法是一种高频调制策略，开关损耗较大。综上，常见的多电平调制策略的优缺点及适用场合汇总如表 2-2 所示。

表 2-2　　　　　　　　　　　　不同多电平调制策略特点汇总

| 调制策略 | 优点 | 缺点 | 适用场合 |
|---|---|---|---|
| NLM | 输出波形谐波含量低，实现原理简单 | 直流侧电压平衡控制要求高，动态响应能力差 | 电平数较少场合 |
| SHEPWM | 消除谐波能力强 | 计算复杂，响应能力差 | 电平数较少场合 |
| SVPWM | 直流侧电压利用率高 | 计算量大 | 电平数较少场合 |
| CPS-SPWM | 开关损耗小，谐波含量低，子模块损耗一致性高，易于扩展 | 不易实现冗余模块备用 | 电平数较多场合 |
| PDPWM | 输出波形畸变率小 | 子模块损耗一致性差，电容电压不易均衡 | 电平数较少场合 |

由表 2-2 可知，多电平变换器的不同调制策略具有各自的特点和使用场合，在实际工程应用中，应根据所使用的多电平变换器电平数目、输出波形质量要求、器件开关损耗、扩展能力要求等进行综合考虑，选择合适的调制策略。考虑到 SVHB-FFCL 的电平数较多、输出波形质量要求高等因素，可选用 CPS-SPWM 作为该限流装置的调制策略，接下来本章对该调制策略作进一步的介绍。

### 2.6.2 载波移相正弦脉宽调制技术

CPS-SPWM 的本质是面积等效原理，其基本思想是通过将调制波信号与三角载波信号进行比较，并根据比较的结果输出 PWM 驱动信号，用于控制开关器件。

若调制波信号为 $s(t)=A_{\mathrm{m}}\cos(\omega_{\mathrm{m}}t+\varphi_{\mathrm{m}})$；三角载波信号的幅值、相位和角频率分别为：$\pi/2$、$\varphi_{\mathrm{c}}$ 和 $\omega_{\mathrm{c}}$；SVHB-FFCL 的级联单元数为 $N$，分压电容数为 $M$，其输出信号为 $X_{\mathrm{i}}$（对于级联型多电平变换器结构的 SVHB-FFCL，$X_{\mathrm{i}}$ 为电压信号）。

对 $X_{\mathrm{i}}$ 进行双重 Fourier 级数展开，从而得到基波分量 $X_1$、载波谐波分量 $X_{\mathrm{ch}}$ 以及边带谐波分量 $X_{\mathrm{sh}}$，结果如下

$$\begin{cases} X_1 = MN\dfrac{2X_{1\mathrm{m}}X_{\mathrm{dc}}}{\pi}\cos(\omega_{\mathrm{m}}t+\varphi_{\mathrm{m}}) \\ X_{\mathrm{ch}} = \displaystyle\sum_{m=1}^{\infty}\left(\dfrac{4X_{\mathrm{dc}}}{m\pi}\right)J_0(mMNX_{1\mathrm{m}})\sin\left(\dfrac{mMN\pi}{2}\right)\cos[mMN(\omega_{\mathrm{c}}t+\varphi_{\mathrm{c}})] \\ X_{\mathrm{sh}} = \displaystyle\sum_{m=1}^{\infty}\sum_{n=\pm1}^{\pm\infty}\left(\dfrac{4U_{\mathrm{dc}}}{m\pi}\right)J_n(mMNU_{1\mathrm{m}})\sin\left(\dfrac{mMN+n}{2}\pi\right) \end{cases} \quad (2-64)$$

式中：$J_n(x)$ 为 $n$ 阶贝塞尔函数，其表达式为

$$J_n(x) = \sum_{m=1}^{\infty}(-1)^m x^{n+2m}/(2^{n+2m}m!) \quad (2-65)$$

在 $N$ 级联、$M$ 个电容分压的结构下，SVHB-FFCL 在采用 CPS-SPWM 调制时，其输出信号的等效开关频率、基波有效值以及输出容量均提高到了单个 H 桥单元的 $MN$ 倍，因此，CPS-SPWM 技术大幅度改善了多电平变换器的输出特性。

假设三角载波单个周期内对应着 360° 的相角，则对于 $N$ 级联 $M$ 分压结构的 SVHB-FFCL，各相存在着 $MN$ 个 H 桥单元，每个 H 桥单元由四个开关器件

组成，对称分布在两个桥臂上，且同一个桥臂上两个开关器件的驱动信号应相反，因此一共需要 $2MN$ 组驱动信号。对于 CPS-SPWM 的实现而言，通常采用调制效果较好的半周波移相的方式，且根据调制波信号数目的不同，调制过程的实现方案可分为单调制波方案和双调制波方案两种。对于上述 SVHB-FFCL 而言，单调制波方案的实现需要 $2MN$ 个同幅同频的三角载波，这些载波信号之间的初相角依次相差 $180° / (MN)$；由于采用了两个反向的调制波信号，双调制波方案只需要 $MN$ 个相角间隔为 $180° / (MN)$ 的同幅同频三角载波，即可得到 $2MN$ 组用于控制开关器件通断的驱动信号。

为了简化分析上述两种调制实现方案，这里本章以级联数 $N=2$，分压电容数 $M=1$ 的单相五电平变流器为例进行分析，其电路拓扑如图 2-18 所示。

1. 单调制波方案

如图 2-19 所示为单调制波方案对应的调制工作时序图，由图可知，对于五电平变流器，该方案需要 $T_1(t)$、$T_2(t)$、$T_3(t)$ 和 $T_4(t)$ 四个同幅同频，相位依次错开 $180° / 2 = 90°$ 的三角载波分别与调制波信号 $S(t)$ 进行比较，其中，三角载波 $T_1(t)$ 和 $T_3(t)$ 分别对应图 2-18 中电容 $C_1$ 所在 H 桥单元的左右桥臂；三角载波 $T_2(t)$ 和 $T_4(t)$ 分别对应图 2-18 中电容 $C_2$ 所在 H 桥单

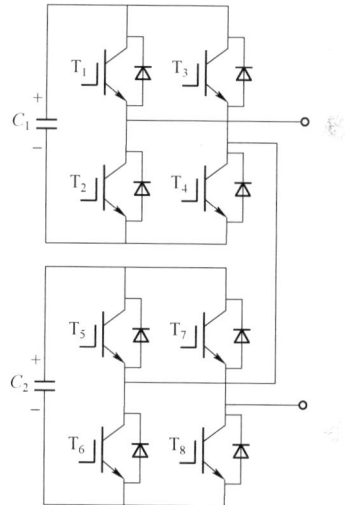

图 2-18 单相五电平变流器拓扑结构

元的左右桥臂；通过比较得到的驱动信号 $S_1 \sim S_8$ 分别对应控制图 2-18 中的 $T_1 \sim T_8$ 开关管的通断，从而实现多电平变换器的调制输出。从图 2-19 可以看出，同一个桥臂上的两个开关管的驱动信号错开，保证了同一桥臂不会同时导通或者关断。

2. 双调制波方案

图 2-20 为双调制波方案对应的调制工作时序图。由图可知，该方案应用在五电平变流器时，需要两个同幅同频、相位依次相差 $180° / 2 = 90°$ 的三角载波 $T_1(t)$、$T_2(t)$ 与两个相位相反的调制波 $S_1(t)$、$S_2(t)$ 进行比较，其中，三角载波 $T_1(t)$、$T_2(t)$ 分别对应于图 2-18 中级联的两个 H 桥单元，调制波 $S_1(t)$、$S_2(t)$ 也分别对应这两个 H 桥单元；通过比较，同样能够得到四组驱动信号 $S_1 \sim S_8$，

这些驱动信号同样分别对应控制图 2-18 中的 $T_1 \sim T_8$ 开关管。

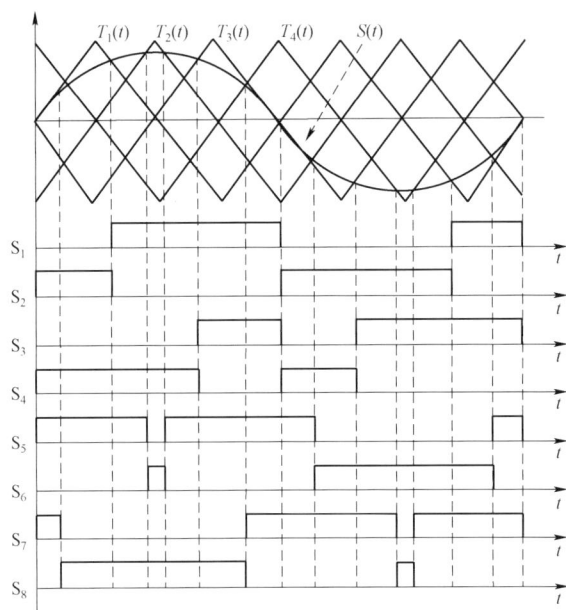

图 2-19　CPS-SPWM 单调制波方案工作时序图

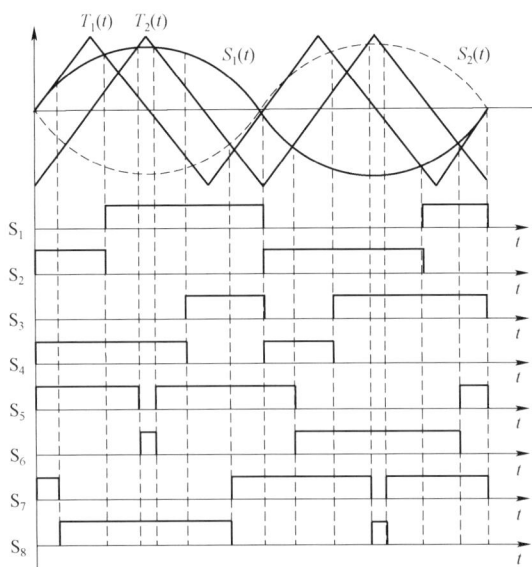

图 2-20　CPS-SPWM 双调制波方案工作时序图

对比图 2-19 和图 2-20 可以看出，对于同一个开关器件，单调制波方案和双调制波方案形成的工作时序是一样的，这两种方案的作用效果相同。但单调制波方案需要更多的三角载波信号，这意味着需要芯片提供更多的定时器模块，因此，在实际应用中，双调制波方案能够减少定时器数量的使用，节省系统资源，更容易被推广使用。

## 2.7 限流器基本控制策略

故障限流器通过控制策略控制电力变流器以实现柔性限流，因此控制策略是柔性限流方法的重要组成部分，控制误差、鲁棒性与控制复杂度等因素决定了故障限流器能否准确跟踪参考值并实现柔性、可控地抑制短路电流的目的。所以，选择合适的控制算法将显著提高柔性限流装置的限流效果。

### 2.7.1 比例积分控制

PI 控制器是当前应用最为广泛且经典的工业控制器，通过目标值与输出量差值的比例积分线性组合而成的控制量，实现控制目标的准确跟踪。PI 控制结构原理较为简单，通过比例部分实现系统功能的控制，积分部分消除控制过程中的稳态误差，当积分部分的稳态误差减小至 0 时，系统即实现控制目标的跟踪。已有学者对 H 桥级联型 PWM 整流器采用 PI 控制以解决空载与满载的条件下直流母线电压不平衡的问题。虽然 PI 控制方法较为简单且易于实现，但是比例、积分参数的最优解较难寻找，且随系统结构的改变该参数的最优解也将随之变化。因此，PI 控制存在着适应差、动态性能弱等缺点。传统控制策略常以 PI 控制作为研究，其控制结构如图 2-21 所示。

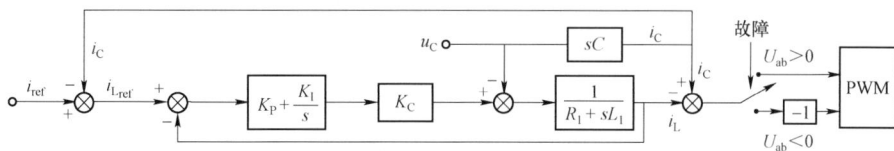

图 2-21 PI 控制结构图

图 2-21 为分压式级联 H 桥柔性限流器的 PI 控制框图，其中 $i_{ref}$ 为所设定故障电流抑制后的参考值；$i_{Lref}$ 为流入级联模块的参考电流且 $i_{Lref} = i_{ref} - i_C$；$K_P$ 为 PI 控制器中的比例环节参数；$K_I$ 为 PI 控制器中的积分环节参数；$K_C$ 为增益

系数；$U_{ab}$ 为限流器两端的电压差。当配电网发生短路故障，柔性限流器迅速做出反应以投入配电网中，通过预先设定的参考电流 $i_{ref}$ 与电容实时电流 $i_C$ 进行基尔霍夫电流定理计算，所得到的级联 H 桥模块参考电流 $i_{Lref}$ 与注入级联 H 桥的实时电流求取偏差并输入 PI 控制器内，所得控制信号基于 PWM 控制器输出调制量以控制级联 H 桥模块的开关变化，最终实现故障电流的柔性可控。由于多源网络系统故障电流存在方向性，因此引入限流器两侧的电压，通过测量两侧电压的正负即可快速判断网络故障区域，实现对系统故障电流的抑制。基于上述分析与系统结构框图，可以得到该 PI 控制传递函数为

$$G(s) = \left( K_P + \frac{K_I}{s} \right) K_C \frac{1}{R_1 + sL_1} \qquad (2-66)$$

虽然 PI 控制方法较为简单且容易实现，但是其比例环节与积分环节参数较难寻找最优解，特别是在双环控制中内外环参数相互耦合，同时系统结构的改变也将对控制效果产生较大影响。因此，PI 控制器存在着适应差、动态性能弱等缺点。

### 2.7.2　反演控制

滑模控制器（Slide Mode Controller，SMC）能够跟随系统状态发生变化，通过滑动模块来调节系统的整体变化，外界的不确定性扰动与控制参数的变化对其影响较小，具有控制跟踪速度快、离散化实现简单等优点。但滑模控制器的输出具有扰动，且控制变量的切换幅度越大，扰动越明显。为解决控制策略在应对不同故障工况动态性能较差的问题，本小节采用动态性能较好的滑模反演控制策略，其控制结构如图 2-22 所示。

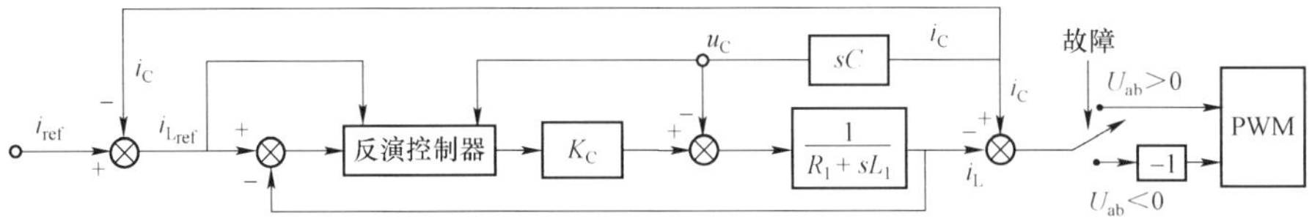

图 2-22　SMC 控制结构图

可得控制系统的动态方程

$$i_L = \frac{K_C}{L} u_{con} - \frac{1}{L} u_c - \frac{1}{L} u_{dis} \qquad (2-67)$$

式中：$u_{con}$ 为级联 H 桥模块的调制量；$u_{dis}$ 为系统扰动量，包含保护电阻电压。结合滑模反演基本概念，则上式可以转化为

$$x(t) = a_p u(t) + b_p g(t) + r(t)$$
$$= (a_{pn} + \Delta a_{pn})u(t) + (b_{pn} + \Delta b_{pn})g(t) + r(t) = a_{pn}u(t) + b_{pn}g(t) + p(t) \quad (2-68)$$

$$\begin{cases} a_p = K_c / L; \ b_p = -1 / L \\ g(t) = u_c; \ r(t) = -u_{di} / L \\ p(t) = \Delta a_{pn}u(t) + \Delta b_{pn}g(t) + r(t) \end{cases} \quad (2-69)$$

$$u_{con} = \frac{1}{a_{pn}}[-b_{pn}u_c + i_{Lref} - c_1(i_L - i_{Lref}) - c_2 \, \mathrm{sgn}(i_L - i_{Lref})] \quad (2-70)$$

式中：$p(t)$ 为 $i_L$ 的总不确定度；$a_{pn}$、$b_{pn}$ 为基准值；$\Delta a_{pn}$、$\Delta b_{pn}$ 为相应参数的偏差。根据李雅普诺夫定理可得级联 H 桥模块的调制信号 $u_{con}$。

由此实现分压式级联 H 桥柔性限流器的滑模反演控制，实现故障电流的柔性可控。滑模反演控制策略具有鲁棒性、抗干扰性等特点，但是因其参数较多，传统试凑法寻找各参数效率较低且较难保证最优解。同时该控制器的输出具有扰动，且控制变量的切换幅度越大，扰动就越明显。尽管 SMC 控制能够实现稳定跟踪，但是大量整定参数与大幅度变量切换产生的扰动使得 SMC 控制发展受限。

### 2.7.3 模型预测控制

模型预测控制算法通过轮询求解最优问题并输出最优开关状态以接近目标值。图 2-23 为模型预测控制算法结构图。基尔霍夫电流定理使得目标电流 $i_{ref}$ 对电感电流的实时跟踪，基于电感电流与级联 H 桥两侧电压 $u_{CHB}$ 的耦合关系，模型预测控制器通过级联 H 桥模块开关动作实现 $u_{CHB}$ 对两侧实际电压的实时拟合，从而实现算法控制。

选取时间 $T_s$ 为采样周期，将电压表达式离散化处理，可以得到电流离散化表达式

$$i_L(t + T_s | t) = \frac{T_s}{L}[u_{CHB}(t) - u_0(t) + u_s(t)] + i_L(t) \quad (2-71)$$

定义模型预测控制器的价值函数为

$$J_{min} = [i_L(t + T_s) - i_L^*(t + T_s)]^2 \quad (2-72)$$

式中，$i_L^*(t + T_s)$ 为参考电流值。在满足预测量与参考量上下限约束的前提，相当于求解价值函数的最小值，即输出目标函数最小值的自变量方案，可完成相

应的控制。当目标函数值为 0 时，表示参考值与实际值之间的误差最小，控制效果最好。

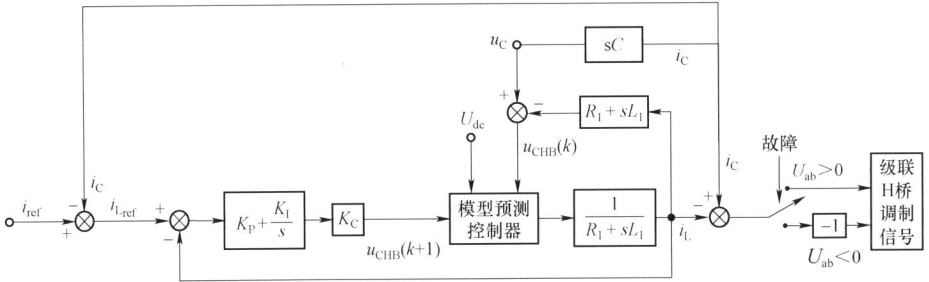

图 2-23　模型预测控制结构图

图 2-24 为模型预测控制算法流程图，通过所采样的电压电流初始化价值

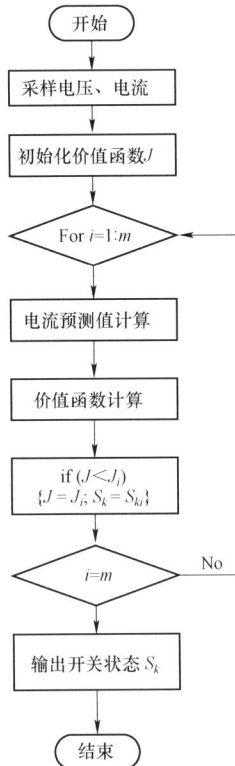

图 2-24　模型预测控制器算法流程图

函数,轮询计算电流预测值以输出最优解对应的开关变量。结合开关组合情况,以开关组合变量为输出,控制目标为输入,通过 PI 控制器输入内环参考变量,输入至模型预测控制器,基于实际量与参考变量的拟合,输出 H 桥开关最优变量方案,从而实现限流器的柔性可控。该方法动态响应快,稳定性好,控制效果突出,并且容易在数字控制器上实现。

# 2.8 仿 真 验 证

根据三机系统,在 Matlab/Simulink 仿真平台搭建网络系统。设定位置 $K$ 发生短路故障,故障时间为 $t=[0.5:1]s$,设定参考电流幅值为 600A,传统的级联 H 桥型柔性限流器(Cascaded H-bridge Fault Current Limiter,CHB-FCL)采用五级联结构,本章所提的 SVHB-FFCL 采用三电容五级联结构,其中变压器 $T_1/T_2/T_3$ 的变比分别为 18kV:10.5kV/13.8kV:10.5kV/16.5kV:10.5kV;发电机 $G_1/G_2/G_3$ 的输出功率分别为 192/128/247.5MVA;线路 $X_{L1}/X_{L2}/X_{L3}/X_{L4}$ 的单位线路电阻分别为 $0.169\Omega/0.206\Omega/0.053\Omega/0.090\Omega$,线路长度均为 4.35km。

为验证不同控制策略在发生短路故障时,限流器对参考电流的跟踪能力与故障电流的柔性可控能力,本小节基于 SVHB-FFCL 分别搭建 PI 控制、SMC 控制与模型预测控制以验证其限流效果。图 2-25～图 2-27 分别为基于 PI 控制、SMC 控制、模型预测控制的限流效果图,其中分别设定短路故障参考电流为 600A 与 400A,输出三相电流波形的同时比较参考电流与 A 相电流的跟踪拟合状况。从下方三图可以看出,不管控制目标设置为 600、400A 或者是任意值,所提三种控制的故障电流均能准确地跟踪参考电流,输出的三相电流均被准确地抑制到参考电流值,实现电流的实时跟踪。在 $t=1s$ 时故障清除,模型预测控制算法的动态恢复效果较其他两个算法更为优异,振荡幅度较小。

为验证不同故障工况下限流器的有效性,本小节针对三相短路对称故障与两相接地不对称故障工况展开分析,对比传统 CHB-FCL 与所提 SVHB-FFCL,突出所提模型限流有效性及分压能力。

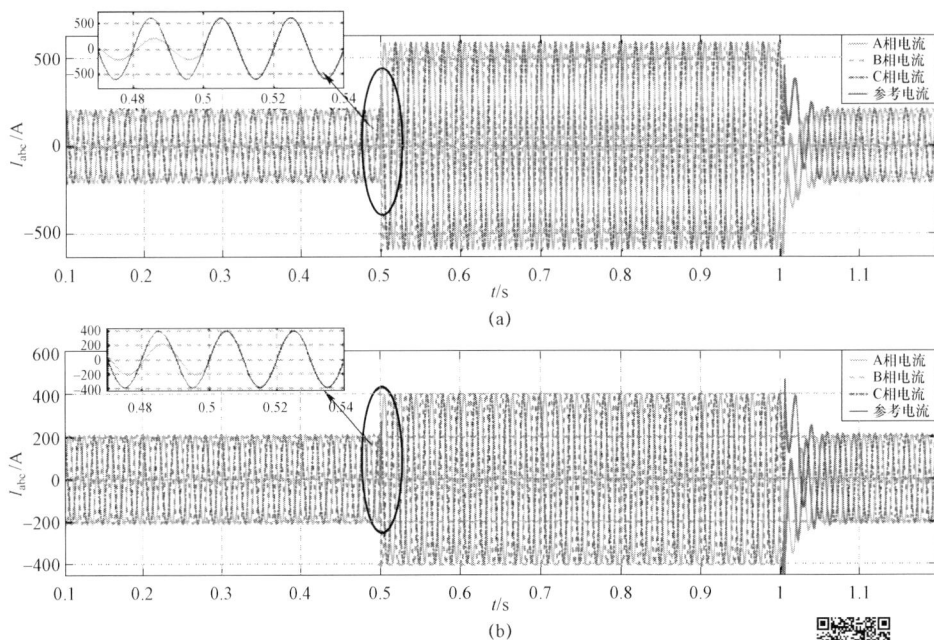

图 2-25  基于 PI 控制的 SVHB-FFCL 限流效果

（a）参考电流为 600A；（b）参考电流为 400A

扫码有彩图

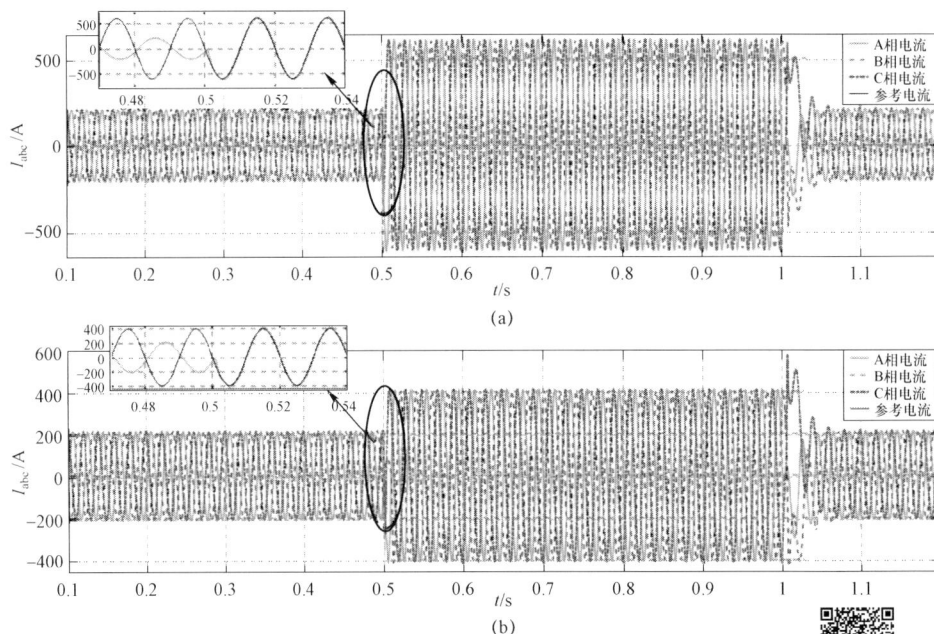

图 2-26  基于 SMC 控制的 SVHB-FFCL 限流效果

（a）参考电流为 600A；（b）参考电流为 400A

扫码有彩图

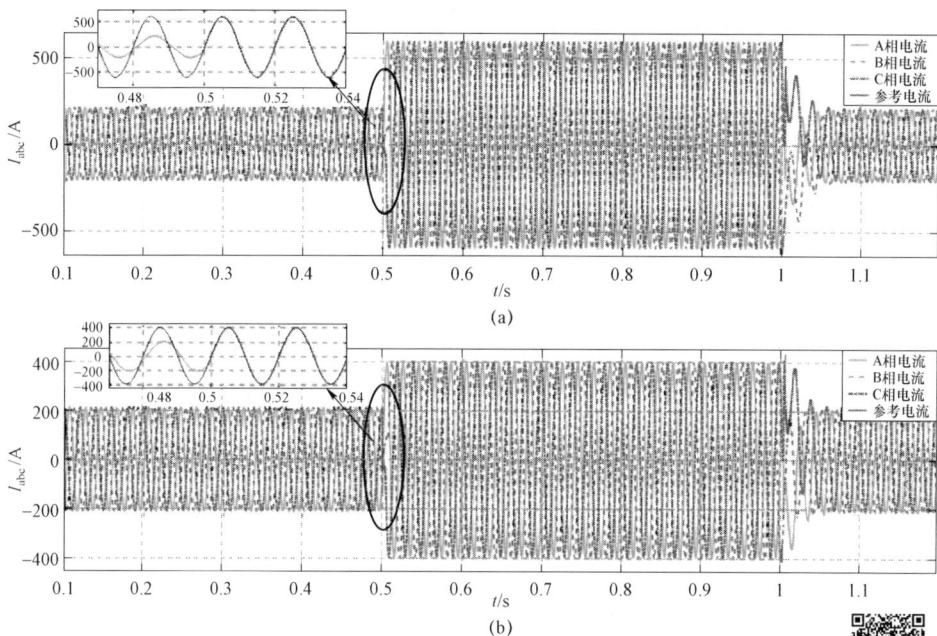

图 2-27 基于模型预测控制的 SVHB-FFCL 限流效果

（a）参考电流为 600A；（b）参考电流为 400A

扫码有彩图

图 2-28 与图 2-29 分别给出在三相短路故障情况下，传统 CHB-FCL 与本章所提 SVHB-FFCL 的故障电压与故障电流。从图 2-28（a）、（b）可以看出，当系统发生三相短路故障时，电流从 200A 突增至 2000A，电压从 8kV 跌落至 3kV，对电网安全稳定运行产生较大的影响。$t$=0.5s 时，在网络中分别投入 CHB-FCL 与 SVHB-FFCL，从图 2-28（c）、（d）与图 2-29（b）、（c）可以看出，故障电流均被限制于所设定的 600A，电压也恢复至与故障前相近。从图 2-28（e）与图 2-29（a）可以看出，采用 CHB-FCL，单个电容承受的电压值为 6kV 左右，而采用 SVHB-FFCL 时，单个电容承受的电压值为 2kV 左右，与所设定的模型预期分压效果吻合，大大缓解了电力电子器件的过压问题。

图 2-30 与图 2-31 为两相接地短路情况下，传统 CHB-FCL 与本章所提 SVHB-FFCL 的故障电压与故障电流。从图 2-30（a）、（b）可以看出，故障相电流激增了十多倍，而故障相电压跌落至原来的三分之一，影响电网的正常运行。$t$=0.5s 时，在网络中分别投入 CHB-FCL 与 SVHB-FFCL，从图 2-30（c）、（d）与图 2-31（b）、（c）可以看出，故障电流均被限制于所设定的 600A，而故障电

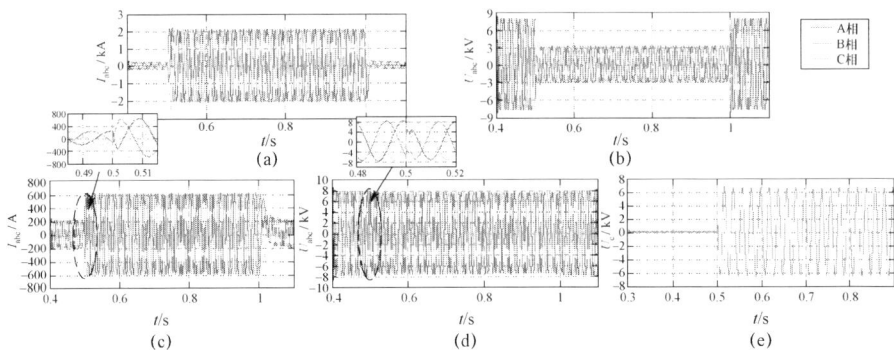

图 2−28　三相短路故障时

（a）未接入限流器时的故障电流；（b）未接入限流器时的故障电压；（c）接入 CHB-FCL 时的故障电流；（d）接入 CHB-FCL 时的故障电压；（e）电容电压

扫码有彩图

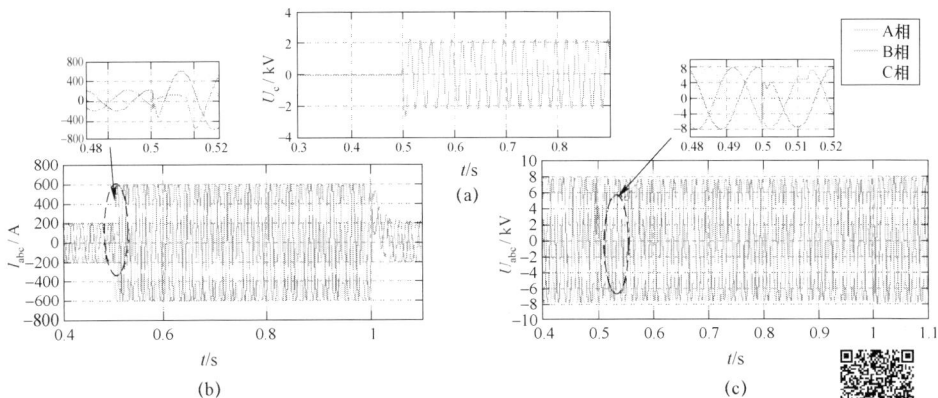

图 2−29　三相短路故障时

（a）电容电压；（b）接入 SVHB-FFCL 时的故障电流；（c）接入 SVHB-FFCL 时的故障电压

扫码有彩图

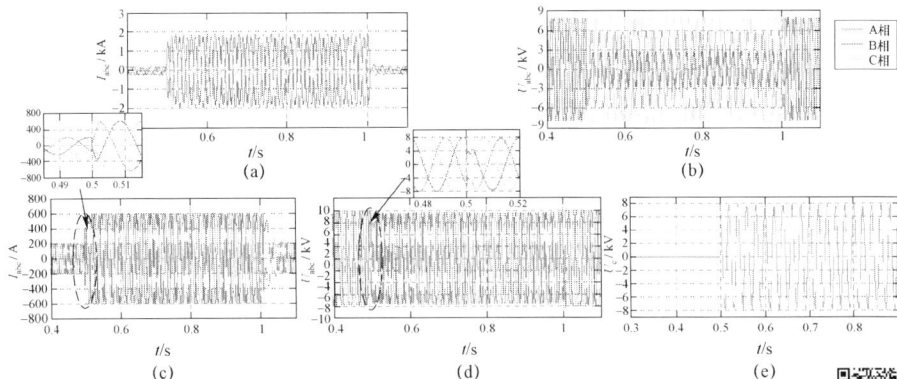

图 2−30　两相接地短路故障

（a）未接入限流器时的故障电流；（b）未接入限流器时的故障电压；（c）接入 CHB-FCL 时的故障电流；（d）接入 CHB-FCL 时的故障电压；（e）电容电压

扫码有彩图

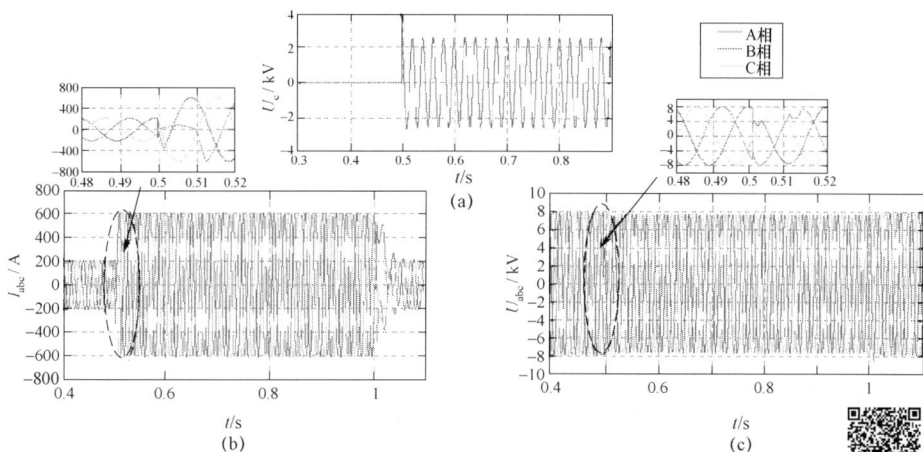

图 2−31 两相接地短路故障时

（a）电容电压；（b）接入 SVHB-FFCL 时的故障电流；（c）接入 SVHB-FFCL 时的故障电压

压较故障前变化不大。从图 2−30（e）与图 2−31（a）可以看出，经过改进的多电容分压式级联 H 桥柔性限流器单个电容所承受的电压较级联 H 桥柔性限流器承受的电压小了 3 倍。实现其限流效果的同时，缓解了电力电子器件的过压问题。

# 2.9 本 章 小 结

本章根据第 1 章所述的相关研究，对带有分压电容结构的 SVHB-FFCL 装置作为微电网故障穿越的硬件辅助方案的工作原理进行分析。首先根据 SVHB-FFCL 拓扑结构，结合微电网故障穿越使用场景，给出该装置的并网接线图，并对其进行相应的数学模型构建与分析；其次，就 SVHB-FFCL 辅助微电网在含谐波的故障环境下进行故障穿越的工作原理进行分析，即 SVHB-FFCL 实现调压、限流和有源滤波多重功能的基本原理，从而扩展了该限流器的使用场景；接下来，给出 SVHB-FFCL 系统的参数设计原则，包括分压电容数和级联单元数的确定、LC 滤波器参数计算方法以及直流侧整流单元基本参数设计原则；最后，基于以上模型，给出了限流器的基本控制策略，并进行了相应的仿真验证，为设计相应的限流器控制系统提供了依据，基于本章，进一步提出相应的多功能控制策略，相应内容见本书第 3 章。

# 3 交流限流器多目标控制策略

第 2 章介绍了 SVHB-FFCL 的工作原理及其相应的基本控制策略，然而在多目标控制以及多端电源等复杂应用场景下，这些传统的控制策略容易失效，为此，本章提出了相应的改进控制策略，用于实现交流限流器在复杂电力场景下的有效应用。交流限流器实现有效控制的关键主要包括检测算法和控制策略两方面，前者通常涉及正负序分离以及谐波检测的相关技术，其中解耦双同步参考坐标系锁相环（Decoupled Dual Synchronous Reference Frame Phase Locked Loop，DDSRF-PLL）作为一种可靠的正负序分离技术，被广泛应用于电力系统控制领域；后者主要针对微电网故障穿越控制策略进行研究，主要涉及 PCC 点电压的控制策略。本章对以上两方面进行叙述。

## 3.1 DDSRF-PLL 原理

根据对称分量法，一组三相不对称的电量，可以由正序、负序和零序三组各自三相对称的分量经矢量合成得到，因此，当电网发生三相不对称故障时，通过分别对序分量进行补偿，能够实现对故障电量的控制，使其恢复到正常状态水平，为了保证对故障分量进行精准补偿，需要快速准确地得到各序分量的幅值、相位和频率等信息，以确定补偿量。

PLL 作为通信系统中广泛应用的一种同步技术，可用于对信号的相位、频率进行跟踪。在电力系统领域，PLL 也常用于提取电网电压电流信号的幅值、相位和频率等信息。为了实现 SVHB-FFCL 对 PCC 电压、电流的精准补偿，需要考虑对含有谐波的三相不平衡电量信号进行各序分量信息的提取，由于高压交流输电系统采用三相三线制接线方式，因此只需对电网故障电量进行正负序分量的提取而不考虑零序分量情况。本章首先对解耦双同步参考坐标系锁相环的工作原理进行分析，以此为基础进一步提出相关改进方案。

以电压为例进行分析，电流具有相同分析步骤。应用对称分量法对含多次谐波分量的三相不平衡电压进行分析，忽略零序分量，则三相不平衡电压矢量可分解成正序分量和负序分量相加的形式，如式（3-1）所示。

$$u_{abc} = \sum_{\substack{n=1, \\ m=1}}^{\infty}(u_{abc}^{+n} + u_{abc}^{-m}) = \sum_{\substack{n=1, \\ m=1}}^{\infty} \left\{ U^{+n} \begin{bmatrix} \cos(n\omega t + \varphi^{+n}) \\ \cos\left(n\omega t - \dfrac{2\pi}{3} + \varphi^{+n}\right) \\ \cos\left(n\omega t + \dfrac{2\pi}{3} + \varphi^{+n}\right) \end{bmatrix} + U^{-m} \begin{bmatrix} \cos(-m\omega t + \varphi^{-m}) \\ \cos\left(-m\omega t - \dfrac{2\pi}{3} + \varphi^{-m}\right) \\ \cos\left(-m\omega t + \dfrac{2\pi}{3} + \varphi^{-m}\right) \end{bmatrix} \right\}$$

$$（3-1）$$

式中：$+n$、$-m$ 分别代表电压矢量的正序 $n$ 次谐波和负序 $m$ 次谐波，$U^{+n}$、$U^{-m}$ 为对应次数谐波电压分量幅值；$\varphi^{+n}$、$\varphi^{-m}$ 为对应次数谐波电压分量的初相角。

为了方便分析，本章选取仅含有基波正负序分量的三相电压矢量进行推导，即取式（3-1）中的 $n$ 和 $m$ 的值为 1，对应表达式为

$$u_{abc} = u_{abc}^{+1} + u_{abc}^{-1} = U^{+1} \begin{bmatrix} \cos(\omega t + \varphi^{+1}) \\ \cos\left(\omega t - \dfrac{2\pi}{3} + \varphi^{+1}\right) \\ \cos\left(\omega t + \dfrac{2\pi}{3} + \varphi^{+1}\right) \end{bmatrix} + U^{-1} \begin{bmatrix} \cos(-\omega t + \varphi^{-1}) \\ \cos\left(-\omega t - \dfrac{2\pi}{3} + \varphi^{-1}\right) \\ \cos\left(-\omega t + \dfrac{2\pi}{3} + \varphi^{-1}\right) \end{bmatrix}$$

$$（3-2）$$

如图 3-1 所示，在 $abc$ 三相静止坐标系下，将式（3-2）所示的三相不平衡电压矢量 $u_{abc}$ 分解为以 $\omega$ 角速度旋转的正序基波分量 $u_{abc}^{+1}$ 和以 $-\omega$ 角速度旋转的负序基波分量 $u_{abc}^{-1}$，其中，角速度符号代表旋转方向，正号表示正序旋转方向、负号则为负序旋转方向。

经过正、负序派克（Park）变换分别将总电压矢量变换到以 $\omega'$ 旋转的正序旋转坐标系 $dq^{+1}$ 和以 $-\omega'$ 旋转的负序旋转坐标系 $dq^{-1}$，其中，$\theta'$ 和 $-\theta'$ 分别为 $d^{+1}$ 轴和 $d^{-1}$ 轴相对于 $a$ 轴的相位角，其各自表达式为

$$\begin{cases} \theta' = \omega' t + \theta_0^{+1} \\ -\theta' = -\omega' t + \theta_0^{-1} \end{cases} \tag{3-3}$$

式中：$\theta_0^{+1}$ 和 $\theta_0^{-1}$ 分别为 $d^{+1}$ 轴和 $d^{-1}$ 轴相对于 $a$ 轴的初相角。

由此得到图 3-1 中，正序旋转坐标系 $dq^{+1}$ 和负序旋转坐标系 $dq^{-1}$ 上的电压分量为

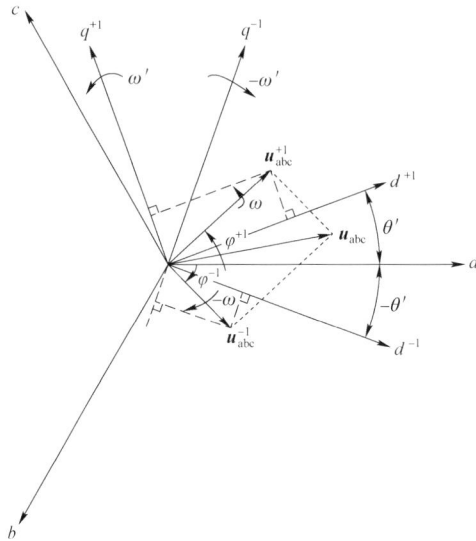

图 3-1 双同步旋转坐标系下的电压矢量图

$$\boldsymbol{u}_{\mathrm{dq}^{+1}} = \begin{bmatrix} u_{\mathrm{d}^{+1}} \\ u_{\mathrm{q}^{+1}} \end{bmatrix} = [P^{+1}] \begin{bmatrix} u_{\mathrm{a}} \\ u_{\mathrm{b}} \\ u_{\mathrm{c}} \end{bmatrix} = U^{+1} \begin{bmatrix} \cos(\omega t + \varphi^{+1} - \theta') \\ \sin(\omega t + \varphi^{+1} - \theta') \end{bmatrix} + U^{-1} \begin{bmatrix} \cos(-\omega t + \varphi^{-1} - \theta') \\ \sin(-\omega t + \varphi^{-1} - \theta') \end{bmatrix}$$

$$(3-4)$$

取 $t=0$ 时，旋转坐标系中的 $d$ 轴与静止坐标系 $a$ 轴重合，且 $q$ 轴超前 $d$ 轴 90°，则上式中对应的正序 Park 变换矩阵为

$$[P^{+1}] = \frac{2}{3} \begin{bmatrix} \cos\theta' & \cos\left(\theta' - \dfrac{2\pi}{3}\right) & \cos\left(\theta' + \dfrac{2\pi}{3}\right) \\ -\sin\theta' & -\sin\left(\theta' - \dfrac{2\pi}{3}\right) & -\sin\left(\theta' + \dfrac{2\pi}{3}\right) \end{bmatrix} \quad (3-5)$$

当同步时，则正序旋转坐标系 $dq^{+1}$ 的角速度 $\omega'$ 与正序基波电压分量角速度 $\omega$ 相同，即有

$$\omega' = \omega \qquad (3-6)$$

结合式（3-3），此时式（3-4）转换为

$$\boldsymbol{u}_{\mathrm{dq}^{+1}} = \begin{bmatrix} u_{\mathrm{d}^{+1}} \\ u_{\mathrm{q}^{+1}} \end{bmatrix} = U^{+1} \underbrace{\begin{bmatrix} \cos(\Delta\theta^{+1}) \\ \sin(\Delta\theta^{+1}) \end{bmatrix}}_{\mathrm{DC}} + U^{-1} \underbrace{\begin{bmatrix} \cos(-2\omega t + \varphi^{-1} - \theta_0^{+1}) \\ \sin(-2\omega t + \varphi^{-1} - \theta_0^{+1}) \end{bmatrix}}_{\mathrm{AC}} \quad (3-7)$$

$$\Delta\theta^{+1} = \varphi^{+1} - \theta_0^{+1} \qquad (3-8)$$

由式（3-7）可知，同步时，式（3-2）所示总电压矢量在正序旋转坐标系下表现为由正序基波电压对应的直流分量和负序基波电压对应的二倍频分量组成，后者为交流分量。推广到式（3-1）所示任意含有谐波的不平衡电压，则有：经过正序同步旋转坐标变换后，电压正序 $n$ 次谐波分量表现为 $n-1$ 次谐波分量形式，负序 $m$ 次谐波分量表现为 $-(m+1)$ 次谐波分量形式，符合相对性原理。

当正序旋转坐标系的 $d^{+1}$ 轴与电压正序基波分量 $u_{abc}^{+1}$ 保持重合时，即满足式（3-6）的同时，式（3-8）中的 $\Delta\theta^{+1}$ 值为 0，此时式（3-7）转换为式（3-9）。

$$\boldsymbol{u}_{dq^{+1}} = \begin{bmatrix} u_{d^{+1}} \\ u_{q^{+1}} \end{bmatrix} = \underbrace{U^{+1} \begin{bmatrix} 1 \\ 0 \end{bmatrix}}_{DC} + \underbrace{U^{-1} \begin{bmatrix} \cos(-2\omega t + \varphi^{-1} - \theta_0^{+1}) \\ \sin(-2\omega t + \varphi^{-1} - \theta_0^{+1}) \end{bmatrix}}_{AC} \qquad (3-9)$$

由式（3-9）可知，此时不平衡电压的正序基波分量在正序同步旋转坐标系的 $d^{+1}$ 轴分量值等于其正序分量幅值，$q^{+1}$ 轴分量值等于 0；而负序基波分量的投影仍表现为二倍频交流分量。因此，对于式（3-9），可以通过低通滤波器消除由负序基波分量导致的交流分量，得到电压正序基波分量投影的 $d^{+1}$ 轴和 $q^{+1}$ 轴分量，将该 $q^{+1}$ 轴分量值作为 PLL 的反馈输入，设置其目标值为 0，通过反馈控制使其达到目标值，由此生成的正序旋转坐标系的 $d^{+1}$ 轴与电压正序基波分量保持重合，即两者初相位和角速度均相同，以此得到电压正序基波分量的初相角与频率信息，此时电压正序基波分量的幅值等于其在 $d^{+1}$ 轴的分量值 $u_{d^{+1}}$。

上述过程实现了对电压正序基波分量的提取，同理可实现对电压负序基波分量的提取，相对于正序基波分量的分析过程，由于负序基波旋转坐标系与正序基波旋转坐标系的旋转角频率大小相等，方向相反。因此，在生成负序同步旋转坐标系时，只需在提取正序分量时设计反馈环节保证正序同步参考坐标系的 $d^{+1}$ 轴能够精确地检测输入电压相量的正序基波分量的角度位置即可，无须增加 PLL 反馈环节，相应的负序 Park 变换矩阵为

$$[P^{-1}] = \frac{2}{3} \begin{bmatrix} \cos\theta' & \cos\left(\theta' + \dfrac{2\pi}{3}\right) & \cos\left(\theta' - \dfrac{2\pi}{3}\right) \\ \sin\theta' & \sin\left(\theta' + \dfrac{2\pi}{3}\right) & \sin\left(\theta' - \dfrac{2\pi}{3}\right) \end{bmatrix} \qquad (3-10)$$

推得式（3-2）所示的三相不平衡电压在负序同步旋转坐标系下的值为

$$\boldsymbol{u}_{dq^{-1}} = \begin{bmatrix} u_{d^{-1}} \\ u_{q^{-1}} \end{bmatrix} = [P^{-1}] \begin{bmatrix} u_a \\ u_b \\ u_c \end{bmatrix} = U^{-1} \underbrace{\begin{bmatrix} \cos(\Delta\theta^{-1}) \\ \sin(\Delta\theta^{-1}) \end{bmatrix}}_{DC} + U^{+1} \underbrace{\begin{bmatrix} \cos(2\omega t + \varphi^{+1} - \theta_0^{-1}) \\ \sin(2\omega t + \varphi^{+1} - \theta_0^{-1}) \end{bmatrix}}_{AC}$$

$$(3-11)$$

式中：$\Delta\theta^{-1}$ 为负序旋转坐标系的 $d^{-1}$ 轴与负序基波电流分量初相角之差。由该式可以看出，电压负序旋转坐标系上的分量由负序基波分量投影的直流分量以及正序基波分量投影的二倍频分量组成。同理，推广到式（3-1）所示任意含有谐波的不平衡电流，则有：经过负序同步旋转坐标变换后，电流负序 $m$ 次谐波分量表现为 $-(m-1)$ 次谐波分量形式，正序 $n$ 次谐波分量表现为 $n+1$ 次谐波分量形式，亦符合相对性原理。

同样地，经过低通滤波器，可将式（3-11）中的二倍频分量滤除，从而提取得到电压负序基波电压信号，其中负序分量的幅值为

$$U^{-1} = \sqrt{[U^{-1}\cos(\Delta\theta^{-1})]^2 + [U^{-1}\sin(\Delta\theta^{-1})]^2} = \sqrt{(\overline{u}_{d^{-1}})^2 + (\overline{u}_{q^{-1}})^2}$$

$$(3-12)$$

虽然式（3-7）和式（3-11）中的交流振荡信号可通过低通滤波器消除，然而，受限于滤波器带宽以及系统响应等原因，只通过低通滤波器无法完全消除上述交流振荡量的影响。而由式（3-7）和式（3-11）可知，$dq^{+1}$ 轴上的交流分量幅值依赖于 $dq^{-1}$ 轴上的直流分量，反之亦然，从而两个旋转坐标系之间的耦合项得以确定，因此，可通过解耦环节，更加彻底地消除耦合信号造成的振荡影响。

取 $d^{+1}$ 轴和 $d^{-1}$ 轴相对于 $a$ 轴的初相角为 $0°$，由式（3-7）和式（3-11）变换得到的解耦表达式为

$$\begin{cases} u_{d^{+1}}^* = u_{d^{+1}} - \overline{u}_{d^{-1}}\cos(2\omega t) - \overline{u}_{q^{-1}}\sin(2\omega t) \\ u_{q^{+1}}^* = u_{q^{+1}} - \overline{u}_{q^{-1}}\cos(2\omega t) + \overline{u}_{d^{-1}}\sin(2\omega t) \\ u_{d^{-1}}^* = u_{d^{-1}} - \overline{u}_{d^{+1}}\cos(2\omega t) + \overline{u}_{q^{+1}}\sin(2\omega t) \\ u_{q^{-1}}^* = u_{q^{-1}} - \overline{u}_{q^{+1}}\cos(2\omega t) - \overline{u}_{d^{+1}}\sin(2\omega t) \end{cases}$$

$$(3-13)$$

式中：右上角带*电量为经过解耦的输出电量，由解耦表达式易知，通过正序直流量的交叉反馈，可以获得正、负序同步参考坐标系上的直流分量。

对于任意由 $n$ 次谐波和 $m$ 次谐波组成的三相不平衡电量，将其变换到与 $n(m)$ 次谐波分量同步旋转的旋转坐标系 $dq^n$（$dq^m$），可通过式（3-13）推广得到的解耦网络 $DC\binom{n}{m}$（$DC\binom{m}{n}$）提取出不平衡电量 $n(m)$ 次谐波分量在 $d^n$（$d^m$）

轴、$q^n$（$q^m$）轴对应的分量信息，解耦网络 $DC(^n_m)$ 的结构如图 3-2 所示。

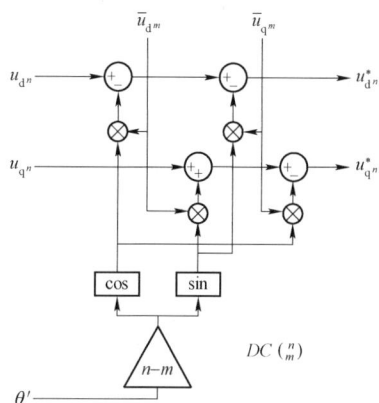

图 3-2　消除 $dq^n$ 坐标系上 $m$ 次谐波振荡信号的解耦网络

为了得到图 3-2 所示解耦网络所需的直流分量，需要引入低通滤波器，通常可选用一阶惯性环节进行一阶低通滤波，其传递函数为

$$LPF(s) = \frac{\omega_f}{\omega_f + s} \tag{3-14}$$

式中：截止频率 $\omega_f = \delta\omega$，$\omega$ 为电网工频，$\delta$ 为常数。

为了正确设计低通滤波器的截止频率，以满足锁相环系统的性能要求，假设锁相环系统反馈控制得到的频率等于电网正序基波频率的前提下，在 $t=0$ 瞬间输入阶跃跳变的三相电压信号，由此测得在不同 $\omega_f$ 数值下解耦双同步参考坐标系中的正序参考轴 $d^{+1}$ 上的 $\bar{u}_{d^{+1}}$ 响应曲线，如图 3-3 所示。

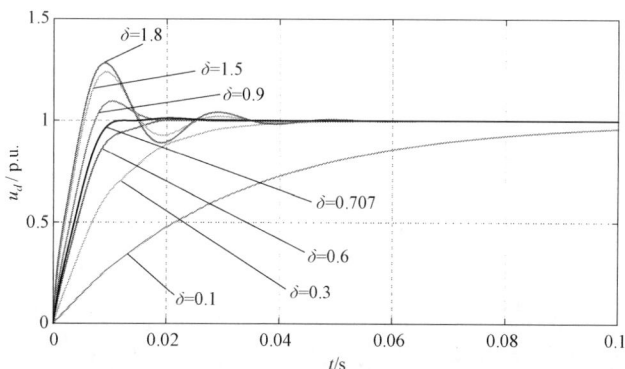

图 3-3　解耦双同步参考坐标系下输出端 $\bar{u}_{d^{+1}}$ 信号的阶跃响应

由图 3-3 可以看出，当 $\delta$ 较小时，输出端 $\bar{u}_{d+1}$ 的响应速度随着 $\delta$ 的增大而变快；但当 $\delta$ 过大时，$\bar{u}_{d+1}$ 的响应发生振荡，且振荡幅度随着 $\delta$ 的增大而增大，不利于系统维持稳定；因此，根据该图，通过对响应速度和振荡抑制进行合理平衡考虑，可选择 $\delta$ 为 0.707，即低通滤波器的截止频率 $\omega_f = \omega / \sqrt{2}$。

综合以上分析，得到 DDSRF-PLL 的结构图，如图 3-4 所示。该锁相环通过对不平衡电压进行正负序坐标变换以实现正负序分离的提取，其中，在双同步参考坐标系中引入了解耦网络，从而完全抵消了旋转坐标系上二倍频分量的振荡影响，这也使得该锁相环能够在保持较大带宽的条件下，准确地获取不对称电压的各序分量幅值等信息。

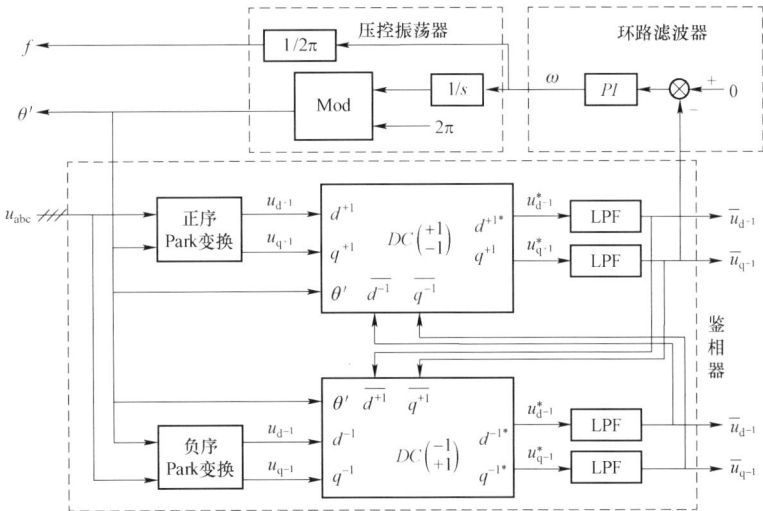

图 3-4　DDSRF-PLL 结构图

## 3.2　基于 Butterworth 带通滤波器的改进型 DDSRF-PLL

由 DDSRF-PLL 的工作原理可知，该锁相环的良好性能来源于解耦网络的引入，但由解耦网络的结构可以看出，当电网不平衡电压包含多次谐波时，需要设计多个解耦网络才能消除各次分量之间的影响，且各次谐波之间均需要进行交叉反馈解耦，这使得锁相环的结构变得十分复杂；另外，由于实际使用时，有时无法预知多次谐波分量的组成情况，难以对多次谐波的解耦网络进行预设。因此，DDSRF-PLL 存在多次谐波环境适应性差的问题。针对该问题，可通过滤波技术，消除多次谐波对 DDSRF-PLL 的影响。

巴特沃斯（Butterworth）滤波器作为一种常用的数字 IIR 型滤波技术，其主要特点为在通带内其幅频响应变化最小，具有最大的平坦度，在一定范围内相当于某一恒定值，可用于设计在特定点处幅频响应最为平坦的滤波器，具有较好的频率适应性，因此非常适合应用于锁相环系统。为了消除电流谐波信号对锁相环的影响，本章提出应用 Butterworth 带通滤波器对传统 DDSRF-PLL 进行改进，该滤波器典型传递函数为

$$H(s) = \frac{2\cos(\theta_k)\omega_n s}{\prod\limits_{k=1}^{\frac{n}{2}}\left[s^2 + 2\cos(\theta_k)\omega_n s + \omega_n^2\right]} \qquad (3-15)$$

式中：$n$ 为 Butterworth 带通滤波器阶数；$\omega_n$ 为滤波器截止频率；$\theta_k = [(2k-1)(180° - 2\theta)]/[2(n-1)]$，$\theta$ 为滤波器设计目标确定的主导极点与虚轴夹角。

根据式（3−15）所示传递函数，参考 Butterworth 数字滤波器设计方法，设计一通带频率为 45～55Hz 的二阶 Butterworth 带通滤波器，其幅频和相频特性如图 3−5 所示。

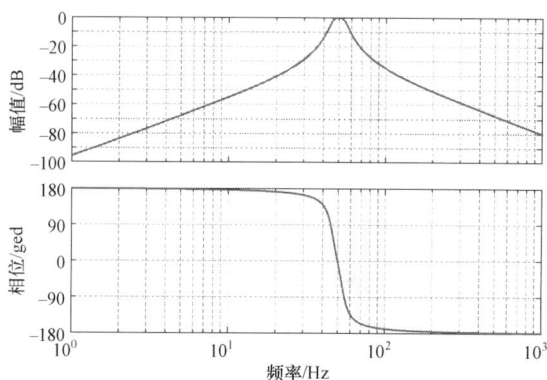

图 3−5　二阶 Butterworth 带通滤波器的 Bode 图

由上图可以看出，所设计 Butterworth 带通滤波器具有理想的幅频和相频特性，在中心频率 50Hz 处的增益为 0dB，相移接近 0 角度，符合设计要求。将该带通滤波器应用在锁相环输入信号预处理环节，使输入 DDSRF-PLL 的故障电流信号仅含基波正负序分量，由此得到的改进型 DDSRF-PLL 结构如图 3−6 所示。

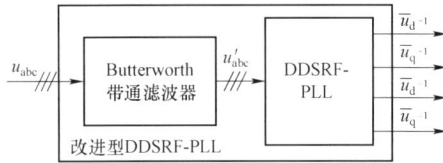

图 3-6　改进型 DDSRF-PLL 结构图

# 3.3　基于多同步参考坐标系的无锁相环方案

虽然在多次谐波环境下，上述改进型 DDSRF-PLL 能够消除谐波畸变带来的影响，但在实际应用时，存在着以下问题：

（1）由于增加了滤波器，可能会导致响应速度不符合系统要求。

（2）采用基于反馈控制的 PLL，存在着抗干扰能力弱和动态性能差等问题需要解决。

（3）当电网电压相角发生跳变时，DDSRF-PLL 检测的频率容易发生振荡，导致其无法实现精准锁相。

针对上述的问题（1），根据特定次谐波抑制的相关理论，对于电力系统高压大容量场合，往往先进行无源滤波，剩余特定次谐波采用有源电力滤波器滤除。因此，在这类使用场合中，电力系统所含谐波为特定次数，可通过设置解耦网络消除特定次谐波带来的影响；针对上述的问题（2）和（3），可采用无锁相环的思想对电网电量的各序分量进行提取。为此，本章依据 DDSRF-PLL 的基本原理，提出一种基于多同步参考坐标系的无锁相环方案，用于提供 SVHB-FFCL 控制所需的各次电量。

## 3.3.1　解耦多同步参考坐标系下各次电量 *dq* 轴分量提取

参考 3.1 节中的推导方法，在此本章同样以电压为对象进行分析，电流具有相同分析过程。在三相三线制电网中，考虑仅含有特定次谐波的三相不平衡电压，根据对称分量法，该电压可表示为式（3-16）。

$$u_{abc} = \begin{bmatrix} u_a \\ u_b \\ u_c \end{bmatrix} = u_{abc}^{+1} + u_{abc}^{-1} + u_{abc}^{x} =$$

$$U^{+1}\begin{bmatrix} \cos(\omega t + \varphi^{+1}) \\ \cos\left(\omega t - \dfrac{2\pi}{3} + \varphi^{+1}\right) \\ \cos\left(\omega t + \dfrac{2\pi}{3} + \varphi^{+1}\right) \end{bmatrix} + U^{-1}\begin{bmatrix} \cos(-\omega t + \varphi^{-1}) \\ \cos\left(-\omega t - \dfrac{2\pi}{3} + \varphi^{-1}\right) \\ \cos\left(-\omega t + \dfrac{2\pi}{3} + \varphi^{-1}\right) \end{bmatrix} + U^{x}\begin{bmatrix} \cos(x\omega t + \varphi^{x}) \\ \cos\left(x\omega t - \dfrac{2\pi}{3} + \varphi^{x}\right) \\ \cos\left(x\omega t + \dfrac{2\pi}{3} + \varphi^{x}\right) \end{bmatrix}$$

$$(3-16)$$

式中：上标 +1、−1、$x$ 分别代表正序基波、负序基波与 $x$ 次谐波分量（$x$ 为绝对值不等于 1 的整数，正号代表正序，负号代表负序）；$U$ 为对应次电压幅值；$\varphi$ 为对应次电压初相角。

由式（3−16）可以看出，电压矢量由正负序基波分量以及谐波分量经矢量合成得到。为了将各次分量进行分离，在原有三相静止坐标系中增设三个旋转坐标系，如图 3−7 所示。

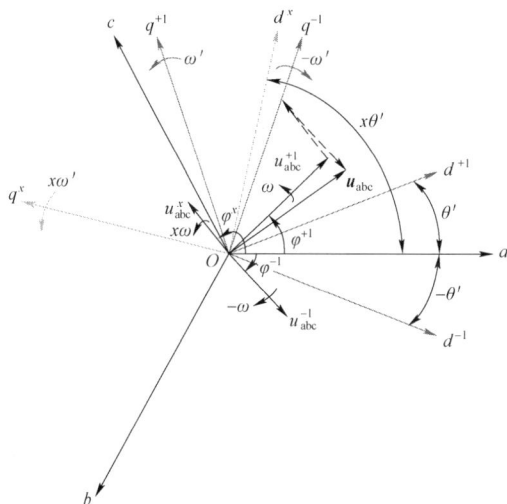

图 3−7 多同步旋转坐标系下的电压矢量分解图

图中，$dq^{+1}$、$dq^{-1}$、$dq^{x}$ 分别为正序基波、负序基波和谐波电压分量同向旋转的两相坐标系；$\omega$ 为电网正序基波电压旋转角速度，其值取决于电网工频；$\omega'$ 为 $dq^{+1}$ 坐标系的旋转角速度，令三个 $d$ 轴初始角为零，则有

$$\theta' = \omega' t \qquad (3-17)$$

将式（3−16）所示 abc 三相静止坐标系下的电压 $u_{abc}$ 分别通过 Park 变换映射到 $dq^{+1}$、$dq^{-1}$、$dq^{x}$ 旋转坐标系，得到对应坐标轴上的分量分别为

$$\boldsymbol{u}_{\mathrm{dq}^{+1}} = \begin{bmatrix} u_{\mathrm{d}^{+1}} \\ u_{\mathrm{q}^{+1}} \end{bmatrix} = \begin{bmatrix} P^{+1} \end{bmatrix} \begin{bmatrix} u_{\mathrm{a}} \\ u_{\mathrm{b}} \\ u_{\mathrm{c}} \end{bmatrix} =$$

$$U^{+1} \begin{bmatrix} \cos(\omega t + \varphi^{+1} - \theta') \\ \sin(\omega t + \varphi^{+1} - \theta') \end{bmatrix} + U^{-1} \begin{bmatrix} \cos(-\omega t + \varphi^{-1} - \theta') \\ \sin(-\omega t + \varphi^{-1} - \theta') \end{bmatrix} + U^{x} \begin{bmatrix} \cos(x\omega t + \varphi^{x} - \theta') \\ \sin(x\omega t + \varphi^{x} - \theta') \end{bmatrix}$$

$$(3-18)$$

$$\boldsymbol{u}_{\mathrm{dq}^{-1}} = \begin{bmatrix} u_{\mathrm{d}^{-1}} \\ u_{\mathrm{q}^{-1}} \end{bmatrix} = \begin{bmatrix} P^{-1} \end{bmatrix} \begin{bmatrix} u_{\mathrm{a}} \\ u_{\mathrm{b}} \\ u_{\mathrm{c}} \end{bmatrix} =$$

$$U^{-1} \begin{bmatrix} \cos(-\omega t + \varphi^{-1} + \theta') \\ \sin(-\omega t + \varphi^{-1} + \theta') \end{bmatrix} + U^{+1} \begin{bmatrix} \cos(\omega t + \varphi^{+1} + \theta') \\ \sin(\omega t + \varphi^{+1} + \theta') \end{bmatrix} + U^{x} \begin{bmatrix} \cos(x\omega t + \varphi^{x} + \theta') \\ \sin(x\omega t + \varphi^{x} + \theta') \end{bmatrix}$$

$$(3-19)$$

$$\boldsymbol{u}_{\mathrm{dq}^{x}} = \begin{bmatrix} u_{\mathrm{d}^{x}} \\ u_{\mathrm{q}^{x}} \end{bmatrix} = \begin{bmatrix} P^{x} \end{bmatrix} \begin{bmatrix} u_{\mathrm{a}} \\ u_{\mathrm{b}} \\ u_{\mathrm{c}} \end{bmatrix} =$$

$$U^{x} \begin{bmatrix} \cos(x\omega t + \varphi^{x} - x\theta') \\ \sin(x\omega t + \varphi^{x} - x\theta') \end{bmatrix} + U^{+1} \begin{bmatrix} \cos(\omega t + \varphi^{+1} - x\theta') \\ \sin(\omega t + \varphi^{+1} - x\theta') \end{bmatrix} + U^{-1} \begin{bmatrix} \cos(-\omega t + \varphi^{-1} - x\theta') \\ \sin(-\omega t + \varphi^{-1} - x\theta') \end{bmatrix}$$

$$(3-20)$$

上式中的正负序基波 Park 变换矩阵分别见式（3-5）和式（3-10），$x$ 次谐波对应的 Park 变换矩阵为

$$\begin{bmatrix} P^{x} \end{bmatrix} = \frac{2}{3} \begin{bmatrix} \cos(x\theta') & \cos\left(x\theta' - \dfrac{2\pi}{3}\right) & \cos\left(x\theta' + \dfrac{2\pi}{3}\right) \\ -\sin(x\theta') & -\sin\left(x\theta' - \dfrac{2\pi}{3}\right) & -\sin\left(x\theta' + \dfrac{2\pi}{3}\right) \end{bmatrix} \quad (3-21)$$

当达到式（3-6）中的同步条件时，由图 3-8 易知，$dq^{+1}$、$dq^{-1}$、$dq^{x}$ 坐标轴与对应各次电压矢量保持同步旋转，则式（3-18）～式（3-20）分别转换为式（3-22）～式（3-24）。

$$\boldsymbol{u}_{\mathrm{dq}^{+1}} = \begin{bmatrix} u_{\mathrm{d}^{+1}} \\ u_{\mathrm{q}^{+1}} \end{bmatrix} = \underbrace{U^{+1} \begin{bmatrix} \cos(\varphi^{+1}) \\ \sin(\varphi^{+1}) \end{bmatrix}}_{\mathrm{DC}} + \underbrace{U^{-1} \begin{bmatrix} \cos(-2\omega t + \varphi^{-1}) \\ \sin(-2\omega t + \varphi^{-1}) \end{bmatrix} + U^{x} \begin{bmatrix} \cos((x-1)\omega t + \varphi^{x}) \\ \sin((x-1)\omega t + \varphi^{x}) \end{bmatrix}}_{\mathrm{AC}}$$

$$(3-22)$$

$$\boldsymbol{u}_{\mathrm{dq}^{-1}} = \begin{bmatrix} u_{\mathrm{d}^{-1}} \\ u_{\mathrm{q}^{-1}} \end{bmatrix} = U^{-1} \underbrace{\begin{bmatrix} \cos(\varphi^{-1}) \\ \sin(\varphi^{-1}) \end{bmatrix}}_{\mathrm{DC}} + \underbrace{U^{+1} \begin{bmatrix} \cos(2\omega t + \varphi^{+1}) \\ \sin(2\omega t + \varphi^{+1}) \end{bmatrix} + U^{x} \begin{bmatrix} \cos((x+1)\omega t + \varphi^{x}) \\ \sin((x+1)\omega t + \varphi^{x}) \end{bmatrix}}_{\mathrm{AC}}$$

$$(3-23)$$

$$\boldsymbol{u}_{\mathrm{dq}^{x}} = \begin{bmatrix} u_{\mathrm{d}^{x}} \\ u_{\mathrm{q}^{x}} \end{bmatrix} = U^{x} \underbrace{\begin{bmatrix} \cos(\varphi^{x}) \\ \sin(\varphi^{x}) \end{bmatrix}}_{\mathrm{DC}} + \underbrace{U^{+1} \begin{bmatrix} \cos((1-x)\omega t + \varphi^{+1}) \\ \sin((1-x)\omega t + \varphi^{+1}) \end{bmatrix} + U^{-1} \begin{bmatrix} \cos(-(1+x)\omega t + \varphi^{-1}) \\ \sin(-(1+x)\omega t + \varphi^{-1}) \end{bmatrix}}_{\mathrm{AC}}$$

$$(3-24)$$

由以上三式可知，同步时，在各次同步旋转坐标系上的 $dq$ 轴分量表现为对应次数电压投影的直流量和其他次数电压分量映射的交流量之和。因此，可通过低通滤波器滤除交流振荡信号，提取得到所需各次电压在对应同步旋转坐标系上的投影直流量。

然而，受限于滤波器带宽以及系统响应等原因，只通过低通滤波器无法完全消除上述交流振荡量的影响。因此，由 3.1 节所述 DDSRF-PLL 原理，通过多次应用图 3−3 所示解耦网络，可消除上述振荡量，由此得到对应的多同步坐标系下的结构如图 3−8 所示。

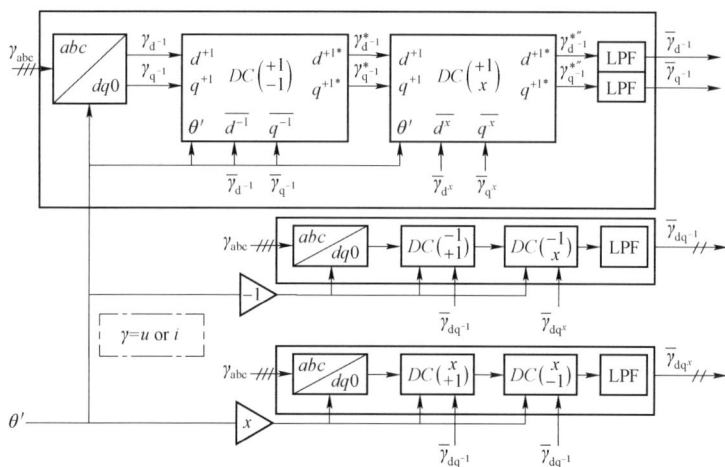

图 3−8　含特定次数谐波的解耦多同步参考坐标系结构框图

## 3.3.2　无锁相环方案的实现

通过 3.3.1 节分析易知，提取各次电量 $dq$ 轴分量的关键在于生成同步旋转坐标系，即保证式（3−6）成立。当图 3−6 中 $d^{+1}$ 轴与 $u_{\mathrm{abc}}^{+1}$ 保持重合时，则式（3-22）中的 $q$ 轴直流分量 $\bar{u}_{q+1}$ 为零，传统 DDSRF-PLL 技术通过反馈控制保证该值为零，从而保证同步状态，即 DDSRF-PLL 技术通过锁相环反馈控制保证旋转坐标系的旋转角频率与电网基波角频率保持一致，以此实现对基波电流频率以及正序初相角的跟踪，为 Park 变换和解耦网络提供相角信息。

通过以上分析可以看出，锁相环的作用在于提供 Park 变换所需的相角 $\theta'$，该相角的变化率应与电网正序基波角频率一致。而在一般暂态过程中，发电机转速偏离同步转速并不多，电网频率实际上是电力系统中最稳定的变量，且根据《电能质量 电力系统频率偏差》（GB/T 15945—2008）规定，我国电网标称频率为 50Hz，这表明在一般情况下，电网正序基波角频率为已知量，因此，可通过直接给定一个相角 $\theta^*$ 代替原本应由锁相环提供的相角 $\theta'$，用于参与 Park 变换，该给定相角的初始相角可为任意值，但其变化率应等于电网正序基波角频率，且在 $[-\pi, \pi]$ 间线性变换，以此保证生成的各次 $dq$ 坐标系与其对应次数的电压矢量同步旋转，从而实现无锁相环对各次电压 $dq$ 轴直流量的提取。根据上述原理，基于图 3-8 所示的解耦多同步参考坐标系结构，得到的无锁相环下提取各次电压分量的结构如图 3-9 所示。

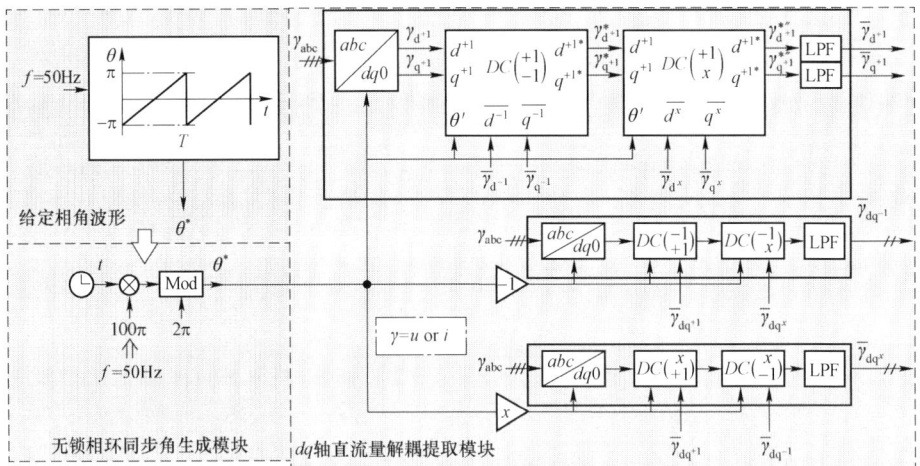

图 3-9　无锁相环提取各次电量结构图

图中，根据给定相角的波形要求，设计对应的无锁相环同步角生成模块，生成一个角频率为 $100\pi$ 的相角 $\theta^*$，以此作为 $dq$ 轴直流量提取模块进行 Park 变换与解耦所需的输入相角，从而提取得到各次电气量的 $dq$ 轴直流分量，整个过程无须锁相环路的参与。

在得到各次电压 $dq$ 轴直流量后，即能够得到电压幅值和相位信息。

首先是幅值，在获得各次电压 $dq$ 轴直流量后，由式（3-22）～式（3-24）易知，各次电压的幅值为

$$U^{+1} = \sqrt{[U^{+1}\cos(\varphi^{+1})]^2 + [U^{+1}\sin(\varphi^{+1})]^2} = \sqrt{(\overline{u}_{d^{+1}})^2 + (\overline{u}_{q^{+1}})^2} \quad （3-25）$$

$$U^{-1} = \sqrt{[U^{-1}\cos(\varphi^{-1})]^2 + [U^{-1}\sin(\varphi^{-1})]^2} = \sqrt{(\overline{u}_{d^{-1}})^2 + (\overline{u}_{q^{-1}})^2} \quad （3-26）$$

$$U^{x} = \sqrt{[U^{x}\cos(\varphi^{x})]^2 + [U^{x}\sin(\varphi^{x})]^2} = \sqrt{(\overline{u}_{d^{x}})^2 + (\overline{u}_{q^{x}})^2} \quad （3-27）$$

接下来为相角信息的计算，以正序基波电压为例，令 $d^{+1}$ 轴初相角为 0，给定 $dq^{+1}$ 坐标系旋转角频率与正序基波电流一致，在 $t$ 时刻矢量图如图 3-10 所示。

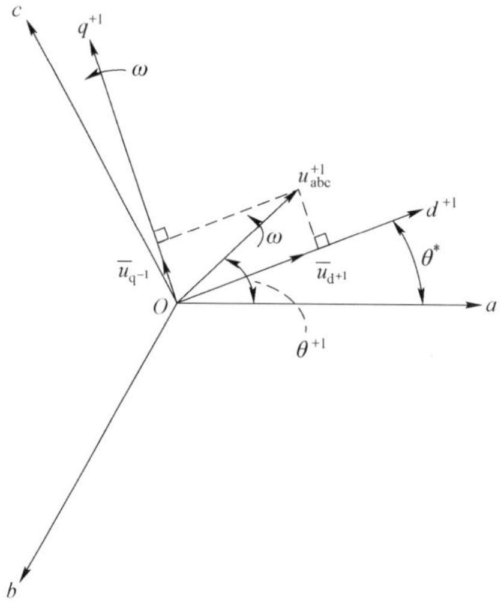

图 3-10 无锁相环方案相角计算原理图

设 $t$ 时刻 $u_{abc}^{+1}$ 与 $a$ 轴夹角为 $\theta^{+1}$，由图 3-10 易得

$$\theta^{+1} = \omega t + \varphi^{+1} \quad （3-28）$$

$$\begin{cases} \cos(\theta^{+1} - \theta^*) = \cos(\Delta\theta^{+1}) = \dfrac{\overline{u}_{d^{+1}}}{U^{+1}} \\[4mm] \sin(\theta^{+1} - \theta^*) = \sin(\Delta\theta^{+1}) = \dfrac{\overline{u}_{q^{+1}}}{U^{+1}} \end{cases} \quad （3-29）$$

其中 $d^{+1}$ 轴的相角 $\theta^*$ 为预设已知量，结合式（3-25）和式（3-29）可解

得 $\theta^{+1}$ 值，$u_{\mathrm{abc}}^{+1}$ 的相角信息得以获得，同理可得其他各次电压的相角。

## 3.4 无锁相环方案的频率自适应校正方法

上述无锁相环实现的前提是给定相角 $\theta^*$ 的角频率与电网基波角频率 $\omega$ 相等，这要求电网工频为 50Hz 且保持恒定。但在实际电网中，根据《电能质量 电力系统频率偏差》（GB/T 15945—2008）的规定：在电力系统正常运行条件下，我国电网的标称频率为 50Hz，大容量电网频率偏移不能超过 $\pm 0.2$Hz，小容量电网频率偏移可以放宽到 $\pm 0.5$Hz。因此，实际电网频率并不是恒定不变的，给定相角 $\theta^*$ 的角频率与电网基波角频率可能存在误差，需要对其进行频率的自适应校正。

目前，已有相当文献对预设角频率实现无锁相环的方案进行了研究，但对于给定频率校正方案相关的研究较少。有学者提出通过无功反馈 PI 控制进行频率校正的方案，实现了频率修正，但该方法在无锁相环中引入了新的控制环节，可能会导致响应速度不佳、系统抗干扰性差等问题。

本章针对电网频率偏差问题，推导得到所提无锁相环方案的频率校正量计算式，基于此，提出一种通过迭代修正的方式实现对给定相角的角频率校正方法，具体如下。

设给定相角生成的正序基波旋转坐标系的旋转角频率 $\omega'$ 与实际电网基波旋转角频率 $\omega$ 存在偏差，且满足

$$\omega' = \omega - \Delta\omega \qquad (3-30)$$

则由式（3-17）可得

$$\theta' = (\omega - \Delta\omega)t \qquad (3-31)$$

以 $x$ 次谐波电压为例进行分析，将式（3-31）代入式（3-20），由此得到式（3-32），正负序基波电流同理推得具有相同结构。

$$\boldsymbol{u}_{\mathrm{dq}^x} = \begin{bmatrix} u_{\mathrm{d}^x} \\ u_{\mathrm{q}^x} \end{bmatrix} = U^x \begin{bmatrix} \cos(x\Delta\omega t + \varphi^x) \\ \sin(x\Delta\omega t + \varphi^x) \end{bmatrix} +$$
$$U^{+1} \begin{bmatrix} \cos\{[(1-x)\omega + x\Delta\omega]t + \varphi^{+1}\} \\ \sin\{[(1-x)\omega + x\Delta\omega]t + \varphi^{+1}\} \end{bmatrix} + U^{-1} \begin{bmatrix} \cos\{[-(1+x)\omega + x\Delta\omega]t + \varphi^{-1}\} \\ \sin\{[-(1+x)\omega + x\Delta\omega]t + \varphi^{-1}\} \end{bmatrix}$$
$$(3-32)$$

由式（3-32）可以看出，此时 $dq$ 轴分量由三个交流振荡量组成，根据国

标《电能质量 电力系统频率偏差》（GB/T 15945—2008），易知$\Delta\omega$的取值在$[-\pi, \pi]$区间内；且由于$x$为绝对值不为1的整数，且实际中往往$x$的值不至于过大，因此式（3−32）中$x$次谐波投影得到的交流量的频率远远低于另外两项，在经过低通滤波器后，可以提取得到$x$次谐波投影的交流量，即有

$$\boldsymbol{u}'_{dq^x} = U^x \begin{bmatrix} \cos(x\Delta\omega t + \varphi^x) \\ \sin(x\Delta\omega t + \varphi^x) \end{bmatrix} \qquad (3-33)$$

因此，此时图3−3所示解耦网络将式（3−33）中的交流量（正负序基波电流将$x$替换为$\pm 1$）视为滤波得到的直流量，通过$DC(^x_1)$、$DC(^x_{-1})$两次解耦，得到$x$次谐波电压解耦后的表达式。

$$\begin{cases} \bar{u}^*_{d^x} = u_{d^x} - \bar{u}_{d^{+1}}\cos((x-1)\theta') - \bar{u}_{q^{+1}}\sin((x-1)\theta') - \bar{u}_{d^{-1}}\cos((x+1)\theta') - \bar{u}_{q^{-1}}\sin((x+1)\theta') \\ \bar{u}^*_{q^x} = u_{q^x} - \bar{u}_{q^{+1}}\cos((x-1)\theta') + \bar{u}_{d^{+1}}\sin((x-1)\theta') - \bar{u}_{q^{-1}}\cos((x+1)\theta') + \bar{u}_{d^{-1}}\sin((x+1)\theta') \end{cases}$$
$$(3-34)$$

代入式（3−31），并将式（3−33）中的$x$值取为$\pm 1$时的值视作正负序基波电压在各自同步旋转坐标轴上投影的直流量代入，得到$dq$轴直流量估计值如式（3−35）所示。同理可推得正负序基波电压具有通用结构的表达式。

$$\begin{cases} \bar{u}^*_{d^x} = U^x \cos(x\Delta\omega t + \varphi^x) \\ \bar{u}^*_{q^x} = U^x \sin(x\Delta\omega t + \varphi^x) \end{cases} \qquad (3-35)$$

不难发现，经过解耦，得到的$dq$轴直流估计量即为式（3−32）的第一项交流量，这表明解耦网络在频率偏差情况下仍具有适用性。但此时得到的$dq$轴分量为交流量，在SVHB-FFCL的控制中难以给出指令电量，不利于控制器设计，该问题可通过给定频率的校正将其转换为直流量进行解决。

由式（3−35）易知，在频率偏差时，无锁相环得到的$dq$轴直流估计量为交流量，通过其对应的数学表达式，可推得频率校正量的计算式为

$$\Delta f = \frac{\Delta\omega}{2\pi} = \frac{1}{2\pi x}\frac{d(x\Delta\omega t + \varphi^x)}{dt} = \frac{1}{2\pi x}\left[d\left(\arctan\frac{\bar{u}^*_{q^x}}{\bar{u}^*_{d^x}}\right)/dt\right] \qquad (3-36)$$

通过式（3−36）可以确定给定频率相对于实际电网频率的偏差，从而实现频率的自适应校正。考虑到实际电网正序基波电流通常不为零，因此本章采用正序基波电压进行给定频率校正量的计算，以防止式（3−36）中出现分式中分母为零的情况。

在得到频率偏差量后，即可对给定频率进行校正，一种可行的方案是设计 PI 控制器将频率偏差调整为零，但该方案无法克服锁相环路存在着的问题。本章根据计算得到的频率偏差，提出一种基于迭代学习控制（Iterative Learning Control，ILC）的给定频率校正方法。

ILC 是一种不断用变量的旧值推导得到变量新值的方法，其基本思想可描述为：为求得某一问题的解 $x$，可先给定该解的一个初始值 $x_0$，在这基础上，通过某一迭代公式（也称为迭代学习律）求出一个新的解 $x_1$，相比较 $x_0$，$x_1$ 更加接近真实解 $x$；再将 $x_1$ 当作旧值，同样根据迭代公式求得新的解 $x_2$，同样地，相比较 $x_1$，$x_2$ 更加接近真实解 $x$；重复以上过程，直到求得的最新解 $x_n$ 符合一定的精度或者其他用于结束迭代的条件，从而输出最新的解 $x_n$ 作为求得的该问题的解。

根据以上原理，ILC 可归结为：

设迭代学习律表达式为

$$x_k(t) = x_{k-1}(t) + Ge_k(t), \quad k = 0,1,2\cdots \tag{3-37}$$

式中：$t \in [0,T]$，$T$ 为系统的时域运行周期；$x_k(t)$ 为控制量，即迭代求解变量；$e_k(t)$ 为输出误差量，用于衡量当前解距离真实解的偏差量；$G$ 为学习增益；$k$ 为迭代次数。

通过在迭代轴上将输出误差量 $e_k(t)$ 用于修正 $x_{k-1}(t)$，则 $x_k(t)$ 沿迭代轴的累加为

$$x_k(t) = x_0(t) + \sum_{i=1}^{k} e_i(t) \tag{3-38}$$

式中：$x_0(t)$ 为 ILC 初次控制信号。

设 ILC 的期望控制信号为 $x_d(t)$，如果学习律（3-37）符合收敛性条件，则当迭代次数 $k$ 趋于无穷时，有

$$\lim_{k \to \infty} x_k(t) = x_d(t) \tag{3-39}$$

此时的输出误差量 $e_k(t)$ 趋于零，输出的控制量信号满足精度要求。

式（3-39）为 ILC 的理论控制效果，而在实际应用时，受到硬件性能、期望控制信号波动等影响，往往无法保证该式的成立，即迭代不能无休止执行，需要设置结束迭代的条件，通常可通过检测输出误差量达到某一精度或者设置迭代次数等方法结束迭代过程。

本章根据 ILC 理论，进行给定频率的自适应校正，其中，式（3-36）求

得的频率校正量 $\Delta f$ 为输出误差量 $e_k(t)$；控制量 $x_k(t)$ 为给定相角对应的频率 $f_{set}$；由 $\Delta f$ 与 $f_{set}$ 的关系可知学习增益 $G$ 为 1；期望控制信号为电网实际频率。由此得到校正给定频率的 ILC 表达式为

$$\begin{cases} f_{set}^{(0)} = f^{(0)} \\ f_{set}^{(1)} = f_{set}^{(0)} + \Delta f^{(0)} \\ f_{set}^{(2)} = f_{set}^{(1)} + \Delta f^{(1)} \\ \quad\quad\vdots \\ f_{set}^{(n)} = f_{set}^{(n-1)} + \Delta f^{(n-1)} \end{cases} \quad\quad (3-40)$$

式中：$f_{set}^{(0)}$ 为经过 $n$ 次校正后的给定频率；$f^{(0)}$ 为初始给定频率，通常取值为电网工频；$\Delta f^{(n)}$ 为 $f_{set}^{(n)}$ 与电网实际频率之间的偏差量。

## 3.5　PCC 电压补偿策略

补偿策略是进行控制策略设计的基本原理，对于 PCC 电压补偿策略来说，目前主要有三种：同相补偿、完全补偿和最小能量补偿策略。

为了简化分析这三种补偿策略，本章以 SVHB-FFCL 单独带负载的情况进行分析，根据传统向量图法作图，得到这三种补偿策略的电压相量图。如图 3-11 所示，负载电流相量 $I_L$ 与横坐标重合，补偿后负载的参考目标电压相量为 $U_{L\_ref}$，以其矢量终点为圆心，SVHB-FFCL 的极限补偿电压幅值为半径做圆；故障跌落后的负载电压相量为 $U_L$；SVHB-FFCL 的输出补偿电压为 $U_{comp}$。

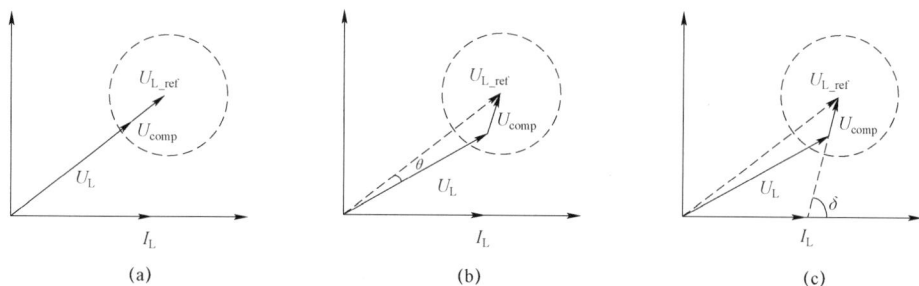

图 3-11　三种补偿策略的电压相量图

（a）同相补偿策略；（b）完全补偿策略；（c）最小能量补偿策略

同相补偿策略，即以故障跌落后的负载电压相位为 SVHB-FFCL 的补偿电压的参考相位，以发生故障跌落后电压与正常电压幅值差作为输出补偿电压的

幅值，其对应的补偿电压相量图如图 3-11（a）所示。显然，这种补偿方式只对电压幅值进行补偿而不考虑相位变化，采用同相补偿策略控制能够使SVHB-FFCL 装置在输出最小的补偿电压前提下，保证补偿后的负载电压达到额定幅值，而补偿后负载电压的相位与故障后一致。对于 SVHB-FFCL 应用在微电网故障穿越的场合而言，该控制策略能够保证在补偿过程中电压波形的平稳过渡，但当故障导致 PCC 电压发生较大相位跳变时，该方案不适用于微电网本地负荷为对相位跳变敏感的负荷情况。

完全补偿策略则弥补了同相补偿策略对相位补偿存在的缺陷，该策略以故障发生前的负载电压相量作为补偿输出的参考目标电压相量，控制 SVHB-FFCL 输出的补偿电压能够同时对负载电压的幅值和相位进行补偿，使其恢复到故障前状态。完全补偿策略的相量图如图 3-11（b）所示。对于 SVHB-FFCL 应用在微电网故障穿越的场合，完全补偿策略可以同时做到对 PCC 电压的幅值和相位补偿，适用于微电网所带负荷为对相位敏感的负荷情况，是一种较为理想的补偿状态，但其输出电压幅值大于同相补偿策略，要求直流侧能够提供足够大的电压。

对于 SVHB-FFCL 的直流侧电容无额外储能系统或者整流电路进行稳压调节时，其补偿能量有限，在这种情况下，有必要采取最小能量补偿策略，使SVHB-FFCL 与外部系统的能量交换最小。最小能量补偿法是基于能量优化原则的一种补偿策略，其补偿电压的相量图如图 3-11（c）所示，该方法要求SVHB-FFCL 向系统注入与负载电流正交的电压，即相量图中的 $\delta$ 角接近 90°，从而实现只提供无功功率进行补偿，注入的有功功率最小。

表 3-1 给出了三种补偿策略的优缺点和适用的场景，在实际应用时应根据 SVHB-FFCL 直流侧的供能情况及电网负荷性质等进行考虑，选择合适的补偿策略进行控制器的设计。

表 3-1　　　　　　　　　　　　　三种补偿策略的比较

| 补偿策略 | 优点 | 缺点 | 适用场景 |
|---|---|---|---|
| 同相补偿 | 补偿电压最小 | 无法补偿相位 | 本地负荷对相位跳变不敏感 |
| 完全补偿 | 对电压的幅值和相位进行补偿 | 直流侧需要足够的能量支撑 | 本地负荷对相位跳变敏感 |
| 最小能量补偿 | 设备输出有功功率最小，对直流侧能量要求小 | 无法补偿相位 | 直流侧能量受限，本地负荷对相位跳变不敏感 |

由于一些微电网系统（如双馈风力发电系统）对电压波动和相位跳变十分敏感，且由于大容量储能设备及其快速充放电技术的发展，保证了 SVHB-FFCL 直流侧足够维持用于故障恢复时间长度的稳压供电要求，因此，本章选择完全补偿策略作为补偿方案，以此进行控制器的设计。

## 3.6　无静差控制策略的选择

在设计控制器时，根据控制系统中物理量参考坐标系的不同可将变换器的控制方案分为在 $abc$ 三相静止坐标系下的控制、$\alpha\beta$ 两相静止坐标系下的控制以及 $dq$ 旋转坐标系下的控制，前两者控制系统的受控量为交流量，第三种受控量为直流量。

在自动控制领域中，PI 控制器因其具有结构简单、适用性广、容易实现控制以及鲁棒性强等优点，被广泛应用在各类工业领域。作为一种线性控制器，其基本原理是将控制对象的参考值和实际值之间的偏差，经过比例和积分环节进行线性调节，从而实现控制对象跟踪目标变量。其中，比例环节的作用在于迅速缩小控制对象与参考值的误差，通过偏差反馈，逐渐缩小误差带的区域，最终将控制对象调整至参考值附近振荡；积分环节的作用在于对比例环节导致的静态误差进行抑制，通过将历史误差进行叠加，从而改善并消除该静态误差。

PI 控制器的开环传递函数为

$$G_{\mathrm{PI}}(s) = k_{\mathrm{p}} + k_{\mathrm{i}} / s \qquad (3-41)$$

式中：$k_{\mathrm{p}}$ 为比例系数，$k_{\mathrm{i}}$ 为积分系数。

在电网基频处，其对应的增益为

$$\left| G_{\mathrm{PI}}(\mathrm{j}\omega_0) \right| = \sqrt{k_{\mathrm{p}}^{~2} + \left( -\frac{k_{\mathrm{i}}}{\omega_0} \right)^2} \qquad (3-42)$$

式中：$\omega_0 = 2\pi f = 314\mathrm{rad/s}$；$f$ 为电网工频 50Hz。

由开环传递函数绘制得到的 Bode 图如图 3-12 所示。由 Bode 图可以看出，PI 控制器在低频段呈现出高增益，当频率达到一定低值，有无穷大的开环增益；而在电网工频 50Hz 处，开环增益为有限值，此时控制存在稳态误差，虽然通过增大比例系数抑制该误差，但做不到完全消除，且增益随着频率的增加而减小；因此，PI 控制适用于低频信号的控制，能够做到对直流量的无静差控制，用于控制电网工频交流量时则会存在衰减，且难以实现对高频信号进行有效控制。

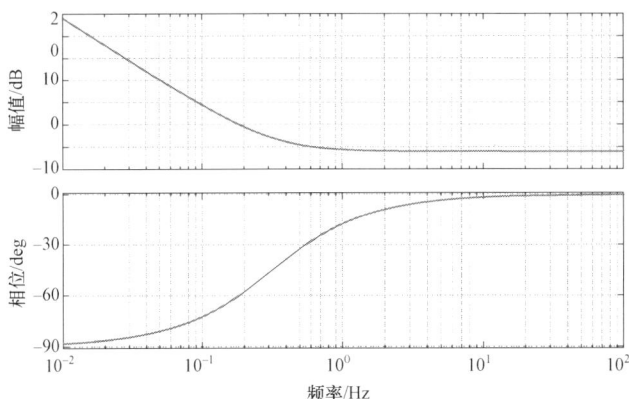

图 3-12　PI 控制器的 Bode 图（$k_p = 0.5$，$k_i = 1$）

相比较 PI 控制器，基于内模原理的比例谐振（Proportional Resonant，PR）控制器能够实现对交流量的无静差控制，对于表达式为 cos 形式的正弦波电量，PR 控制器的传递函数为

$$G_{PR}(s) = k_p + \frac{2k_r s}{s^2 + \omega_r^2} \qquad (3-43)$$

式中：$k_p$ 为比例系数；$k_r$ 为谐振增益系数；$\omega_r$ 为谐振角频率。

其在电网基频处对应的增益为

$$\left| G_{PR}(j\omega_0) \right| = \sqrt{k_p^2 + \left( -\frac{k_r \omega_0}{-\omega_0^2 + \omega_0^2} \right)^2} \qquad (3-44)$$

式中：$\omega_0$ 为电网基波角频率，与式（4-2）中的值一致。

由以上两式可以看出，由于 PR 控制器的表达式中的 $j\omega$ 轴上加入了两个固定频率的开环极点，从而在该频率下形成谐振。在基频处，该控制器具有无穷大的增益，而在偏离谐振点处，增益大幅度衰减，因此可实现控制的零稳态误差。

PR 控制器的 Bode 图如图 3-13 所示，可以看出，在电网工频 50Hz 处，具有极高的增益，且相移为零，而在其他频段，控制器的增益急剧下降，与对表达式的分析一致。因此，对于稳定性较高的交流信号，PR 控制器具有良好的跟踪性能，能够实现无静差控制。

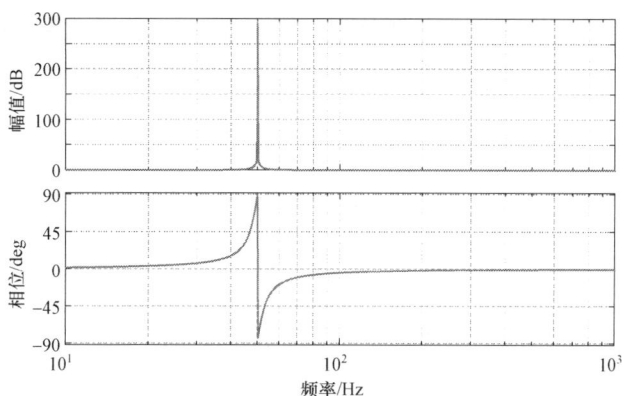

图 3-13 PR 控制器的 Bode 图（$k_p = 1$，$k_r = 40$）

但由 Bode 图可以看出，PR 控制器的带宽很窄，频率适应性较差，因此，实际应用时，多采用改进的准比例谐振（Quasi Proportional Resonance，QPR）控制器，其传递函数为

$$G_{QPR}(s) = k_p + \frac{2k_r \omega_c s}{s^2 + 2\omega_c s + \omega_r^2} \tag{3-45}$$

式中：$\omega_c$ 为截止频率，其他参数与 PR 控制器传递函数一致。

QPR 控制器在电网基频处的增益为

$$\left| G_{QPR}(j\omega_0) \right| = \sqrt{k_p^2 + \left( -\frac{2k_r \omega_c \omega_0}{-\omega_0^2 + 2\omega_c \omega_0 + \omega_r^2} \right)^2} \tag{3-46}$$

式中：$\omega_0$ 为电网基波角频率，与式（3-42）中的值一致。

在不同 $\omega_c$ 下，得到的 QPR 控制器的 Bode 图如图 3-14 所示。对比 PR 控

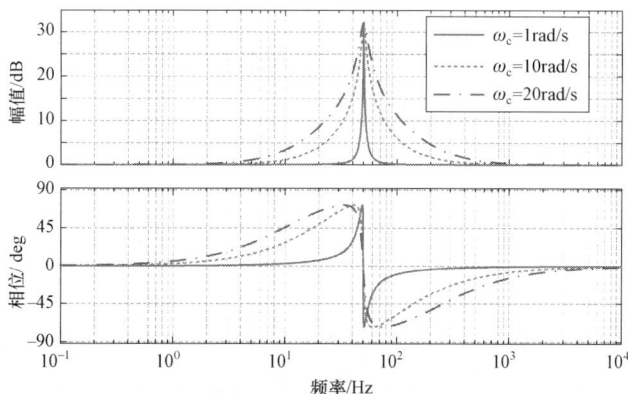

图 3-14 QPR 控制器的 Bode 图（$k_p = 1$，$k_r = 40$）

制器的传递函数和 Bode 图可以看出，引入 $\omega_c$ 改善了控制器的带宽，而对于谐振频率处的增益和相移没有影响，因此，该控制器具有更强的频率适应能力。

但由 QPR 控制器的 Bode 图可以看出，该控制器在电网基波倍频处的增益不高，无法对特定次谐波进行有效抑制。此外，对于需要同时控制负序与谐波分量的控制器而言，PR 与 QPR 控制器的不同频率的谐波间易形成相互干扰，对系统的稳定性造成影响。

根据以上三种控制器的特性，考虑到本章研究的多功能 SVHB-FFCL 控制要求，本章选用在 $dq$ 旋转坐标系下，将交流信号转换为直流量进行 PI 控制的方案，该方案与 PR 控制器控制交流量等效，能够实现控制的无静差特性；与此同时，克服了 PR 控制器带宽窄以及 QPR 控制器无法有效抑制基波倍频分量的缺陷，且对于模拟系统元器件的参数精度和数字控制系统精度的要求不高，在工程上更加容易实现。

在第 3 章所提无锁相环技术下，该控制方案实现完全补偿的原理分析如下：

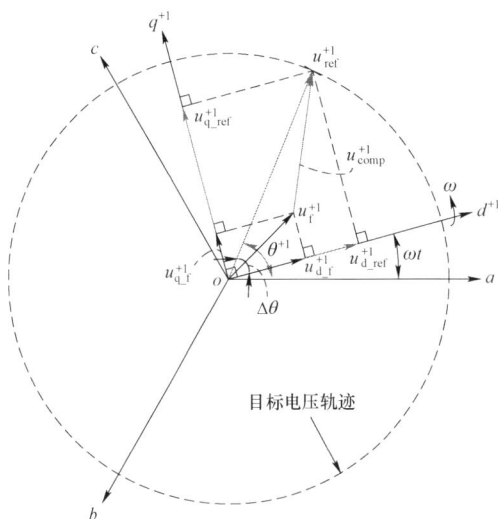

图 3-15　正序基波电压完全补偿原理示意图

以 $t$ 时刻正序基波电压为例，图 3-15 为电压完全补偿原理示意图，图中，下标 ref 代表目标量，即正常时的电压相量；comp 代表补偿量，即 SVHB-FFCL 设备输出电压相量；f 代表故障后的电压量。未发生故障时，所设 $dq^{+1}$ 坐标系

与 $u_{\text{ref}}^{+1}$ 保持同步旋转，在电压初相角不变的情况下，坐标轴与电压相量的夹角 $\Delta\theta$ 保持固定值，此时可提取得到 $dq^{+1}$ 坐标轴下的指令目标电压量 $u_{\text{d}_{\text{ref}}^{+1}}$ 和 $u_{\text{q}_{\text{ref}}^{+1}}$；当发生故障时，电压由 $u_{\text{ref}}^{+1}$ 变化为 $u_{\text{f}}^{+1}$，此时通过 SVHB-FFCL 将 $d^{+1}$、$q^{+1}$ 轴的电压直流量 $u_{\text{d}_{\text{f}}^{+1}}$、$u_{\text{q}_{\text{f}}^{+1}}$ 分别补偿到指令目标值 $u_{\text{d}_{\text{ref}}^{+1}}$、$u_{\text{q}_{\text{ref}}^{+1}}$，由图 3-15 可以看出，补偿后的电压与故障前电压的幅值、相位一致，即通过对 $d^{+1}$、$q^{+1}$ 轴电压补偿能够同时对故障电压的幅值与相角进行控制，实现无锁相环下的完全补偿策略。同理可实现对负序和谐波分量的完全补偿。

## 3.7 解耦双闭环 PI 控制策略

本节对 3.6 所选择的无静差控制策略作进一步分析，即对 $dq$ 坐标系下的双闭环 PI 控制策略进行分析。

SVHB-FFCL 主体结构为逆变型变流器结构，因此，为分析其相应的双闭环控制策略，以三相逆变器单独带三相对称负载的情况为例展开叙述，其对应的电路如图 3-16 所示。图中，逆变器采用 $LC$ 滤波器滤波输出；$U_{\text{dc}}$ 为逆变器直流侧电压；$u_k$、$u_{fk}$、$u_{gk}$（$k$=a，b，c）分别为逆变器桥臂侧输出电压、滤波电容电压和负载两端电压；$i_{mk}$、$i_{fk}$、$i_{gk}$（$k$=a，b，c）分别为滤波电感电流、滤波电容电流和负载电流；$L_m$ 为滤波电感值，其等效电阻为 $R_m$；$C_f$ 为滤波电容值；$C_d$ 为逆变器直流侧电容；$Z_{gk}$（$k$=a，b，c）为负载阻抗。

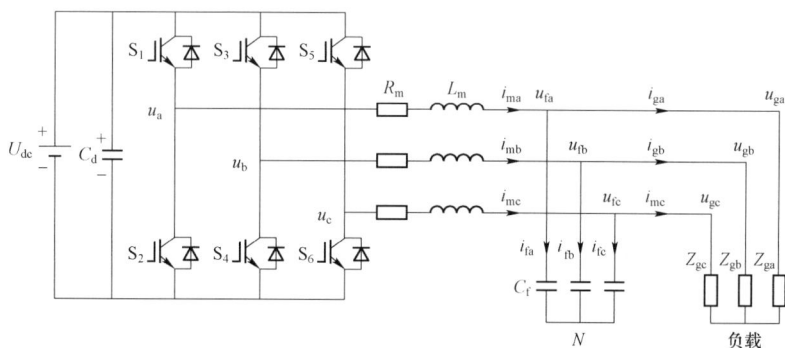

图 3-16 三相逆变器单独带负载电路图

选择负载电流为扰动输入量，滤波电感电流和电容电压为状态变量，得到相应的状态方程如下

$$\begin{cases} p\begin{bmatrix} u_{fa} \\ u_{fb} \\ u_{fc} \end{bmatrix} = -\frac{1}{C_f}\begin{bmatrix} i_{ga} \\ i_{gb} \\ i_{gc} \end{bmatrix} + \frac{1}{C_f}\begin{bmatrix} i_{ma} \\ i_{mb} \\ i_{mc} \end{bmatrix} \\ p\begin{bmatrix} i_{ma} \\ i_{mb} \\ i_{mc} \end{bmatrix} = -\frac{R_m}{L_m}\begin{bmatrix} i_{ma} \\ i_{mb} \\ i_{mc} \end{bmatrix} - \frac{1}{L_m}\begin{bmatrix} u_{fa} \\ u_{fb} \\ u_{fc} \end{bmatrix} + \frac{1}{L_m}\begin{bmatrix} u_a \\ u_b \\ u_c \end{bmatrix} \end{cases} \quad (3-47)$$

式中：微分算子 $p = \mathrm{d}/\mathrm{d}t$。

对于该一阶微分式而言，其 Park 变换形式推导如下：

为了方便区分微分算子符号，这里记式（3-5）中的 Park 变换矩阵为 $T$，即

$$T = \frac{2}{3}\begin{bmatrix} \cos\theta & \cos\left(\theta - \frac{2\pi}{3}\right) & \cos\left(\theta + \frac{2\pi}{3}\right) \\ -\sin\theta & -\sin\left(\theta - \frac{2\pi}{3}\right) & -\sin\left(\theta + \frac{2\pi}{3}\right) \end{bmatrix} \quad (3-48)$$

则有

$$F_{dq0} = T \times F_{abc} \quad (3-49)$$

式中：$F$ 为电气物理量，如电压 $u$、电流 $i$ 等。

对于微分运算，有

$$p(\mathbf{A} \times \mathbf{B}) = (p\mathbf{A})\mathbf{B} + \mathbf{A}(p\mathbf{B}) \quad (3-50)$$

式中：$\mathbf{A}$、$\mathbf{B}$ 为两个矩阵。

从而推得

$$\mathbf{A}(p\mathbf{B}) = p(\mathbf{A} \times \mathbf{B}) - (p\mathbf{A})\mathbf{B} \quad (3-51)$$

由此，可以推得，电气量一阶微分的 Park 变换为

$$\begin{aligned} T\left(p\begin{bmatrix} F_a(t) \\ F_b(t) \\ F_c(t) \end{bmatrix}\right) &= p\left(T\begin{bmatrix} F_a(t) \\ F_b(t) \\ F_c(t) \end{bmatrix}\right) - (pT)\begin{bmatrix} F_a(t) \\ F_b(t) \\ F_c(t) \end{bmatrix} \\ &= p\begin{bmatrix} F_d(t) \\ F_q(t) \end{bmatrix} - \omega \times \frac{2}{3}\begin{bmatrix} -\sin\theta & -\sin\left(\theta - \frac{2\pi}{3}\right) & -\sin\left(\theta + \frac{2\pi}{3}\right) \\ -\cos\theta & -\cos\left(\theta - \frac{2\pi}{3}\right) & -\cos\left(\theta + \frac{2\pi}{3}\right) \end{bmatrix}\begin{bmatrix} F_a(t) \\ F_b(t) \\ F_c(t) \end{bmatrix} \\ &= p\begin{bmatrix} F_d(t) \\ F_q(t) \end{bmatrix} - \omega\begin{bmatrix} F_q(t) \\ -F_d(t) \end{bmatrix} = \begin{bmatrix} p & -\omega \\ \omega & p \end{bmatrix}\begin{bmatrix} F_d(t) \\ F_q(t) \end{bmatrix} \end{aligned}$$

$$(3-52)$$

式中：下标 a、b、c、d 和 q 分别表示 $a$ 轴、$b$ 轴、$c$ 轴、$d$ 轴和 $q$ 轴下的电气量。

从而，式（3-47）所示状态方程的 Park 变换式为

$$p\begin{bmatrix} u_{fd} \\ u_{fq} \end{bmatrix} = \omega_1 \begin{bmatrix} u_{fq} \\ -u_{fd} \end{bmatrix} - \frac{1}{C_f}\begin{bmatrix} i_{gd} \\ i_{gq} \end{bmatrix} + \frac{1}{C_f}\begin{bmatrix} i_{md} \\ i_{mq} \end{bmatrix} \qquad (3-53)$$

$$p\begin{bmatrix} i_{md} \\ i_{mq} \end{bmatrix} = \omega_1 \begin{bmatrix} i_{mq} \\ -i_{md} \end{bmatrix} - \frac{R_m}{L_m}\begin{bmatrix} i_{md} \\ i_{mq} \end{bmatrix} - \frac{1}{L_m}\begin{bmatrix} u_{fd} \\ u_{fq} \end{bmatrix} + \frac{1}{L_m}\begin{bmatrix} u_d \\ u_q \end{bmatrix} \qquad (3-54)$$

式中：$\omega_1$ 为电网基波角频率；$i_{md}$、$i_{mq}$ 分别表示 $d$、$q$ 轴滤波电感电流；$i_{gd}$、$i_{gq}$ 分别表示 $d$、$q$ 轴负载电流；$u_{fd}$、$u_{fq}$ 分别表示 $d$、$q$ 轴滤波电容电压；$u_d$、$u_q$ 分别表示 $d$、$q$ 轴逆变器桥臂侧输出电压。

利用拉普拉斯（Laplace）变换将式（3-53）和式（3-54）变换到 $s$ 域，则 $d$ 轴分量为

$$\begin{cases} u_{fd} = \dfrac{1}{sC_f}(\omega_1 C_f u_{fq} + i_{md} - i_{gd}) \\ i_{md} = \dfrac{1}{sL_m + R_m}(\omega_1 L_m i_{mq} + u_d - u_{fq}) \end{cases} \qquad (3-55)$$

$q$ 轴分量为

$$\begin{cases} u_{fq} = \dfrac{1}{sC_f}(-\omega_1 C_f u_{fd} + i_{mq} - i_{gq}) \\ i_{mq} = \dfrac{1}{sL_m + R_m}(-\omega_1 L_m i_{md} + u_q - u_{fq}) \end{cases} \qquad (3-56)$$

由式（3-55）和式（3-56）可得三相逆变器在同步旋转坐标系 $dq0$ 下的模型如图 3-17 所示。

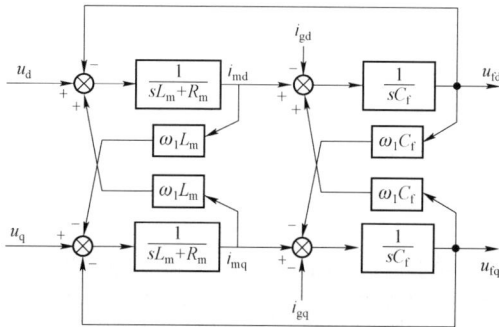

图 3-17 $dq0$ 坐标系下的三相逆变器模型

由图 3-17 可知，3s/2r 坐标变换导致逆变器系统的 $d$ 轴和 $q$ 轴之间存在强耦合。在两相同步旋转坐标系 $dq0$ 下，系统输出电流 $i_{md}$、$i_{mq}$ 除了受到控制量 $u_d$、$u_q$ 的影响外，还受到耦合电压 $\omega_1 L_m i_{mq}$、$-\omega_1 L_m i_{md}$ 以及输出电压（即滤波电容电压）$u_{fd}$、$u_{fq}$ 的影响；系统输出电压 $u_{fd}$、$u_{fq}$ 则不仅受到输出电流 $i_{md}$、$i_{mq}$ 的影响外，还受到耦合电流 $\omega_1 C_f u_{fq}$、$-\omega_1 C_f u_{fd}$ 以及负载电流 $i_{gd}$、$i_{gq}$ 的影响。这不利于控制器的设计，为此，通过引入解耦前馈环节，以消除 $d$、$q$ 轴之间的耦合影响。

首先是电流内环，通过引入滤波电容电压 $u_{fd}$、$u_{fq}$ 以及构造耦合电压作为前馈环节对电感电流 $i_{md}$、$i_{mq}$ 进行补偿，在 PI 控制器下，其对应的控制方程为

$$
\begin{cases}
u_d = \left( K_{ip} + \dfrac{K_{ii}}{s} \right)(i_{md}^* - i_{md}) - \omega_1 L_m i_{mq} + u_{fd} \\[2mm]
u_q = \left( K_{ip} + \dfrac{K_{ii}}{s} \right)(i_{mq}^* - i_{mq}) + \omega_1 L_m i_{md} + u_{fq}
\end{cases}
\tag{3-57}
$$

式中：$i_{md}^*$、$i_{mq}^*$ 分别为电流内环 $d$、$q$ 轴的目标参考值；$K_{ip}$、$K_{ii}$ 分别为电流内环 PI 控制器的比例、积分系数。

将式（3-57）代入式（3-54）可得

$$
\frac{\mathrm{d}}{\mathrm{d}t}\begin{bmatrix} i_{md} \\ i_{mq} \end{bmatrix} = -\frac{R_m + \left( K_{ip} + \dfrac{K_{ii}}{s} \right)}{L_m}\begin{bmatrix} 1 & 0 \\ 0 & 1 \end{bmatrix}\begin{bmatrix} i_{md} \\ i_{mq} \end{bmatrix} + \frac{K_{ip} + \dfrac{K_{ii}}{s}}{L_m}\begin{bmatrix} 1 & 0 \\ 0 & 1 \end{bmatrix}\begin{bmatrix} i_{md}^* \\ i_{mq}^* \end{bmatrix}
\tag{3-58}
$$

同理对电压外环引入负载电流 $i_{gd}$、$i_{gq}$ 以及构造相应的耦合电流作为前馈环节对输出电压 $u_{fd}$、$u_{fq}$ 进行补偿，得到的 PI 控制方程为

$$
\begin{cases}
i_{md} = \left( K_{vp} + \dfrac{K_{vi}}{s} \right)(u_{fd}^* - u_{fd}) - \omega_1 C_f u_{fq} + i_{gd} \\[2mm]
i_{mq} = \left( K_{vp} + \dfrac{K_{vi}}{s} \right)(u_{fq}^* - u_{fq}) + \omega_1 C_f u_{fd} + i_{gq}
\end{cases}
\tag{3-59}
$$

式中：$u_{fd}^*$、$u_{fq}^*$ 分别为电压外环 $d$、$q$ 轴的目标参考值；$K_{vp}$、$K_{vi}$ 分别为电压外环 PI 控制器的比例、积分系数。

将式（3-59）代入式（3-53）可得

$$
\frac{\mathrm{d}}{\mathrm{d}t}\begin{bmatrix} u_{fd} \\ u_{fq} \end{bmatrix} = -\frac{K_{vp} + \dfrac{K_{vi}}{s}}{C_f}\begin{bmatrix} 1 & 0 \\ 0 & 1 \end{bmatrix}\begin{bmatrix} u_{fd} \\ u_{fq} \end{bmatrix} + \frac{K_{vp} + \dfrac{K_{vi}}{s}}{C_f}\begin{bmatrix} 1 & 0 \\ 0 & 1 \end{bmatrix}\begin{bmatrix} u_{fd}^* \\ u_{fq}^* \end{bmatrix}
\tag{3-60}
$$

由式（3-58）和式（3-60）可以看出，经过前馈环节的补偿，三相逆变

器系统的 $d$、$q$ 轴实现了解耦，由此得到相应的控制结构如图 3-18 所示。该控制策略通过交叉解耦前馈，保证了旋转坐标系下 $d$、$q$ 轴分量控制的独立性，由于控制量为直流量，因此通过 PI 控制器即能够实现控制的无静差特性。

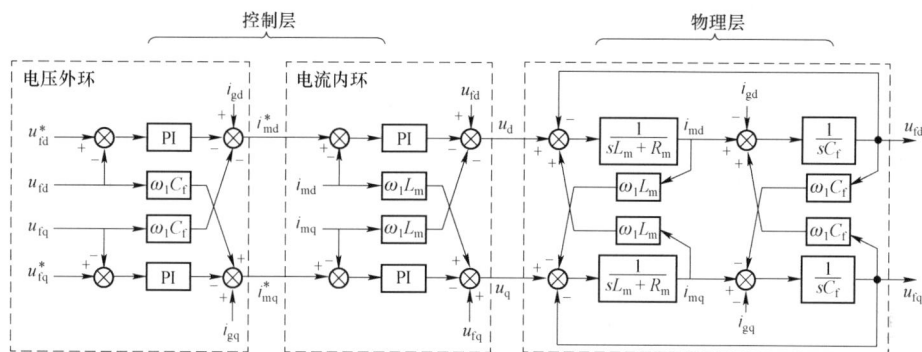

图 3-18　三相逆变器解耦双闭环 PI 控制结构框图

对于设备补偿型的不平衡与谐波抑制而言，可根据对称分量法以及叠加定理，将畸变电量分开控制，然后再将控制信号叠加，进行综合补偿，即分序控制或者分次控制的方法。

基于该思想，本章根据解耦双闭环 PI 控制，设计 SVHB-FFCL 分次控制策略，实现对正序基波分量的补偿和负序和特定次谐波分量的滤除等功能，进而辅助微电网在复杂故障工况下的故障穿越；由此得到图 3-19 所示的分次控制框图。

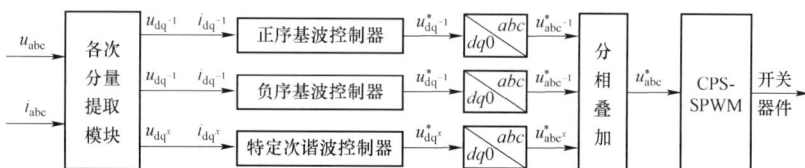

图 3-19　SVHB-FFCL 分次控制框图

图中，各次分量提取模块采用第 3 章所提无锁相环方案，能够快速提取出各次电压电流在其各自同步旋转 $dq$ 轴上的投影直流量；正负序基波以及特定次谐波控制器均采用解耦双闭环 PI 结构，经过对各次电压电流的投影直流量进行反馈控制生成合适的参考补偿电压 $u_{dq}^{*+1}$、$u_{dq}^{*-1}$ 和 $u_{dq}^{*x}$；参考补偿电压经过 Park 反变换后分相叠加，得到三相输出参考电压 $u_{abc}^{*}$，经过 CPS-SPWM 调制，生成开关器件的驱动信号。

# 3.8  基于幅值反馈的改进分次控制策略

图 3-19 所示分次控制策略通过分别对正、负序基波以及 $x$ 次谐波电量进行 $dq$ 轴解耦 PI 控制，实现了正序补偿以及负序和谐波的抑制，但由于每一次电量都存在着 $dq$ 轴两条控制回路，且都引入解耦前馈环节，因此，在控制器设计时，带来控制参数整定复杂的问题；此外，过多的 PI 控制器也会对系统的响应速度造成一定影响。为此，本节从减少 PI 控制器的使用数量角度出发，提出了一种基于控制量幅值反馈的改进分次控制策略。

在含谐波的不平衡电网工况下，完全补偿策略的控制目标可分为：① 对正序基波电压幅值和相位的补偿，使其达到故障前的正常值；② 对负序基波和谐波分量的抑制，使这两个值为零。对以上两类控制目标的相量图分析，不难看出，正序基波电压相量的补偿符合完全补偿原理，而对于负序基波和谐波的抑制，其本质上为同相补偿策略中的电压暂升补偿，对应的相量图如图 3-20 所示。

在图 3-20 中，$u_N$ 为正常电网电压；$u_f$ 为故障电压，其相位超前的角度为 $\varphi_s$；$u_{ref}$ 为参考目标电压，在同相补偿时，仅需将故障电压幅值补偿到故障前水平，而相位与故障后的电压相位相同；$u_{comp}$ 为 SVHB-FFCL 输出的补偿电压，可以看出，在暂升同相补偿时，该补偿电压与故障后的电压反向。

将图 3-20 中的正常电压相量和参考目标相量均设置为零，即为抑制负序和谐波时的相量图，从而可知，负序和谐波分量抑制的关键在于控制 SVHB-FFCL 输出与这两个电压相量大小相等，方向相反的电压。由于同相补偿输出电压相量的相角已知，因此可通过控制 SVHB-FFCL 输出幅值与故障电压相等的电压，再将其按故障电压相量的反向角度进行输出的方式实现对负序和谐波分量的抑制，具体如下：

由于参考目标电压为 0V，故目标电压幅值也恒为零，因此，本章考虑对电压幅值进行反馈控制，使其为零，由此保证了输出电压与故障电压等大反向，其中，负序基波和 $x$ 次谐波电量的幅值可由式（3-26）和式（3-27）计算得到，且在对应的同步旋转坐标系下，该值为直流量，能够通过闭环反馈 PI 控制器实现无静差控制。

经过幅值反馈控制计算得到的参考输出电压为总的三相电压矢量，需要进一步转换为 abc 静止坐标系上各个轴的投影量，才能得到所需的三相调制波。由于参考输出电压为旋转矢量，而 $abc$ 坐标系为静止坐标系，难以直接进行投影分量的计算，而该电压相量与其对应次数的 $dq$ 同步旋转坐标系保持相对静止，因此，可考虑将其转换为同步旋转坐标系下的 $dq$ 轴分量，再进一步转化为输出的 abc 三相调制波。以 $x$ 次谐波电压为例，确定电压 $dq$ 轴分量的原理如图 3-21 所示。

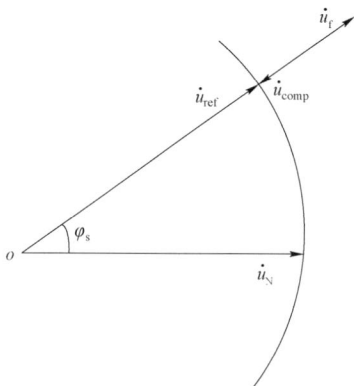

图 3-20 电压暂升同相补偿相量图　　图 3-21 幅值反馈控制确定 $dq$ 轴分量原理

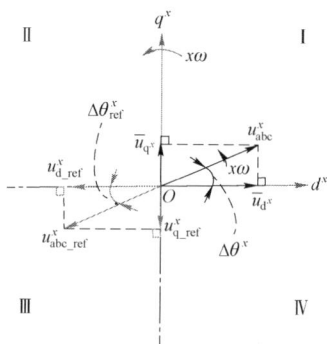

图 3-21 以故障电压矢量位于 $dq^x$ 坐标系第 I 象限为例，在同步旋转坐标系下，故障电压矢量 $u_{abc}^x$ 与 $d^x$ 轴保持固定角度 $\Delta\theta^x$ 旋转，为了抑制 $u_{abc}^x$，需要输出与其方向相反且同步旋转的电压矢量 $u_{abc\_ref}^x$，由图 3-21 可知，当 $u_{abc\_ref}^x$ 满足该条件时，其与 $-d^x$ 轴保持固定夹角 $\Delta\theta_{ref}^x$ 旋转，且有

$$\Delta\theta_{ref}^x = \Delta\theta^x \tag{3-61}$$

则在 $dq^x$ 同步旋转坐标系下，结合式（3-27）的幅值计算式，得到参考目标电压的 $dq$ 轴分量为

$$u_{d^x\_ref} = u_{abc\_ref}^x \cos(\Delta\theta_{ref}^x) = u_{abc\_ref}^x \frac{\overline{u}_{d^x}}{U^x} = u_{abc\_ref}^x \frac{\overline{u}_{d^x}}{\sqrt{(\overline{u}_{d^x})^2 + (\overline{u}_{q^x})^2}} \tag{3-62}$$

$$u_{q^x\_ref} = u_{abc\_ref}^x \sin(\Delta\theta_{ref}^x) = u_{abc\_ref}^x \frac{\overline{u}_{q^x}}{U^x} = u_{abc\_ref}^x \frac{\overline{u}_{q^x}}{\sqrt{(\overline{u}_{d^x})^2 + (\overline{u}_{q^x})^2}} \tag{3-63}$$

式中：$u_{abc\_ref}^x$ 为经过幅值反馈 PI 控制得到的参考目标电压相量。

当故障电压矢量位于 $dq^x$ 坐标系的 II、III、IV 象限时，同理分析可知，由式（3-62）和式（3-63）确定的 $dq$ 轴分量能够在同步旋转坐标系下合成与谐波电压 $u_{abc}^x$ 反向同步的电压矢量，抑制电网谐波分量。负序分量的抑制策略具有相同的分析过程。由此得到基于幅值反馈的负序和谐波分量控制策略，如图 3-22 所示。图中，$U$、$I$ 分别为电压和电流幅值，由式（3-67）计算得到；当控制负序基波时，$x$ 取值为 $-1$。

应用该控制策略对图 3−22 所示分次控制策略进行改进，将其中的负序和谐波控制器替换为所提基于幅值反馈的 PI 控制器，能够有效解决 $dq$ 分量独立控制导致的 PI 控制器数量多的问题，方便进行参数整定设计，有利于推广到含有更多次数谐波分量的场景；与此同时，保留了 PI 控制器对直流量控制的无静差特性，且无须引入复杂的解耦前馈环节。

综合本章上述，设计得到的多功能 SVHB-FFCL 整体控制框图如图 3−23

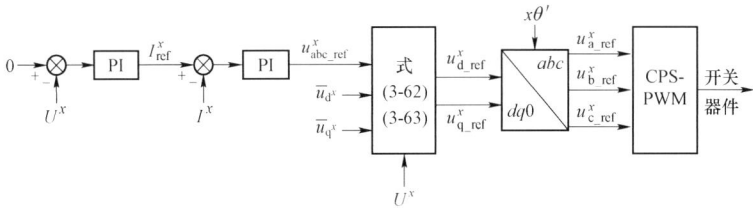

图 3−22　基于幅值反馈的负序和谐波分量控制框图

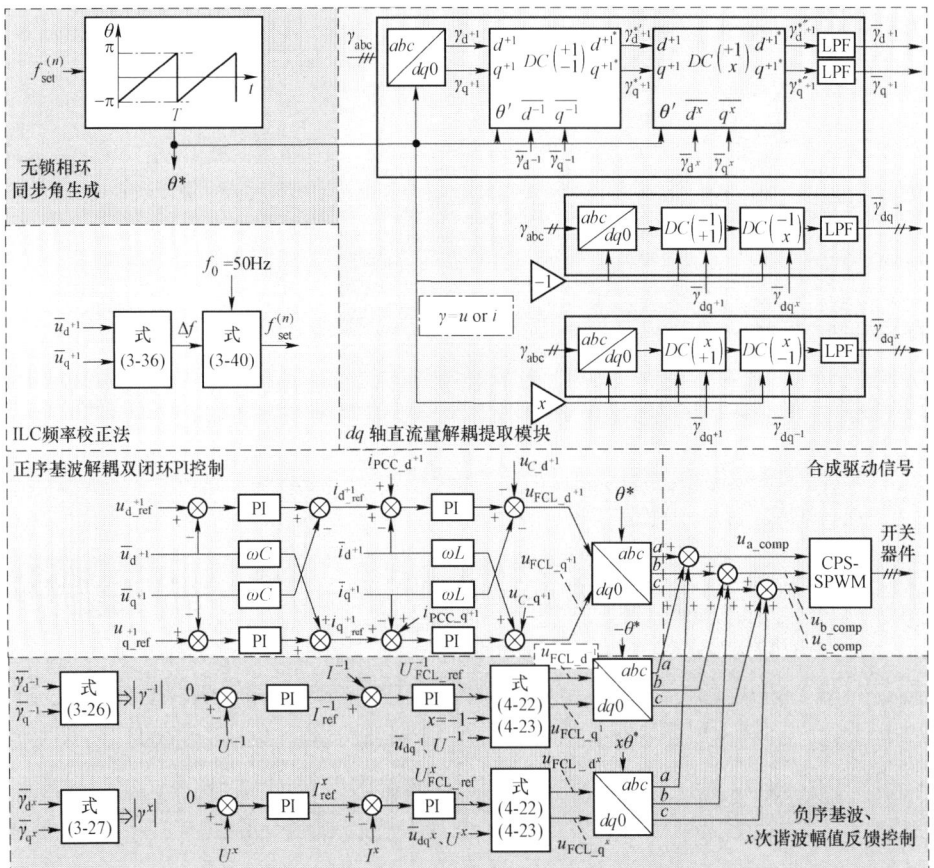

图 3−23　多功能 SVHB-FFCL 总体控制框图

所示。该控制方案通过对微电网并网系统的 PCC 母线电压、电流的控制，从而实现辅助微电网在含谐波的不平衡电网环境下进行故障穿越。

# 3.9 仿 真 分 析

## 3.9.1 改进型 DDSRF-PLL 谐波适应能力验证

为验证 3.2 节所提改进型 DDSRF-PLL 在含谐波三相信号下的锁相效果，本章在 MATLAB/Simulink 平台，设置如图 3−24 所示的模拟复杂故障情况下的三相电压波形，对改进型 DDSRF-PLL 在各类谐波环境下提取基波电压信号的能力进行验证。

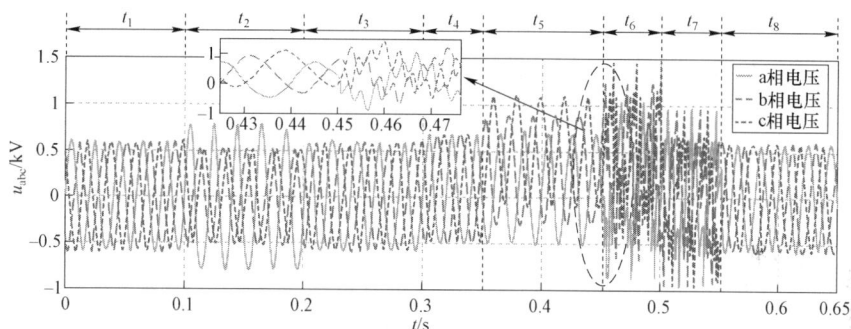

图 3−24　模拟复杂故障下的三相电压波形

图中，正序基波电压幅值为 600V，初相角 0°；在 0.1s 时注入负序基波电压，持续 0.1s；在 0.3s 时注入三相等值的直流偏置量，持续 0.05s；在 0.35s 时注入三相不等值的直流偏置量，持续 0.15s；在 0.45s 时注入负序 5 次和正序 7 次谐波电压，持续 0.1s。具体各时间段含有的谐波电压信号情况见表 3−2。

表 3−2　　　　模拟复杂故障三相电压信号各时间段所含谐波情况

| 图中标号 | 时间段（s） | 所含谐波电压情况<br>交流量：（相序，次数，幅值，初相角）<br>直流量：（0 次，a 相幅值，b 相幅值，c 相幅值） |
|---|---|---|
| $t_1$ | 0.00−0.10 | 无 |
| $t_2$ | 0.10−0.20 | （负序，1 次，200V，0°） |

续表

| 图中标号 | 时间段（s） | 所含谐波电压情况<br>交流量：（相序，次数，幅值，初相角）<br>直流量：（0 次，a 相幅值，b 相幅值，c 相幅值） |
|---|---|---|
| $t_3$ | 0.20－0.30 | 无 |
| $t_4$ | 0.30－0.35 | （0 次，100V，100V，100V） |
| $t_5$ | 0.35－0.45 | （0 次，100V，300V，500V） |
| $t_6$ | 0.45－0.50 | （负序，5 次，150V，－30°）、（正序，7 次，300V，60°）、<br>（0 次，100V，300V，500V） |
| $t_7$ | 0.50－0.55 | （负序，5 次，150V，－30°）、（正序，7 次，300V，60°） |
| $t_8$ | 0.55－0.65 | 无 |

分别通过改进前后的 DDSRF-PLL 对图 3－24 所示三相信号进行正负序基波分量的提取，得到的对比仿真结果如图 3－25 所示。

图 3－25（a）、（b）为改进前后 DDSRF-PLL 提取得到的正序基波电压在其同步旋转 $dq$ 坐标轴上的投影直流量。由 DDSRF-PLL 锁相原理可知，当锁相成功时，正序 $q$ 轴分量值为零，$d$ 轴分量值即为正序基波电压幅值（此处设定为 600V），由 0－0.1s 时间段的仿真结果可以看出，改进前后的 DDSRF-PLL 均能正确提取正序基波电压的 $dq$ 轴直流分量。

图 3－25（c）、（d）为提取的负序基波电压在其同步旋转 $dq$ 坐标轴上的投影直流量。正常情况下，电网三相电压不含负序分量，此时负序基波分量对应的 $d$、$q$ 轴分量均为零（如仿真 0～0.1s 时间段）；当三相电流中注入负序基波分量（仿真 0.1～0.2s 时间段）时，可以看出，改进前后的 DDSRF-PLL 均能正确提取出负序基波电压对应的 $d$、$q$ 轴直流分量。

图 3－25（e）为基波同步相角的锁定值，可以看出，改进前后的 DDSRF-PLL 均能够快速锁定与正序基波电压矢量同步的相角值，并将其输出为幅值范围为 $[0，2\pi]$ 的三角波；三角波周期为 0.02s，与电网工频相对应。

而通过图 3－25 的仿真结果对比可知，改进前后 DDSRF-PLL 在不含谐波分量的三相对称电压（0～0.1s、0.2～0.3s 和 0.55～0.65s）、仅注入负序基波分量的三相不对称电压（0.1～0.2s）以及三相叠加相同直流量的三相电压（0.3～0.35s）的情况下，均能够快速提取所需要的基波电压信息，能够实现正负序基波电压分离。但在三相电压中叠加不等值直流量（0.35～0.45s）或者注入非基波次数的正负序谐波量（0.45～0.55s）时，传统 DDSRRF-PLL 的锁相效果受到影响，提取的基波分量值出现周期性振荡（0.35～0.55s），且含有的谐波量越复杂，振荡幅度也越大；对比而言，改进型 DDSRF-PLL 利用带通滤波器滤除了谐波影响，使其在相同谐波环境下仍具有良好的锁相效果，能够在复杂的电网环境下准确提取正负序基波信号。

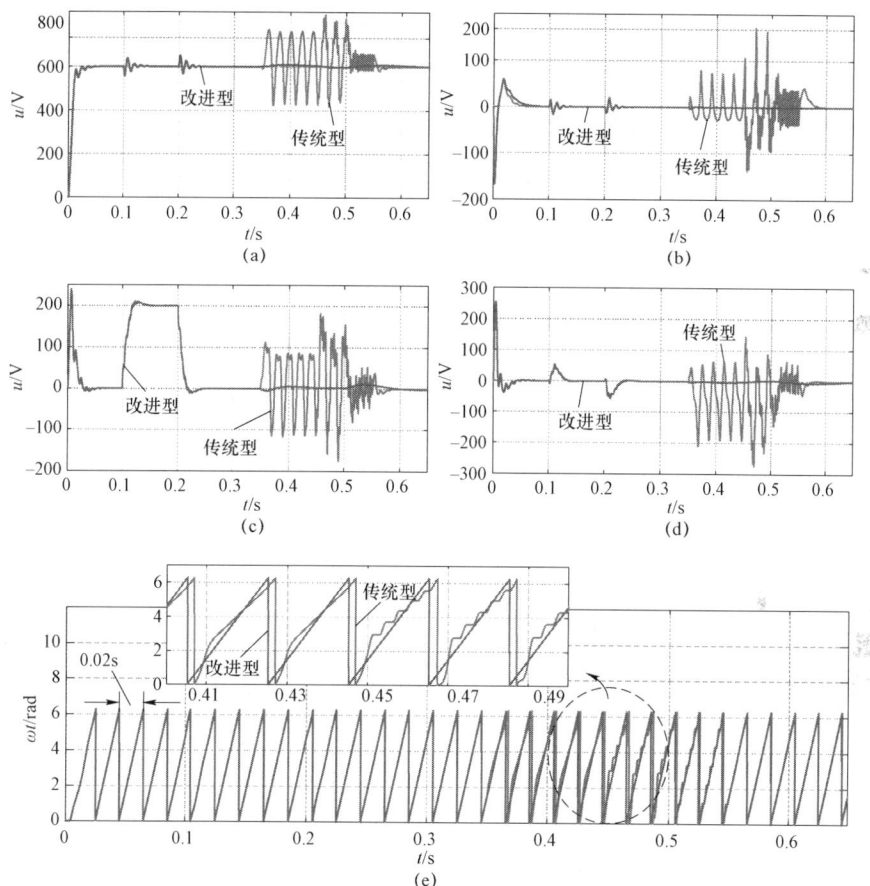

图 3−25　模拟各类谐波环境下电压基波信号的提取对比结果
（a）正序 $d$ 轴分量；（b）正序 $q$ 轴分量；（c）负序 $d$ 轴分量；
（d）负序 $q$ 轴分量；（e）相角锁定结果

### 3.9.2　无锁相环方案性能验证

逆变器双闭环控制策略的实现，除了电压外，还需要提取电流的各次分量作为受控量，为此，本小节选取电流信号对所提无锁相环方案进行验证。

**1. 无锁相环方案的动态特性**

首先，对无锁相环方案的动态特性进行分析，设置如图3-26所示模拟电网发生三相不对称故障时的电流波形，图中，未故障时，三相电流幅值为10A，初相角为0°，在0.3～0.5s时间段，注入幅值为20A，初相角为45°的正序基波电流和幅值为10A，初相角为−15°的负序基波电流，以此模拟电网发生三相不对称故障的情况，分别采用DDSRF-PLL技术与本章所提正负序分离方案对注入的正负序基波分量进行提取，对比验证所提方案性能。

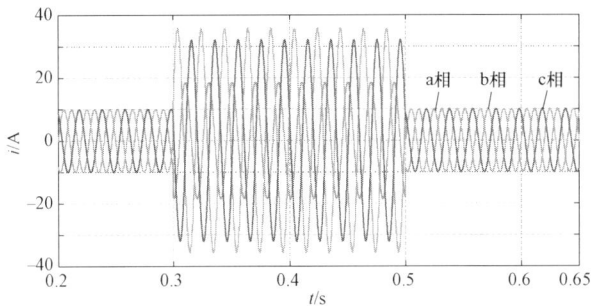

图3-26  模拟电网发生不对称故障时三相电流波形图

将提取得到的 $dq^{+1}$、$dq^{-1}$ 坐标轴上的直流量按式（3-25）和式（3-26）合成对应的正负序基波电流幅值进行分析，验证所提无锁相环方案提取各序信号幅值的准确度，引入傅里叶算法分解的输出结果作为参考，由此得到三种方案的电流幅值分离结果如图3-27所示。

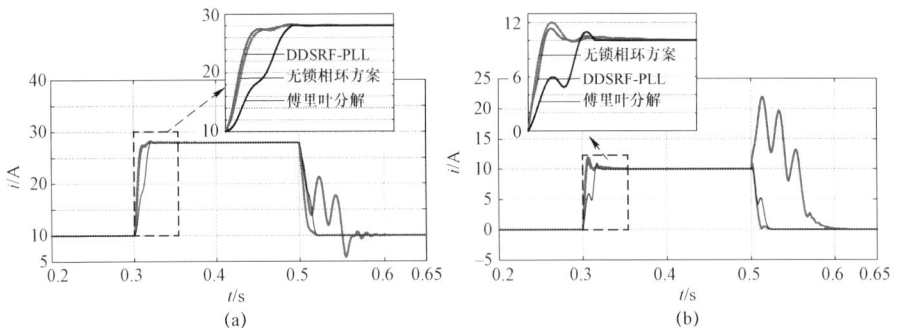

图3-27  电流正负序分量幅值提取结果
（a）正序基波分量幅值；（b）负序基波分量幅值

由图可知，在 0.3s 前电网未发生故障时，三种幅值检测方案均测得正序基波电流幅值为 10A，负序基波电流为 0A，与所设置模拟电网参数一致；在 0.3～0.5s 注入故障分量，经过短暂过渡阶段，三者均输出正序电流幅值 27.98A，负序 10A，与经过矢量叠加计算得到的序分量（正序：$10\angle0°+20\angle45°=27.98\angle30.36°$，负序：$10\angle-15°$）幅值一致；0.5s 故障结束后，三者输出幅值恢复至故障前水平。可以看出，所提无锁相环方案能够准确提取不对称电量中的正负序分量信息，且由过渡阶段的对比易知，相比较 DDSRF-PLL 和傅里叶算法分解，在电网状态发生变化时，所提方案达到新的稳定状态所需过渡时间最短，能够更加快速地锁定正负序分量信息；通过对比 DDSRF-PLL 在故障结束时的过渡状态可以看出，所提方案在保证幅值检测良好动态特性的同时，不容易发生振荡。

接下来对所提无锁相环方案提取正负序基波电流 $dq$ 轴分量的能力进行分析。由所提方案和 DDSRF-PLL 的实现原理可知，对于同一个不对称电流矢量而言，达到同步时，无锁相环方案生成的 $\theta'$ 的初相角是任意的，通常与 DDSRF-PLL 不同，因此两种方案提取得到各 $dq$ 轴直流量的大小也不同，在此仅对其各自达到直流稳态值的状况进行分析。

提取得到双同步参考坐标系下映射的各序直流量如图 3-28 所示，图中，$\Delta t_1$ 和 $\Delta t_2$ 分别为发生故障时，无锁相环方案和 DDSRF-PLL 输出达到新的稳态值所需要的过渡时间，用于衡量方案的动态特性。由图 3-28（a）～（d）可知，应用 DDSRF-PLL 时，除了用于反馈控制的 $q^{+1}$ 轴存在 $\Delta t_1>\Delta t_2$ 以外，其他轴的跟踪结果均为 $\Delta t_1<\Delta t_2$，且在其他三轴中的 $|\Delta t_1-\Delta t_2|$ 值显然大于 $q^{+1}$ 轴上该值，这表明，电网故障时，在 DDSRF-PLL 控制参数合适（$q^{+1}$ 轴过渡时间 $\Delta t_2$ 较小）的前提下，DDSRF-PLL 只有在检测被控轴 $q^{+1}$ 上的直流分量时具有相对速度优势，而在其他三轴中达到稳态值的速度均明显落后于所提方案。在故障结束时，DDSRF-PLL 在四个轴的过渡阶段内均出现较长时间段、大幅度的振荡；相比较而言，所提无锁相环方案仍能够保持较为平滑且迅速的过渡状态，具有优异动态特性。

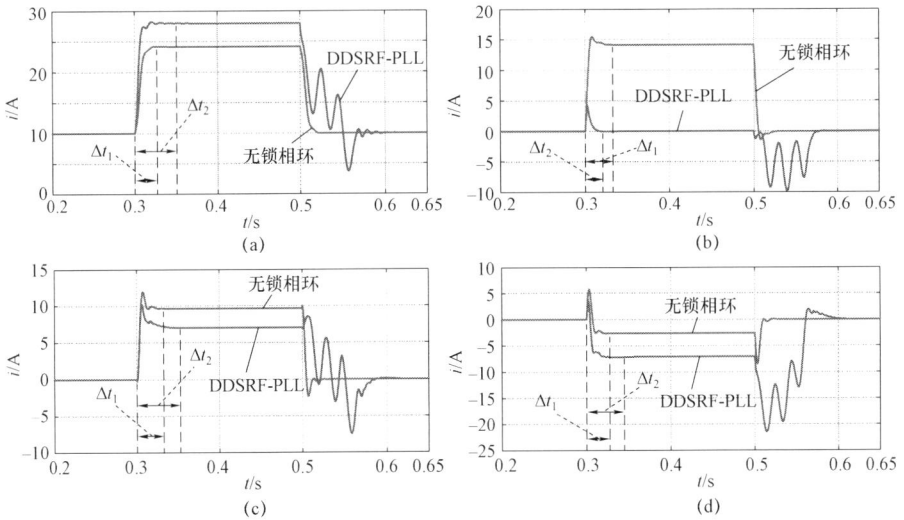

图 3-28 双同步参考坐标系下电流正负序基波分量分离结果

（a）不对称电流 $d^{+1}$ 轴分量跟踪结果；（b）不对称电流 $q^{+1}$ 轴分量跟踪结果；
（c）不对称电流 $d^{-1}$ 轴分量跟踪结果；（d）不对称电流 $q^{-1}$ 轴分量跟踪结果

2. 相位跳变适应能力

当电量发生相位跳变时，基于反馈控制的 PLL 容易出现不稳定，而无锁相环方案由于不需要反馈控制回路，因此具备更强的相位跳变适应能力。为了验证该理论，本章进行了如下仿真分析：设置正序基波电流的幅值为 10A，初相角为 0°，且在 0.3s 时刻发生 −60° 的相位跳变；将负序不平衡系数分别设置为 0%、30%、60% 和 90%，以分析在不同不平衡度条件下，电网电流发生相位跳变对锁相的影响；分别通过所提无锁相环和 DDSRF-PLL 提取电流正负序基波幅值，结果如图 3-29 所示。图中，图标号"0""1""2""3"分别对应负序不平衡系数为 0%、30%、60% 以及 90% 的仿真结果；为了更加清楚地看出相位跳变的情况，绘制了电流的矢量轨迹，如图 3-29（a0～a3）所示，其中，轨迹 1 和 2 分别为相位跳变前后的电流矢量轨迹；图 3-29（b0～b3）为两种方案提取得到的电流正序基波幅值；图 3-29（c0～c3）为两种方案提取得到的电流负序基波幅值。

通过在同一负序不平衡度的幅值提取结果可以看出，电流相位跳变对 DDSRF-PLL 的影响明显大于无锁相环方案；且随着电网不平衡的增加，电流相位跳变对 DDSRF-PLL 的影响也随之增加，当负序不平衡系数太大（例如

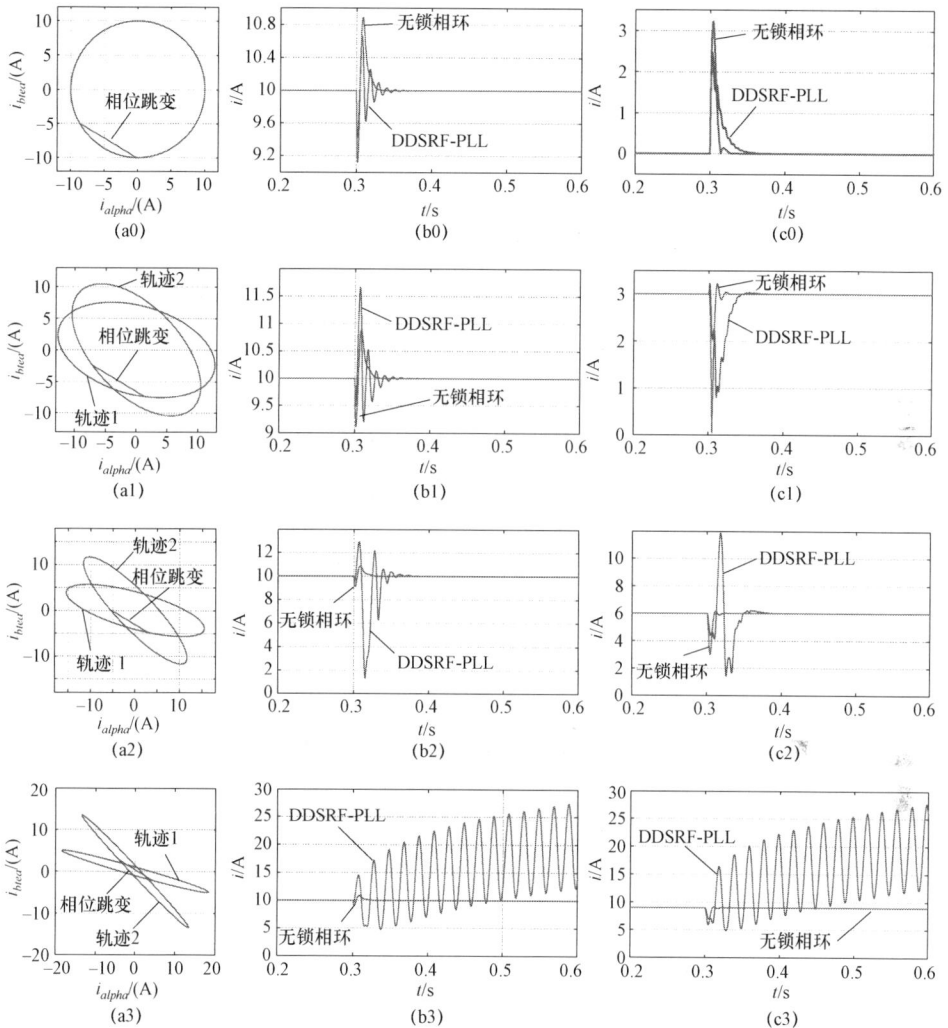

图 3-29  不平衡电网中发生的跳相故障的仿真结果比较

（a0～a3）电流矢量轨迹；（b0～b3）正序基波电流幅值提取结果；

（c0～c3）负序基波电流幅值提取结果

90%）时，DDSRF-PLL 的输出将无法恢复到稳定直流状态。相比较而言，无锁相环方案受到相位跳变的影响较小，且能够更加快速地恢复到跳变前的输出水平；随着电网不平衡的增加，其受到相位跳变影响产生的振幅没有明显增大，且均能够快速恢复到正常状态水平。由此验证了所提无锁相环方案在不同电网不平衡度条件下，电网电量发生相位跳变时仍具有良好的稳定性，其相位跳变的适应能力显著优于 DDSRF-PLL。

### 3.9.3 频率自适应校正效果验证

设置图 3-30 模拟电网发生复杂故障时的电压波形，其中，正序基波的基准电压幅值为 10kV，初相角 0°；在 0~2s 内，电网不发生故障正常运行，从 2s 开始叠加上幅值为 0.3p.u.三次谐波电压和幅值为 0.6p.u.的负序基波电压分量，其中，前者初相角为 30°，后者−30°；考虑到电力系统自身的调频手段会将频率严格限制在《电能质量 电力系统频率偏差》（GB/T 15945—2008）规定范围内，因此所设置的频率偏移量也应在该范围内，基于此，在 4s 时刻，设置电网基波频率降低至 49.5Hz，在 8s 时上升至 50.5Hz。对该三相电压信号进行各次电压 $dq$ 轴分量提取，验证所提基于 ILC 的无锁相环给定频率自适应校正方法的有效性，得到的仿真结果如图 3-31 所示。

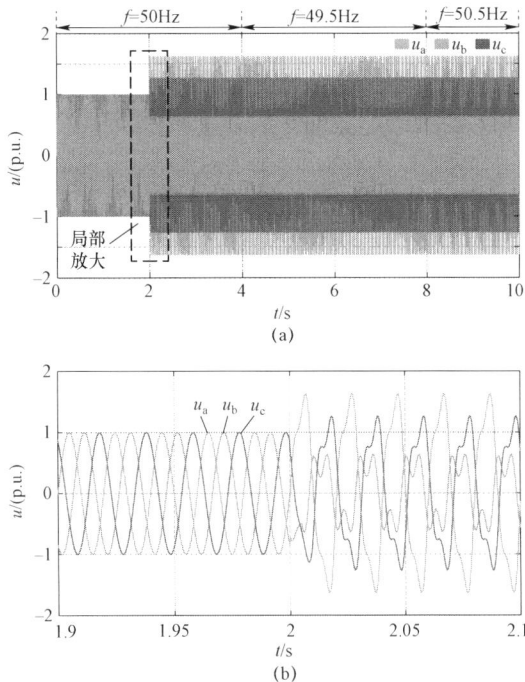

图 3-30 模拟复杂三相故障电压波形图

（a）整体电压波形；（b）局部放大图

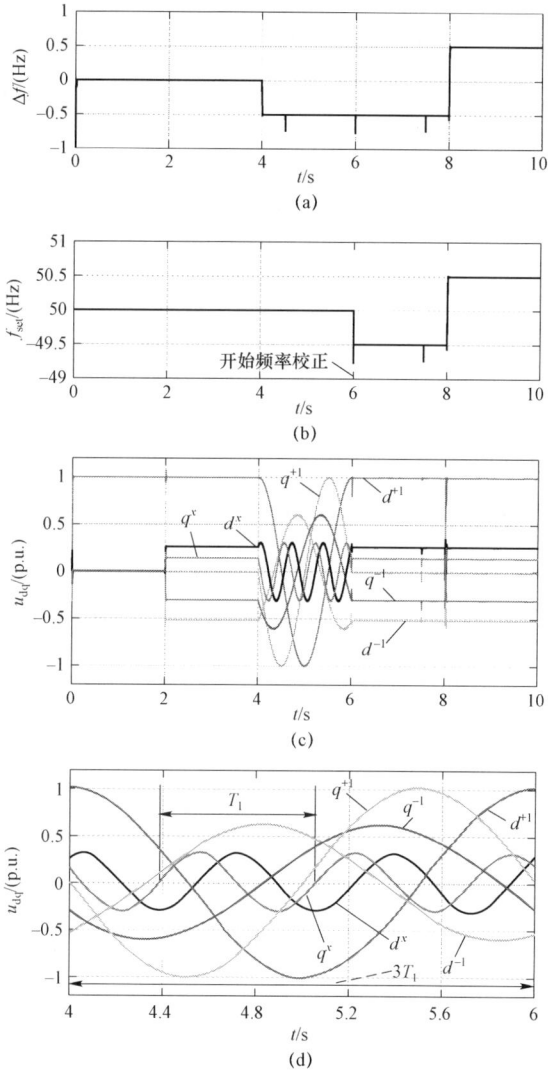

图 3-31 频率校正仿真结果图

（a）相对于初始给定频率的频率校正量；（b）设定频率；

（c）各次电压 $dq$ 轴分量提取结果；（d）4～6s 时间段的提取结果放大图

图 3-31（a）为应用式（3-36）计算得到的相对于基波旋转坐标系初始给定频率的频率校正量，可以看出，计算得到的校正量能够准确地反映给定频率与电网实际频率偏差；在 6s 时开始进行校正，将计算得到的校正量通过式（3-40）进行频率迭代修正，为尽量避免电网频率正常波动的影响，同时保证

足够的精度，这里设置每 50 个采样周期（单个仿真采样周期为 $10^{-5}$s）进行一次迭代校正，将对这 50 个周期的频率校正量计算值进行滑动平均滤波得到的结果作为迭代校正值，当迭代次数满 10 次后结束迭代，当该迭代循环结束且频率偏差超过 0.2Hz 情况下，才启动下一个迭代循环，经过迭代校正得到的设定频率如图 3–31（b）所示，可以看出，开始校正后，设定频率能够快速跟踪实际电网频率。基于设定频率，无锁相环方法提取得到的各次电压 $dq$ 轴分量如图 3–31（c）所示，可以看出，当给定初始频率与电网频率一致时，无锁相环方法能够准确、快速地提取得到各次电压 $dq$ 轴分量（0～4s）；而当两者频率不一致时（4～6s），提取得到的 $dq$ 轴为交流量，且由图 3–18（d）可以看出，各次交流量波形符合式（3–35），由此验证了第 3.4 节所分析的在频率偏差时解耦网络仍有效的推论；在 6s 时刻对设定频率进行校正，可以看出，频率调整后提取得到的 $dq$ 轴分量为直流量且与同步时一致，验证了频率校正方法的有效性；在 8s 时刻，电网频率由 49.5Hz 突变到 50.5Hz（仍在国标 GB/T 15945—2008《电能质量 电力系统频率偏差》规定变化范围内），此时设定频率也快速调整到 50.5Hz，保证了同步条件，由此验证了所提频率校正方法的自适应能力。

此外，由该仿真也可以看出 3.3 节解耦多同步参考坐标系对各次电量提取的准确性，所提方案能够对特定次谐波信号进行提取。

### 3.9.4 控制策略的仿真验证

为了验证所提控制策略的有效性，本章在 MATLAB/Simulink 平台搭建相应的仿真模型进行分析。

1. 幅值反馈控制策略效果验证

首先对所提基于幅值反馈控制策略的有效性进行验证，搭建如图 3–16 所示的三相逆变器单独带负载模型进行分析，设置所带负载为三相对称纯电阻负载，由于此处仅对所提策略的可行性进行验证，为了简化系统参数设计过程，逆变器采用 $L$ 滤波器进行滤波输出，PWM 调制三角载波设置为较大数值，以获得较好的波形质量，而在实际应用时，应设置合适的滤波器以及控制器参数，以减小开关频率，降低器件的通断损耗。系统仿真参数设置如表 3–3 所示。

表 3-3 系 统 主 要 参 数

| 参数 | 数值 |
|------|------|
| 直流侧电压/V | 700 |
| 滤波电感/mH | 1 |
| 三角载波频率/kHz | 40 |
| 负载电阻/Ω | 10 |
| 并联投入负载电阻/Ω | 50 |

（1）与解耦双闭环 PI 控制效果对比。

根据控制框图搭建相应的逆变器控制环路，得到图 3-32 所示解耦双闭环 PI 控制与基于幅值反馈控制对于同一个电压分量的跟踪结果。

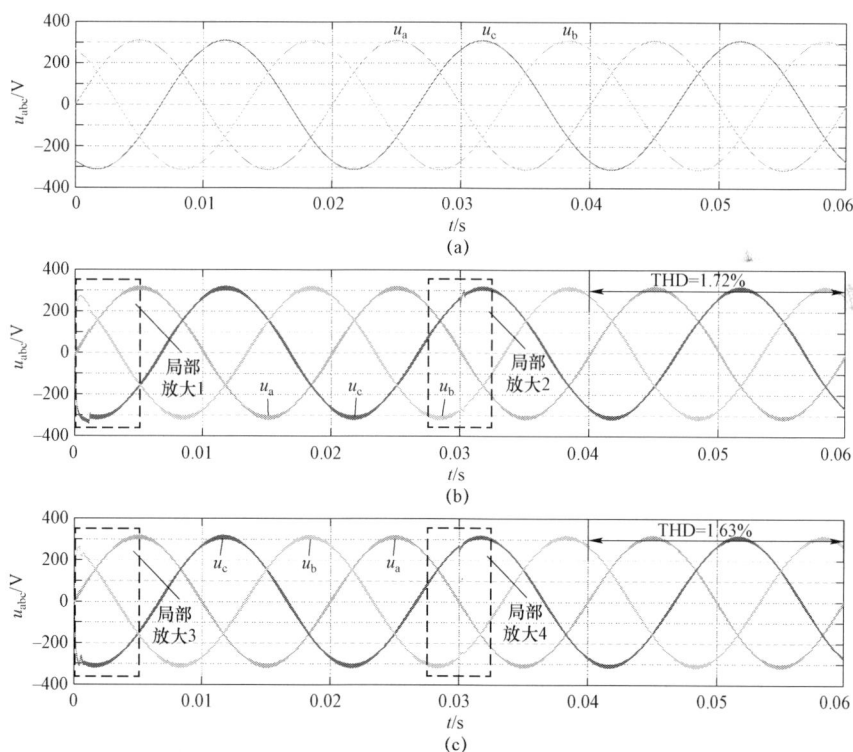

图 3-32 负序电压信号跟踪结果对比（一）

（a）负序基波参考电压；（b）基于幅值反馈控制；（c）解耦双闭环 PI 控制

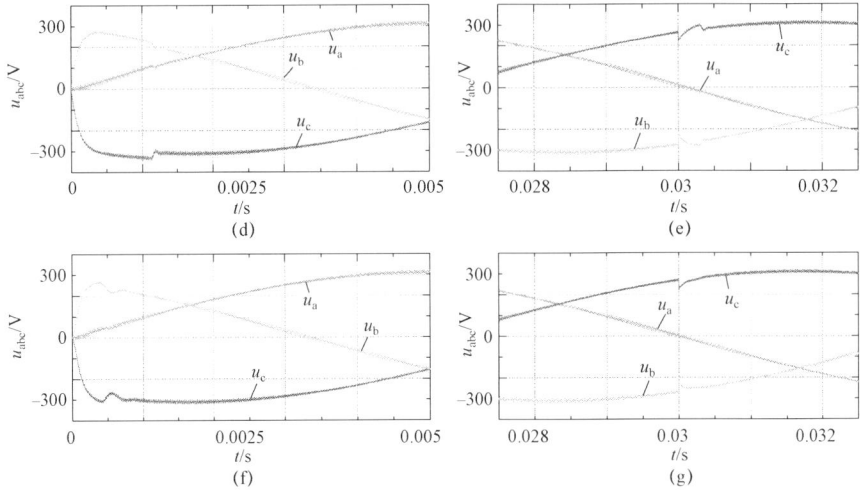

图 3-32 负序电压信号跟踪结果对比（二）

(d) 局部放大 1；(e) 局部放大 2；(f) 局部放大 3；(g) 局部放大 4

图中，参考目标电压设置为幅值 311V，初相角 0° 的负序基波电压，对应波形如图 3-32（a）所示；由图 3-32（b）、（c）可以看出，在两种控制策略下，三相逆变器均能够快速输出跟随目标电压，且相应的 THD 值均小于 5%，具有良好的输出波形质量；在 0.03s 时刻，三相均投入相同大小的并联负载电阻，由相应的局部放大图可以看出，两种控制均能够在经过短暂的调整后保持对参考电压的跟随，能够抵御负载投入造成的扰动。由此可以得出，所提基于幅值反馈的控制策略在减少控制环路的情况下，能够实现对逆变器的输出进行控制，且具有不亚于解耦双闭环 PI 控制的准确性和响应速度。

（2）同相补偿可行性的验证。

由 3.8 节分析可知，负序和谐波分量的完全补偿本质上为同相补偿，因此，本小节针对所提基于幅值反馈控制实现负序和谐波抑制的可行性进行验证。实现负序和谐波完全抑制的关键在于控制逆变器输出与这两个分量波形相同的电压，从而能够通过反向叠加原理实现完全补偿；为此，本章分别设置了相位和幅值波动的负序基波和三次谐波参考目标电压，验证所提控制策略对目标电压的跟随能力。

首先对负序基波的跟随效果进行验证，设置负序基波参考目标电压幅值为

311V，初相角为0°，分别设置在0.03s发生60°的相位跳变和50%的幅值骤降，分别如图3-33（a）、（c）所示；经过基于幅值反馈控制后，逆变器的输出电压如图3-33（b）、（d）所示，可以看出，当参考电压无论是发生相位跳变还是幅值骤降，逆变器均能够保证输出幅值、相位均与目标电压相同的电压，且由图3-33（e）、（f）的局部放大可以看出，在参考电压发生变化时，所提控制策略能够快速对逆变器输出进行调整，保证对目标电压的跟随性。因此，对于波动的负序基波电压，所提控制能够通过输出相序、频率、幅值以及相位与其一致的电压进行反向叠加，从而实现对负序电压的抑制。

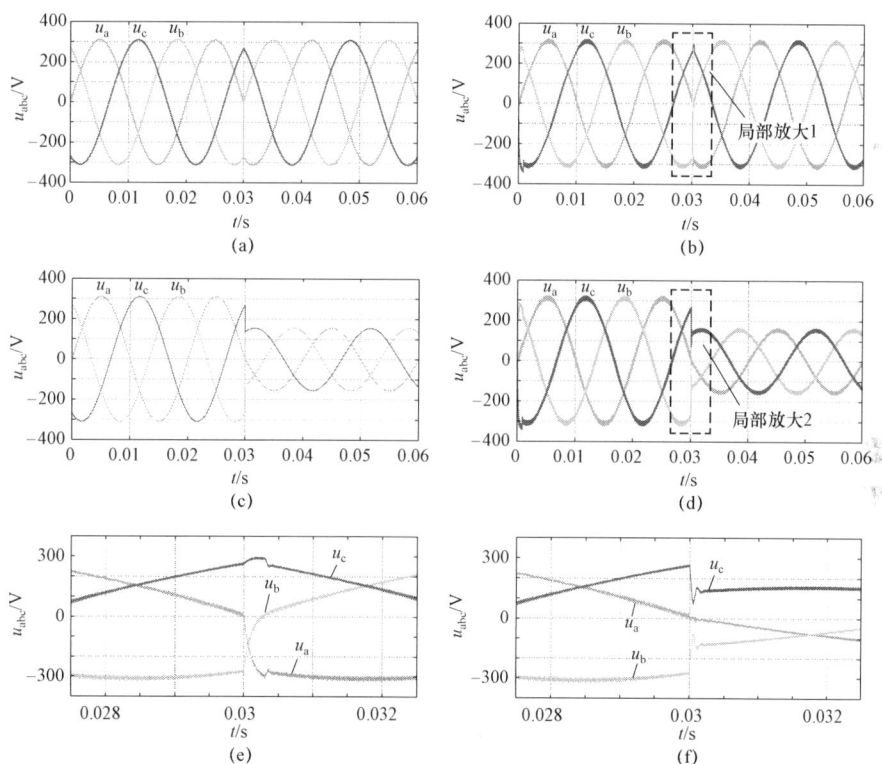

图3-33 负序基波电压波动情况下的跟踪结果

（a）相位跳变参考电压；（b）逆变器输出相位跳变电压；（c）幅值骤降参考电压；
（d）逆变器输出幅值骤降电压；（e）局部放大1；（f）局部放大2

接下来将上述参考电压设置成三次谐波电压，$abc$-$dq$0 矩阵换为三次谐波对应变换矩阵，其他条件不变，得到图3-34所示的对于三次谐波电压的跟踪结果。同理分析可得，所提基于幅值反馈的控制策略对于幅值、相位波动的三次谐波电压仍具有良好的跟踪能力，逆变器同样能够输出反向三次谐波实现谐波抑制。同理可实现对于其他特定次谐波的抑制，至此，验证了所提基于幅值反馈控制策略实现同相补偿的可行性。

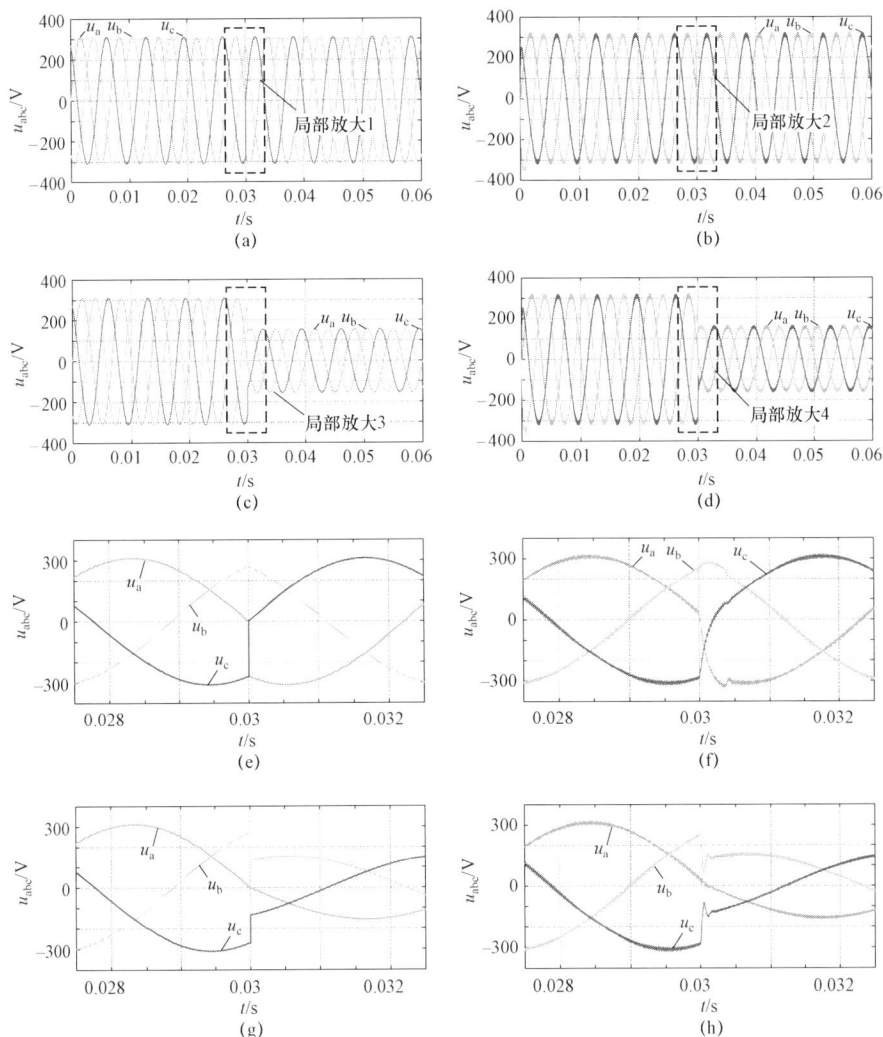

图3-34 三次谐波电压波动情况下的跟踪结果

（a）相位跳变参考电压；（b）逆变器输出相位跳变电压；（c）幅值骤降参考电压；
（d）逆变器输出幅值骤降电压；（e）局部放大1；（f）局部放大2；（g）局部放大3；（h）局部放大4

## 2. 完全补偿控制效果验证

搭建如图2-9所示电力系统进行仿真，验证所提 SVHB-FFCL 完全补偿控制策略的有效性以及本章所提无锁相环方案对控制性能的改善效果。仿真系统采用三相三线制供电，为了研究方便，微电网电源仅考虑储能供电方式，直流整流单元采用直流电源代替；由于需要验证故障穿越方案，因此微电网的控制方式采用 PQ 控制。考虑到现有故障检测技术已具有足够快速的响应速度，因此设置 SVHB-FFCL 能够在故障发生时迅速投入。按第 2 章所述原则设计系统参数，所搭建系统的主要参数如表 3-4 所示。

表 3-4　　　　　　　　　　　　系 统 主 要 参 数

| 设备/系统 | 参数 | 数值 |
|---|---|---|
| SVHB-FFCL | 滤波电容/μF | 0.5 |
| | 滤波电感/mH | 8 |
| | 级联数 | 5 |
| | 分压电容数 | 3 |
| | H 桥单元直流侧电压/V | 750 |
| | PWM 调制频率/kHz | 1.8 |
| | 输出功率/MVA | 0.125 |
| 配电网系统 | 频率/Hz | 50 |
| | 线电压有效值/kV | 10.5 |
| | 主变压器容量/MVA | 10 |
| 微电网系统 | 频率/Hz | 50 |
| | 线电压有效值/kV | 10.5 |
| | 主变压器容量/MVA | 0.8 |
| | 输出有功功率 P/kW | 300 |
| | 输出无功功率 Q/kvar | 50 |

（1）相角跳变抑制。

首先对系统仅发生相位突变故障情况进行仿真分析，验证所提 SVHB-FFCL 完全补偿控制策略的相角补偿能力。设置配电网系统电源在 0.2s 时刻发生 60° 相位跳变，得到的仿真波形如图 3-35 所示。

由仿真结果可以看出，未投入 SVHB-FFCL 进行补偿时，微电网出口母线处的电压和电流均受到配电网侧相位突变影响，其中，电压发生明显相位跳变，电流则由于变压器的缓冲，相位跳变较小，但有幅值升高现象。投入 SVHB-FFCL 进行相位补偿后，电压和电流的波形得到显著改善，均不发生相角的大幅度跳变，过电流现象也得以抑制。

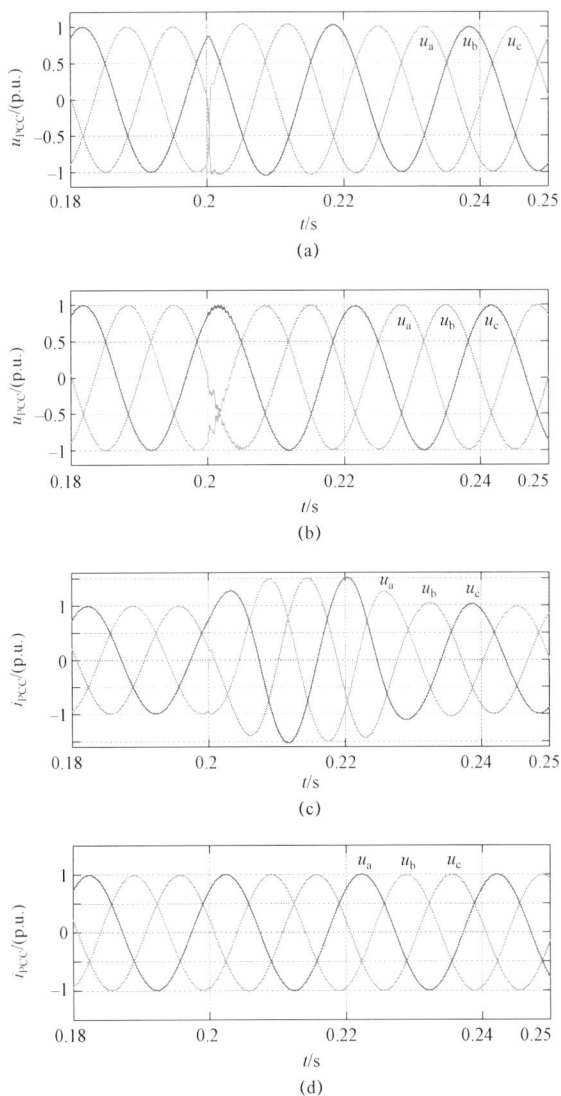

(a)

(b)

(c)

(d)

图 3-35　SVHB-FFCL 补偿前后微电网出口母线电压电流对比

（a）补偿前电压；（b）补偿后电压；（c）补偿前电流；（d）补偿后电流

　　为了更加直观地比较补偿前后效果，在此绘制了补偿前后电压和电流的矢量轨迹图。如图 3-36 所示，未进行补偿时，电压轨迹发生明显相位跳变，且电压和电流轨迹均存在偏离故障前轨迹运行的状态。经过 SVHB-FFCL 输出补偿后，相角跳变得以抑制的同时，故障后的电压电流轨迹仍能够保持在趋近原来的矢量轨迹。所提方案具有良好的相位跳变抑制能力。

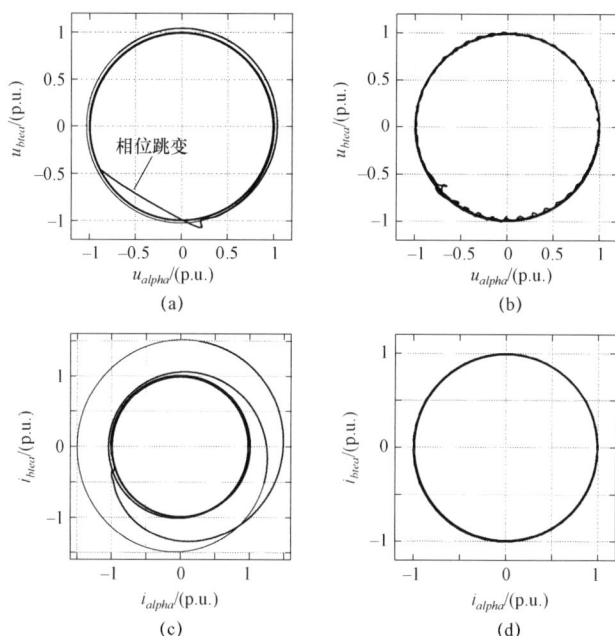

图 3-36　相位补偿前后电压电流矢量轨迹对比
（a）补偿前电压轨迹；（b）补偿后电压轨迹；（c）补偿前电流轨迹；（d）补偿后电流轨迹

（2）无谐波侵入短路故障下的完全补偿效果。

在图 2-9 所示系统配电网侧分别设置三相对称短路和两相短路，以验证 SVHB-FFCL 在外部电网发生短路故障时对 PCC 母线的完全补偿能力。在不考虑谐波侵入的情况下，DDSRF-PLL 能够正常工作，因此，引入 DDSRF-PLL 作为 SVHB-FFCL 受控量提取的一种方案，与采用所提无锁相环策略进行控制的 SVHB-FFCL 进行对比。

在 0.2s 时，图 2-9 所示系统的 f 点分别发生三相短路和 bc 两相短路故障，在故障发生后，分别是（a）不投入 SVHB-FFCL 补偿；（b）迅速投入采用 DDSRF-PLL 的 SVHB-FFCL 进行补偿；（c）迅速投入采用所提无锁相环方案的 SVHB-FFCL 进行补偿，由此得到的仿真结果如图 3-37～图 3-40 所示。由于矢量轨迹图能够清楚地对完全补偿效果进行展示，在此仅给出故障前后阶段的电压电流矢量轨迹用于分析。

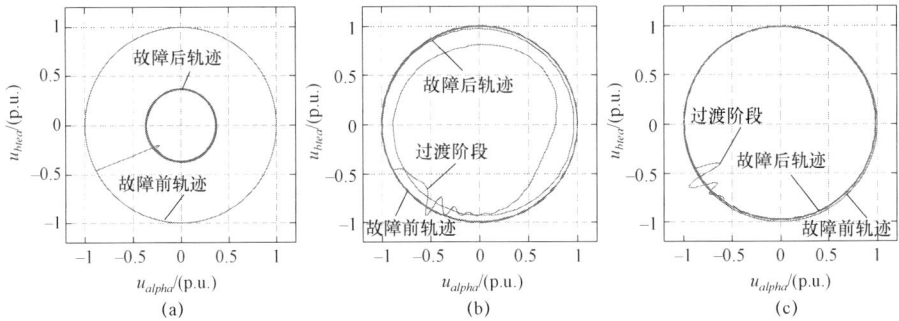

图 3-37　配电网侧发生三相短路故障时 PCC 电压矢量轨迹
（a）不投入 SVHB-FFCL；（b）投入采用 DDSRF-PLL 的 SVHB-FFCL；
（c）投入采用无锁相环方案的 SVHB-FFCL

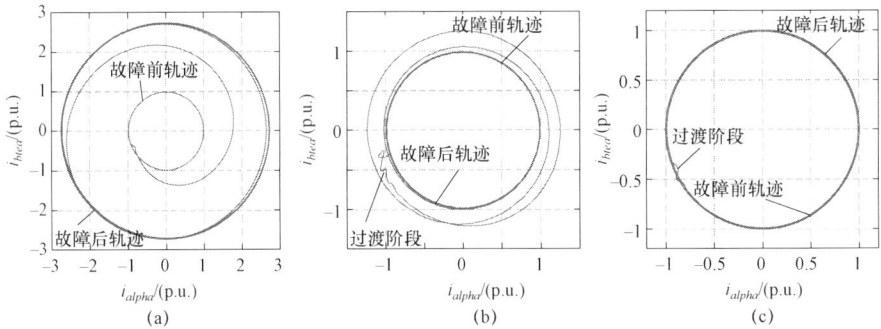

图 3-38　配电网侧发生三相短路时 PCC 电流矢量轨迹
（a）不投入 SVHB-FFCL；（b）投入采用 DDSRF-PLL 的 SVHB-FFCL；
（c）投入采用无锁相环方案的 SVHB-FFCL

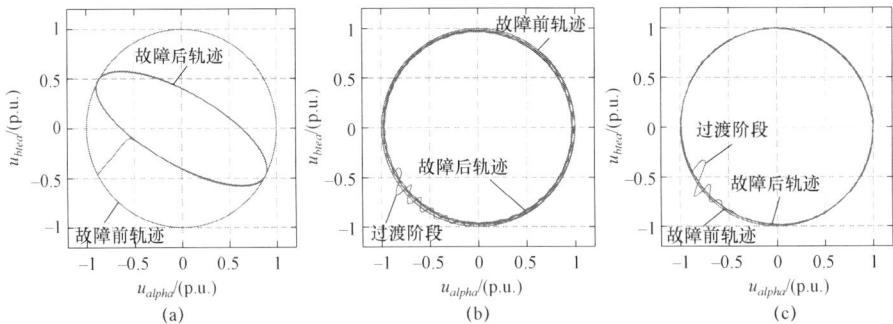

图 3-39　配电网侧 bc 相发生短路时 PCC 电压矢量轨迹
（a）不投入 SVHB-FFCL；（b）投入采用 DDSRF-PLL 的 SVHB-FFCL；
（c）投入采用无锁相环方案的 SVHB-FFCL

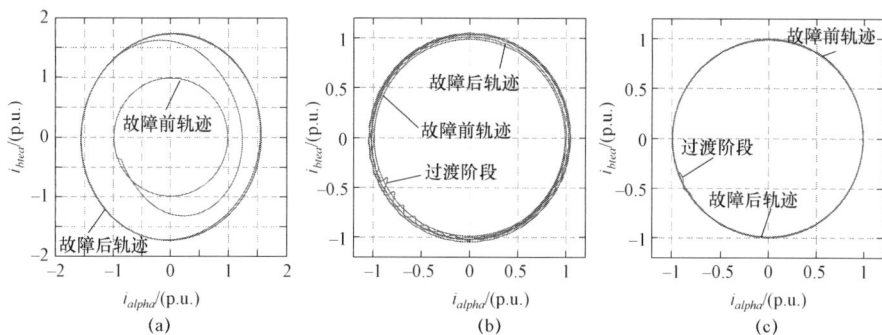

图 3-40  配电网侧 bc 相发生短路时 PCC 电流矢量轨迹
（a）不投入 SVHB-FFCL；（b）投入采用 DDSRF-PLL 的 SVHB-FFCL；
（c）投入采用无锁相环方案的 SVHB-FFCL

可以看出，在故障发生后迅速投入采用 DDSRF-PLL 或者所提无锁相环方案的 SVHB-FFCL，均能将 PCC 电压和其流入故障点的电流的矢量轨迹补偿到接近故障前的水平，说明采用这两种受控量提取方案均能实现完全补偿目的。而通过对比所有的电压电流（b）、（c）轨迹可以看出，采用所提无锁相环方案进行控制下的过渡阶段轨迹更短，说明所提无锁相环方案相比较 DDSRF-PLL 方案而言，具有更加优异的响应速度，有利于应对电网故障。

### 3.9.5  谐波侵入工况下的微电网故障穿越特性分析

谐波及不平衡电量会给 PCC 电能质量造成严重影响，且在微电网并网系统中，电力电子元件的使用将可能造成更加恶劣的谐波环境，仅靠无源滤波无法保证电能质量要求。为此，本节将在 3.9.4 所搭建系统中，对短路故障伴随谐波侵入的情况进行仿真，验证所提多功能 SVHB-FFCL 辅助微电网在复杂电网环境下进行故障穿越的有效性。

1. 三相对称短路伴随谐波侵入

在图 2-9 所示系统中，0.3s 时，配电网侧 f 点发生三相短路故障，故障发生 0.05s 后，在 PCC 母线与故障点之间叠加一幅值为 0.3p.u.、初相角为 0° 的 3 次谐波电压，上述所有故障在 0.4s 时得以清除。故障时 PCC 母线电压与其流入短路点电流波形如图 3-41 所示。

由图 3-41 可以看到，谐波侵入后，电压电流波形发生严重畸变；由于此时短路故障存在，谐波源到短路点通路变短，从而使短路过电流继续增大，威胁电网系统安全运行，微电网难以维持并网状态。

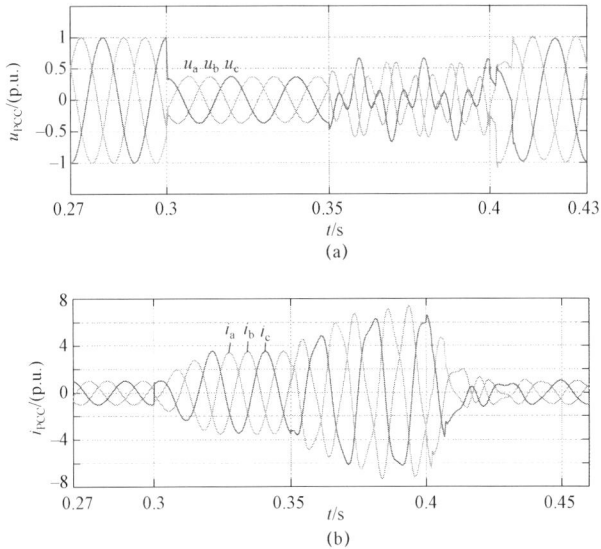

图 3-41　PCC 故障电压电流波形
(a) 故障电压；(b) 流入故障点电流

　　在故障时迅速投入 SVHB-FFCL，故障结束 0.02s 后切出，得到如图 3-42 所示的电压电流仿真波形。

　　由图 3-42（a）可以看到，故障发生时，控制器迅速作用，生成 SPWM 调制信号，在仅有三相短路阶段（0.3~0.35s），调制波也为三相对称信号；当谐波侵入时（0.35~0.4s），经过分次反馈控制与叠加，生成带谐波分量的调制波信号。根据该调制波，驱动 SVHB-FFCL 进行补偿输出，得到如图 3-42（b）、（c）所示 PCC 电压和电流波形，可以看到，补偿后电压电流均恢复到接近正常状态水平，实现幅值和相位补偿；且由图 3-42（d），补偿后的 PCC 电压电流负序不平衡度均在 2%以内，符合《电能质量　电力系统频率偏差》（GB/T 15945—2008）要求。另外，在故障结束后的 0.02s 内，SVHB-FFCL 仍维持工作状态，对比图 3-41 可知，在故障消失（0.4s）后，SVHB-FFCL 能够辅助电网更快恢复到正常状态。

　　在谐波侵入阶段（0.35~0.4s），对稳定后的电压电流波形进行谐波分析，结果如图 3-43 所示。可以看到，补偿后电压电流的 3 次谐波含量大幅度降低，THD 值也降低到满足《电能质量　电力系统频率偏差》（GB/T 15945—2008）规定范围内。

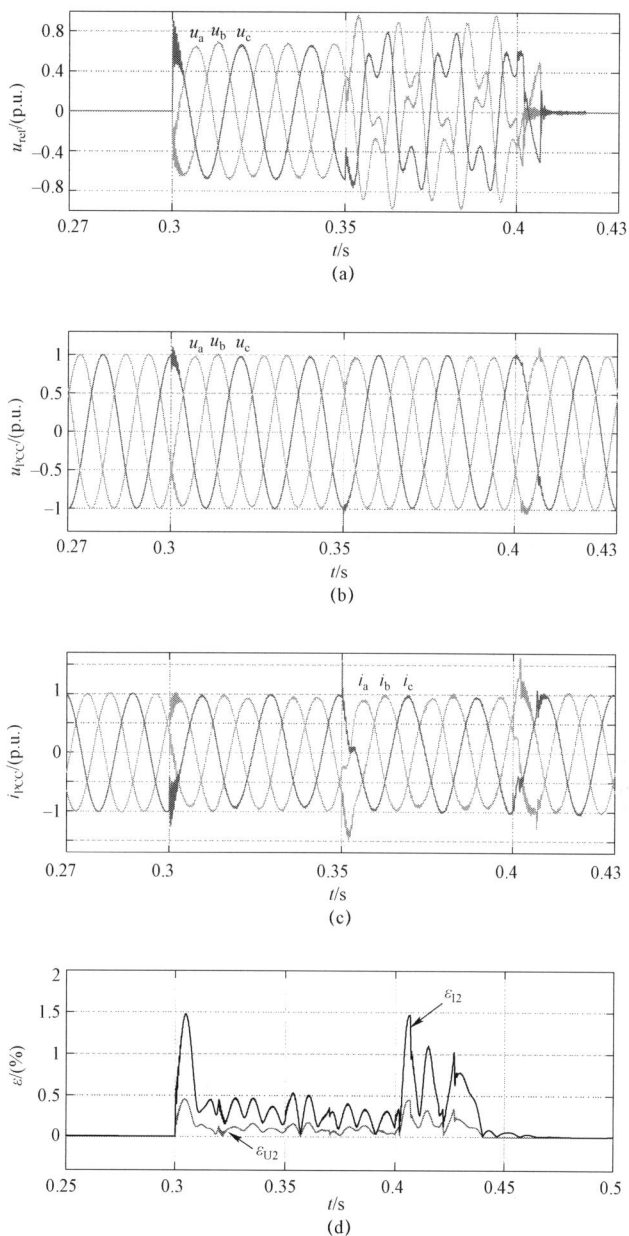

图 3-42 投入 SVHB-FFCL 补偿后的仿真波形

（a）控制器生成的调制波电压信号；（b）PCC 电压；（c）PCC 流入故障点电流；

（d）PCC 电压电流的负序不平衡度

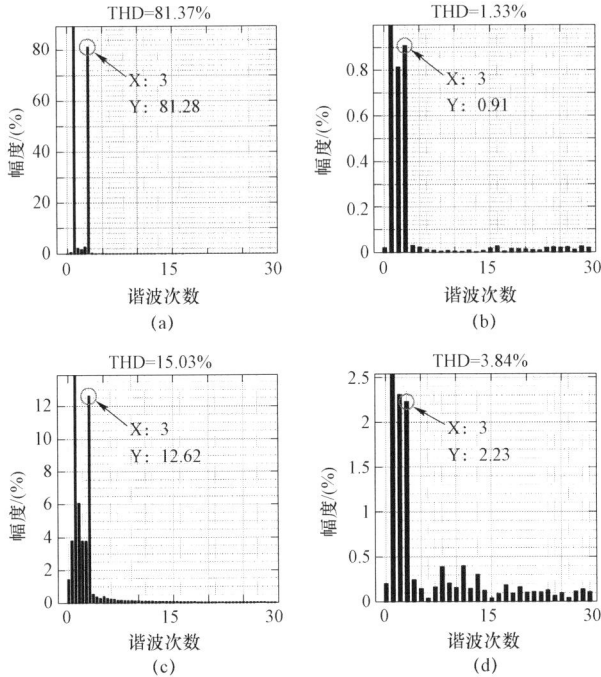

图 3-43　投入 SVHB-FFCL 补偿前后 PCC 母线电压电流的 FFT 结果
（a）补偿前 PCC 电压；（b）补偿后 PCC 电压；（c）补偿前 PCC 流入故障点的电流；
（d）补偿后 PCC 流入故障点的电流

微电网在并网状态时采用 PQ 控制策略，因此，可以通过微电网的并网输出功率对其在外网故障情况下维持不脱网继续运行的能力进行分析。投入 SVHB-FFCL 补偿前后的微电网并网输出功率如 3-44 所示。图 3-44（a）为未投入 SVHB-FFCL 补偿情况下的微电网并网输出功率，可以看出，在故障发生前（0.3s 以前），微电网的并网输出有功和无功均能够维持在目标值，PQ 控制策略有效；在外部电网仅发生对称短路故障时，并网功率出现波动，难以维持在目标值，且随着谐波分量的侵入，功率波动也更加剧烈，微电网难以维持并网状态；在故障结束后的电网恢复阶段，受到故障的影响，在 PQ 控制的调整下，反而呈现出更加严重的功率波动情况，微电网并网系统难以快速恢复到正常状态。通过对比由图 3-44（b）所示的投入 SVHB-FFCL 补偿后的并网功率可以看出，此时由于 PCC 电压电流得到了控制，降低了外部电网故障对微电网内部的影响，无论是在仅有对称短路还是对称短路伴随谐波侵入情况下，微电网的并网输出功率均能够维持在接近目标值的水平，且通过 3-44（c）、（d）的功率放大波形可以看出，此时有功和无功功率偏离设定目标值的波动范

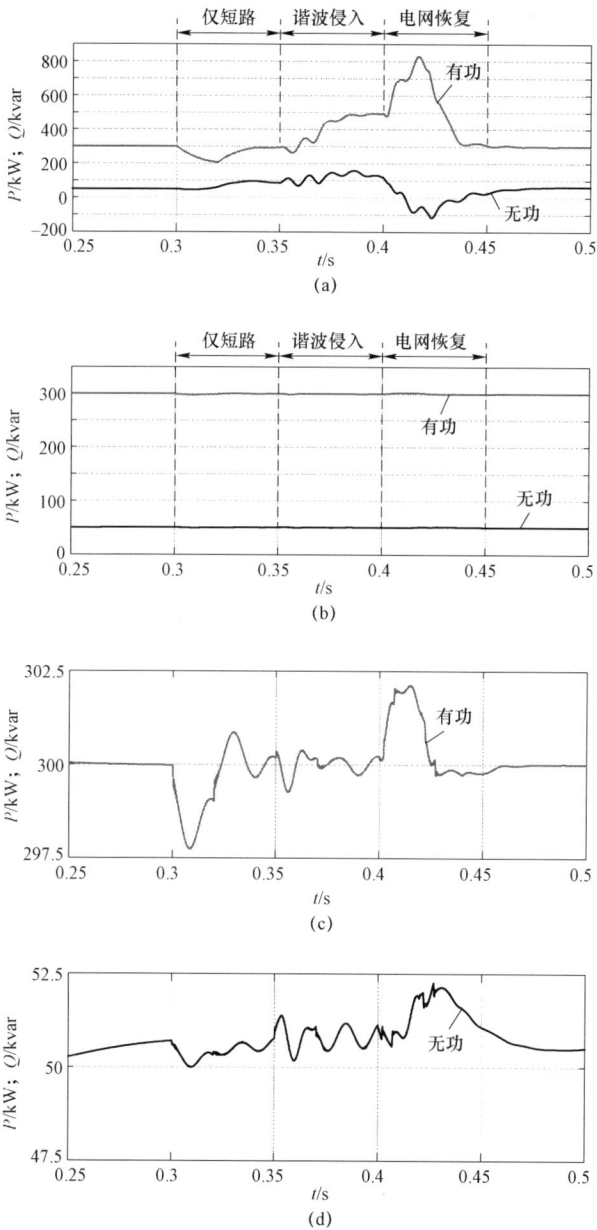

图 3-44  补偿前后微电网并网输出功率对比
（a）补偿前并网输出功率；（b）补偿后并网输出功率；
（c）补偿后并网有功波形放大图；（d）补偿后并网无功波形放大图

围分别被限制在±2.5kW 和 2.5kvar 以内，PQ 控制有效，微电网具有良好的故障穿越能力；在故障结束后的电网恢复阶段，也不会造成功率的大幅度波动，有利于微电网并网系统快速恢复。

以上分析验证了所提分次控制策略的有效性，SVHB-FFCL 实现了故障时对 PCC 的调压、限流以及有源滤波功能，且输出具有良好波形质量，能够大大减少微电网外部故障对 PCC 以及微电网控制策略的影响，提高微电网的故障穿越能力。

2. 两相不对称短路伴随谐波侵入

将 3.9.5 "三相对称短路伴随谐波侵入" 中的故障设置为 bc 两相短路，其他条件不变，由此检验 SVHB-FFCL 应对不对称短路伴随谐波侵入时的性能。得到的故障电压电流波形如图 3−45 所示。

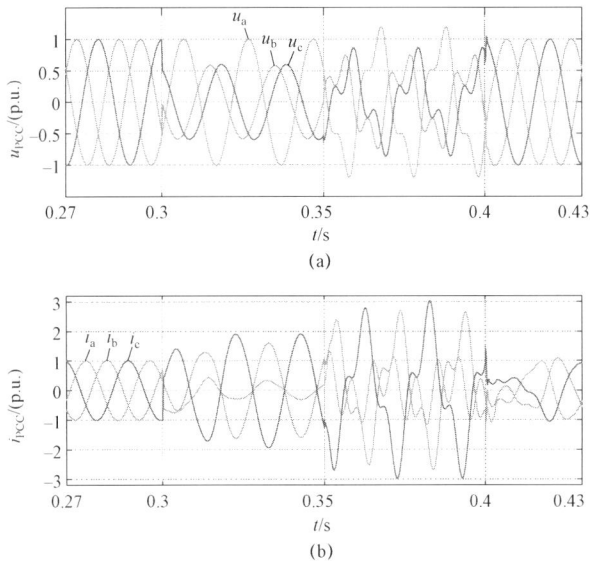

图 3−45　PCC 故障电压电流波形
(a) 故障电压；(b) 流入故障点电流

可以看到，电压电流波形此时为不对称状态，在谐波侵入时发生畸变，故障相存在过电流且在畸变阶段增大。

投入 SVHB-FFCL 补偿后得到的仿真波形如图 3−46 所示。由图 3−46（a）可知，经过各次电压信号反馈控制，控制器输出调制波信号也为不对称信号，且不对称相与配电网侧故障一致，在谐波侵入后，迅速调整为带谐波含量的不对

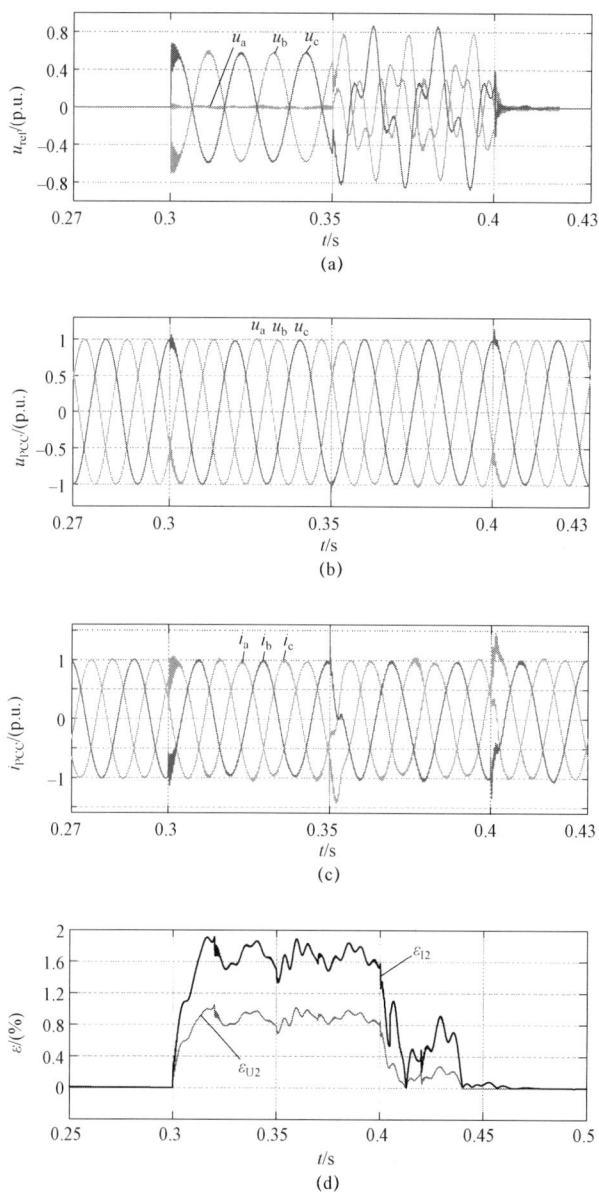

图 3-46 投入 SVHB-FFCL 补偿后的仿真波形

（a）控制器生成的调制波电压信号；（b）PCC 电压；
（c）PCC 流入故障点电流；（d）PCC 电压电流的负序不平衡度

称信号，以驱动 SVHB-FFCL 实现对各次谐波电压电流信号的调整。由图 3–46（b）、（c）、（d）可以看出，SVHB-FFCL 在不对称短路带谐波侵入故障情况下仍具有各次电压电流的精准补偿能力，具备改善微电网故障穿越的能力，且经过控制后的电压电流三相不平衡度均小于 2%，符合国家标准。同理，对比补偿前波形可知，在故障结束后，投入 SVHB-FFCL 仍能够帮助电网更加快速地恢复到故障前状态。

图 3–47 所示为配电网发生不对称短路故障伴随谐波侵入的情况下，经 SVHB-FFCL 补偿前后 PCC 电压及其流入故障点电流的快速傅利叶变换（Fast Fourier Transformation，FFT）分析结果对比图。通过对比可知，在不对称短路情况下，所提控制策略仍具有良好的谐波抑制能力。

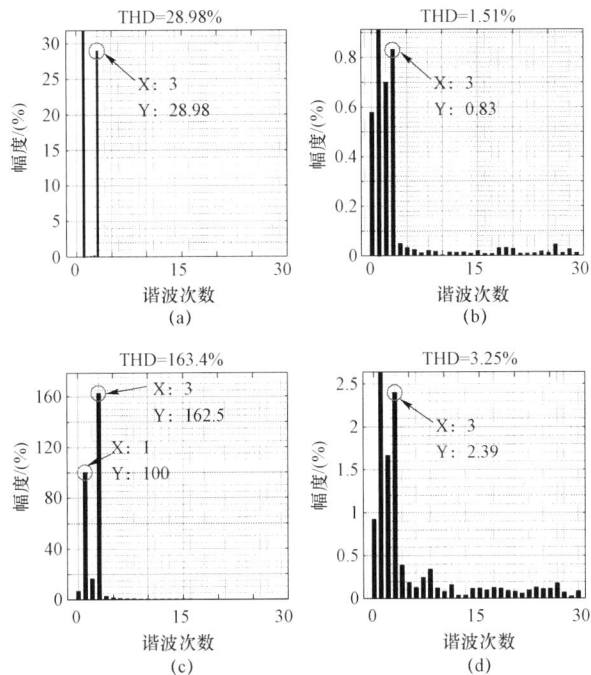

图 3–47　投入 SVHB-FFCL 补偿前后 PCC 母线电压电流的 FFT 结果
（a）补偿前 PCC 电压；（b）补偿后 PCC 电压；
（c）补偿前 PCC 流入故障点的电流；（d）补偿后 PCC 流入故障点的电流

同样地，对微电网并网输出功率进行分析，得到在不对称短路故障伴随谐波侵入情况下的微电网并网有功和无功功率的波形如图 3–48 所示。可以看出，所提方案极大地改善了微电网并网控制策略的效果，使其在发生含谐波不平衡外部电网故障时，能够维持良好的并网输出功率，实现故障穿越，平滑电网的故障恢复过程，极大限度地减少外部电网故障对微电网内部造成的冲击。

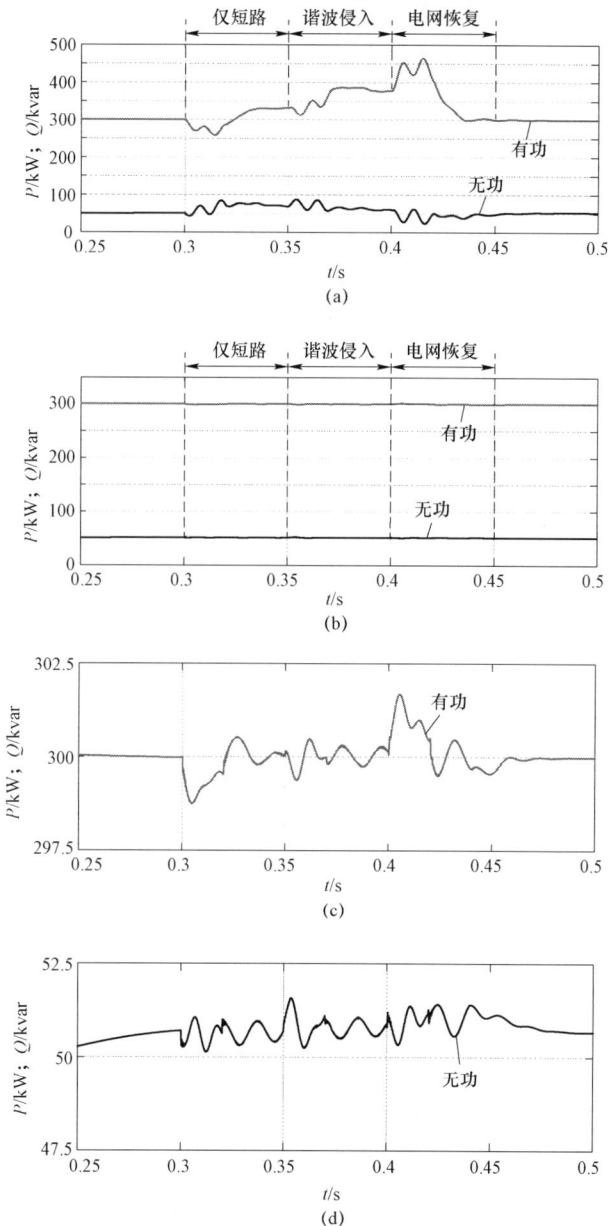

图 3-48 补偿前后微电网并网输出功率对比

（a）补偿前并网输出功率；（b）补偿后并网输出功率；

（c）补偿后并网有功波形放大图；（d）补偿后并网无功波形放大图

# 3.10 本 章 小 结

本章先以提取控制器的指令电量和反馈电量为目标,首先对 DDSRF-PLL 的工作原理进行介绍,该方法通过设置正负序基波的同步旋转坐标系实现不平衡电量的正负序分离,通过引入解耦网络消除了正负序分量之间的耦合振荡,但该方法无法适用于谐波信号。为了消除多次谐波信号对 DDSRF-PLL 的影响,提出了引入 Butterworth 带通滤波器作为前置滤波器对 DDSRF-PLL 进行改进的方法,使其能够在含有多次谐波的信号中准确提取正负序基波信号。接着,考虑到实际电网中,通常优先进行无源滤波,而有源滤波环节只需处理特定次谐波的情况,本章将 DDSRF-PLL 推广到多同步参考坐标系,提出了通过预设旋转角频率实现了无锁相环提取各次电量的方案,该方案解决了由于锁相控制环路带来的诸多问题,同时也简化了控制参数设计流程。最后,针对无锁相环预设频率与电网实际频率的偏差问题,提出了一种基于 ILC 的频率校正方法,在无须引入反馈 PI 控制环路的情况下,实现给定频率的自适应校正,保证了同步条件的成立。通过仿真分析,验证了所提方案的有效性,为接下来所提的 SVHB-FFCL 多目标控制策略提供了准确的指令和反馈量。

而后,为实现 SVHB-FFCL 多功能控制目标,对其进行控制策略的设计。首先根据三种 PCC 电压补偿策略的特性,选择按完全补偿原理设计控制策略的方案,通过对比 PI 控制器、PR 控制器以及 QPR 控制器的特性,结合本章控制目标的特点,选择将交流电量转变为 $dq$ 坐标系下的直流量进行 PI 控制的方案,可实现控制的无静差特性。其次,推导了三相逆变器的解耦双闭环 PI 控制策略,该策略通过 $dq$ 轴之间的交叉解耦前馈,实现了对 $dq$ 轴分量的独立控制。基于该控制策略,提出了各次电量的分次控制策略,实现对正负序基波和特定次谐波的独立控制。为了解决基于解耦双闭环 PI 控制的分次控制策略存在的 PI 控制器数目多、不利于推广至多次谐波控制等问题,提出了一种基于幅值反馈控制的负序和谐波分量抑制策略,据此对分次控制策略进行改进,实现了在保留控制器无静差控制特性的前提下,减少了控制环路和 PI 控制器数量,方便参数整定设计,有利于 SVHB-FFCL 有源滤波功能的扩展。最后,通过仿真分析,验证了所提 SVHB-FFCL 控制策略的有效性,所提方案提高了微电网在含谐波电网工况下的故障穿越能力。

# 4 直流柔性故障限流器

19 世纪末人们见证了一场关于如何发电、传输并利用电力的激烈斗争，这场以"电力"为主题的"世纪大战"主要由支持交流电的尼古拉·特斯拉与支持直流电的托马斯·爱迪生发起。交直流自发明之初便存在竞争关系，而由于变压器的诞生扩大了交流电力系统的覆盖范围，这允许从集中式发电站实现低损耗的大容量电力传输，甚至可以实现长距离传输，故这场电力之战以西屋公司拿下尼亚拉加水电站的关键合同而终结，自此交流电取代直流电成为主流。

交流电存在一个显著缺陷，由于每公里电缆电容量较大，因此在海底进行长距离传输时，很难保持稳定性和可靠性。这个问题成为直流电复兴的导火索，始于 1954 年，当时阿西布朗勃法瑞公司（ABB）的前身阿西亚公司（ASEA）通过 100kV 高压直流输电（High Voltage Direct Current，HVDC）链路将哥特兰岛与瑞典大陆连接起来。该链路使用汞弧阀，于 1970 年重新设计为 150kV，成为第一个基于晶闸管的 HVDC 输电。

近年来，传统能源的枯竭及其造成的全球变暖等环境问题，使其在电能生产领域中不再如以往受到青睐。利用清洁型可再生能源实现分布式发电成为现代社会中的主要研究方向，伴随着可再生能源的高渗透率及对于储能的需求，基于电力电子学的新型有源元件以高速发展程度引入电力系统，同时用户用电需求呈多样化发展，直流电力负荷占取更高比例，进一步提高了对电能质量的要求。然而传统交流输配电已经难以满足上述特性，相较于交流输配电系统，直流电力系统的优势在于功率传输容量大、损耗低，不包含无功功率和频率变量，简化了控制和操作要求，拥有更高的电能质量，更加适合现如今越来越多的用户侧直流负荷，且同时拥有更好的可再生能源集成性和环保性，进一步响应我国"双碳"政策。因此，直流输配电系统逐步成为新型电力系统中的研究热点。

然而当直流系统发生短路故障时，由于直流母线电容器的快速放电，故障电流将在瞬间急剧上升，直流系统"弱阻抗""弱惯性"的特点进一步加剧了这种现象，在几毫秒内故障电流即升至幅值，约为正常运行时的数十倍。在如今的直流系统中配备有大量耐流能力较差的电力电子器件，瞬间上升的故障电流将对各设备产生极大损害，因此需要在短时间内切除故障。已有的故障隔离策略主要分为三类：① 采用交流断路器并配合直流侧隔离开关以实现故障隔离，此方法仅为早期直流电网建设中所提出的权宜之计，"握手法"在闭锁换流站后拉开交流侧断路器，清除直流故障电流后再断开隔离开关切除故障，之后解除换流站闭锁，并重合闸交流侧断路器，恢复系统供电。虽然该方法简单、经济性高，但故障隔离时间过久，并会使得整个直流系统短时间内完全瘫痪，故现阶段很少再做研究；② 使用基于换流器的故障自清除能力实现故障隔离，传统的 AC/DC 整流器在闭锁后将会形成不控整流桥，使得交流侧持续馈入故障电流，国内外学者纷纷开展相关研究研究，提出了多种具有隔离能力的子模块，包含全桥子模块（Full Bridge Sub-Module，FBSM）的模块化多电平换流器（Modular Multilevel Converter，MMC），钳位双子模块（Clamp Double Sub-Module，CDSM）的 MMC，二极管钳位型子模块（Diode-Clamp Sub-Module，DCSM）的 MMC 和增强自阻型子模块（Self-Blocking Sub-Module，SBSM）的 MMC，以上类型的子模块 MMC 故障隔离原理是在发生故障后，将所有 IGBT 闭锁，投入反极性电容电压至故障路径当中，以此清除故障电流；但以上子模块包含大量电力电子器件，存在投资成本高、阻断速度较慢、隔离能力不足等问题；③ 通过直流断路器（Direct Current Circuit Breaker，DCCB）隔离故障是最适合直流系统故障隔离的方法，但直流侧发生短路故障时，直流系统电流并不存在自然过零点，导致灭弧较为困难，且直流系统中感性元件在正常运行中储有大量能量，使得直流故障的隔离变得更加复杂。尽管如此，未来研究的重点仍然是通过使用直流断路器实现直流系统的故障隔离。

然而，采用直流断路器实现故障隔离仍然存在成本高昂的问题，且其价格和尺寸也会随着电力网络的扩大和故障电流的升高而增加，出于对技术及经济因素的考究，仅采用直流断路器进行故障隔离已无法满足实际需求，因此，需要限制故障电流，以确保 DCCB 在故障电流较低时实现故障隔离。

# 4.1 直流故障限流器研究现状

随着电力电子技术的发展,直流电网作为一种新型的供电方式在电力系统中得到了广泛的应用,与此同时直流电网故障问题也逐渐暴露出来。由于直流电网与交流电网之间具有不完全对称性,在其运行过程中会产生大量的故障电流,严重时会威胁到直流电网的运行安全。21 世纪以来,一些国家投入巨资来进行短路限流技术的研究,并且取得了具有实际应用价值的成果。在直流系统中配置合理的直流故障限流器(Fault Current Limiter,FCL),可有效降低短路电流水平,有助于改善直流输配电系统的安全性与稳定性。同时,合理使用直流故障限流器也将显著提高系统的经济效益,因此如何有效地限制故障电流成为国内外研究学者重点关注的问题。

20 世纪 80 年代开始,交流限流器的研究开始得到学者与技术人员的重视,到 90 年代之后,开始出现基于门级可关断晶闸管的直流固态限流器。在这一时期,超导材料也得到了迅速的发展,超导限流器逐渐成为研究热点。进入21 世纪后,出现了不同类型的超导限流器,例如 2014 年许继集团提出了一种直流铁芯型超导限流器,但其仍处于概念设计阶段。同时,电力电子器件的发展十分迅速,直流固态限流器也开始受到科学家的重视,并演变出了丰富的拓扑结构,其容量与耐压等级也越来越适应目前的直流输配电系统,例如在2017年,有学者提出了一种耦合电感型直流桥式固态限流器,具有限制双向故障电流的能力。2020 年南方电网牵头研发的"智能电网技术与装备"国家重点研发计划成果——世界电压等级最高、容量最大的 160 千伏超导直流限流器,在广东汕头南澳柔性直流系统挂网试运行,可有效解决大规模海上风电并网导致的电网安全运行风险。其中,项目研制的电阻型超导限流器用高性能高温超导带材实现批量化自主生产,打破了国外技术与产品垄断。

直接安装直流平波电抗器以进行限流是一种简单的方法,但是若想达到良好的限流效果则需要较大的电感值,这会影响直流系统的动态响应。而直流故障限流器仅在发生故障时才作用于电网,并有效限制故障电流,且相较于大电感型平波电抗器,采用 FCL 将对直流系统正常运行产生更小的影响。

通过采用 FCL 限制故障电流还可以实现以下优点:

(1)降低断路器、电流互感器、电压互感器等电力系统一、二次设备的短路故障定值,从而降低成本。

（2）FCL 可重复利用，无须在每次操作后进行更换。

（3）保证电力系统主要设备在没有足够大热应力的情况下继续运行，直至断路器等保护设备排除故障。

（4）可以预防暂态压降，提升电力系统稳定性。

为有效限制故障电流、提高电能质量、保证电力系统安全、可靠运行，仍需对 FCL 提出几点要求：

（1）系统正常运行时，FCL 应具有低阻抗、低损耗特性，保证电力系统稳定运行。

（2）一旦发生故障，FCL 应能快速响应，限制故障电流的上升，使得断路器可以可靠隔离故障。

（3）投资成本、设备体积、结构复杂度尽可能低。

现有的直流故障限流器主要分为基于超导体材料的超导限流器（Superconducting Fault Current Limiter，SFCL）、基于电力电子器件的固态/混合限流器（Solid State Fault Current Limiter，SSFCL/ Hybrid Fault Current Limiter，HFCL）以及基于热敏电阻（Positive Temperature Coefficient，PTC）的故障限流器。

### 4.1.1 基于超导体材料的超导限流器

迄今为止，SFCL 已成为世界上限流技术的前沿课题之一。一些 SFCL 基本上利用超导材料直接限制故障电流或提供影响可饱和铁芯磁化水平的偏置电流。1986 年高温超导材料的发现大大提高了许多超导器件的经济运行潜力，这种改进是由于高温超导材料能够在 70K 左右的温度工作，远超传统超导体所要求的接近 4K 的温度，且与在较高温度下运行相关的制冷开销在初始成本和运维成本方面都降低了约 20 倍。大部分 SFCL 原理是基于超导体材料的特性实现故障限流，它们在系统正常工作下的温度、电流密度和磁场中表现为超导特性，无阻抗或低阻抗且损耗极低。当系统发生短路故障时，由于其外界条件受到改变，使得超导材料转入失超态，从而产生高阻抗进入限流状态。

直流系统中常见的直流超导限流器主要包括电阻型 SFCL、磁通补偿型 SFCL 和非失超型 SFCL。现有直流超导限流器主要优点在于结构简单、损耗低，缺点也很明显，成本高且失超态恢复过程存在一定的问题。同时还介绍了直流超导限流器在工程应用和实验室的研制过程，我国 200kV/1kA 的直流超导限流器重大工程计划于 2020 年完成，并已经在南澳 160kV 直流输电线路上投入试运行，我国在 SFCL 的研究领域中在世界上处于领头羊地位。然而，成本高昂的直流超导限流器并不适用于中低压直流配电系统当中。

几种常见的 SFCL 结构拓扑如图 4-1 所示。

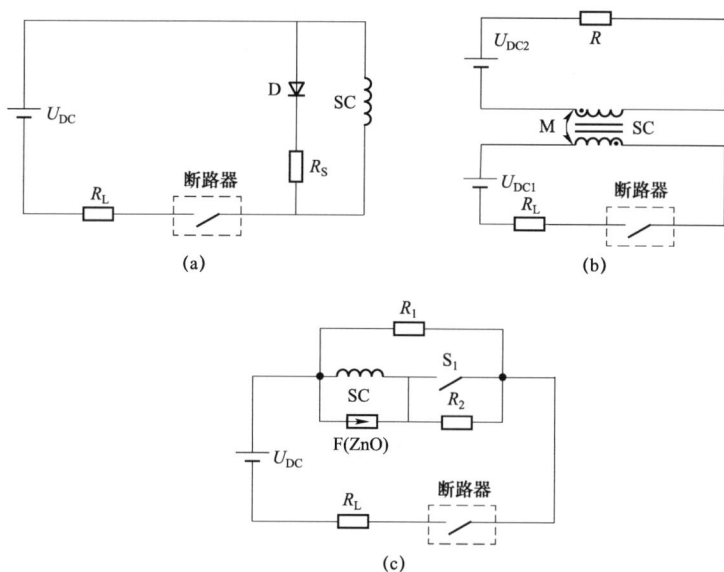

图 4-1　直流超导限流器常见结构拓扑

（a）电阻型 SFCL；（b）磁通补偿型 SFCL；（c）非失超型 SFCL

如图 4-1（a）所示的电阻型 SFCL，模型中 SC 为超导线圈，D 为二极管，$R_s$ 为转移电阻，$R_L$ 为负载，$U_{DC}$ 为直流电源。当直流系统正常运行时，SC 为超导态，其两端电压为零，D 不导通，$R_s$ 未接入系统中，不会对系统运行产生影响；当系统发生短路故障后，SC 转为失超态并对呈现出阻感特性，达到限制故障电流的作用，同时 D 导通，$R_s$ 接入系统与 SC 并联起到保护作用。文献中所述超导 SFCL 结构、原理简单，是一种典型的电阻型 SFCL。

如图 4-1（b）所示的磁通补偿型直流 SFCL，$U_{DC1}$、$U_{DC2}$ 分别为直流线路电源和偏置电源，当系统正常运行时，偏置电源将产生与主回路电流大小相同但方向互斥的电流，从而抵消超导线圈之间的磁场，且不会对系统造成影响；然而，系统一旦发生短路故障后，主回路电流将迅速增大，使其与偏置回路电流大小不相匹配，故磁通无法抵消，超导线圈作用于主回路中以限制故障电流。此种超导限流器无须失超，但其仅能降低故障电流的上升速度，具有一定的局限性。

如图 4-1（c）所示的非失超型 SFCL，其中 $R_1$、$R_2$ 为限流电阻，F(ZnO) 为避雷器，$S_1$ 为电力电子开关，当系统正常运行时，$S_1$ 闭合，SC 处于超导态，内部阻抗基本为 0，对系统几乎无影响；当系统发生短路故障后，SC 发挥电感作用，限制线圈内部电流快速上升，该阶段主要由 $R_1$ 吸收故障能量，$S_1$ 监测到短路故障快速断开，之后由 $R_1$、$R_2$ 同时限制故障电流，此种限流器既保留了无须失超的优点，又可以降低故障电流的幅值，但对于故障检测及其控制提出了较高要求。

超导技术是国家战略性高新技术，超导直流限流器是超导技术与电力系统应用相结合的极具产业化前景的新型电力设备。该超导直流限流器基于超导体独特的零电阻和状态转变特性发展起来，能快速有效限制故障短路电流，其在国内首次采用双超导层结构，提高单根带材临界电流，使得体积更小，并具有响应速度极快（毫秒级）、自动触发和复位、正常态时零阻抗、故障态时大阻抗、限流效果明显等优势，大幅提升电网安全可靠性水平；可为未来我国沿海地区海上风电大规模集中安全并网消纳、大电网柔性互联等提供支撑，并助力推动我国高温超导电工技术发展和抢占全球电力科技制高点。

## 4.1.2 基于电力电子器件的固态/混合限流器

随着大功率半导体技术的飞速进步，晶闸管等各种新兴电力电子器件拥有了越来越高的电压、电流容量，为中高压系统中实施实际应用的固态和混合型限流器带来了可行性。该种限流器充分发挥了电力电子器件的灵活可控性，大大减少了工程限流器设计的体积和成本。通常，这类限流器的原理是在系统正常运行时旁路限流电抗器，当故障发生后，再将限流电抗器投入系统回路当中。西屋公司在 20 世纪末首次研发出了 SSFCL 试验样机，随后投入使用，它主要由可关断晶闸管和限流电抗器组成。然而，由于直流技术的飞速发展，直流系统的电压水平也在持续提高，因此，基于电力电子器件的限流器仍需要不断改进。

随着电力电子技术的发展，由于 SSFCL 更为灵活可控，近年来发展迅速，越来越多的 SSFCL 拓扑结构已经被开发出来，可以应用于各类电压等级的直流系统。图 4-2 展示了近年来典型的 SSFCL 拓扑结构。

如图 4-2（a）所示，桥型 SSFCL 是 SSFCL 领域的一个重要分支。类似于传统的交流桥式 SSFCL，桥型 SSFCL 同样采用二极管等功率器件，具有更快的反应时间和更低的能量损耗。当系统正常运行时，由偏置电源产生的支路电流满足一定条件，使所有二极管导通，限流电抗器被旁路，不对系统产生影响；当系统发生短路故障后，主回路的电流瞬间增大，使得回路中相对立的两个二极管导通，限流支路接入主回路，达到限流效果。通过调整偏置电源的大小，限流器也可以满足不同级别故障下的灵敏度要求，但也会增加其成本。

如图 4-2（b）所示，这种典型的 SSFCL 主要由 IGBT 和限流元件组成。由于 IGBT 的反应速度快，可控性强，可以快速抑制故障电流。当系统正常运行时，IGBT 处于导通状态，限流元件被旁路；当系统发生短路故障时，IGBT 尽快关断，限流支路将被投入直流系统以抑制故障电流。然而，这种典型的 SSFCL 对 IGBT 的开关应力和响应速度有着极高的要求，因此必须采取有效的措施来抑制电压和电流变化率。

图 4-2（c）为 H 型故障限流器拓扑结构，这种 SSFCL 结合了全控装置的特点和电感的通低阻高特性，将短路故障电流转换为高频交流电，达到限制故障电流的效果。H 型 SSFCL 安装在换流站的出口处，能够有效抑制电网换相换流器型高压直流输电技术交流系统侧的故障，从而降低直流故障电流的增长和幅值。H 型 SSFCL 在系统正常运行时，不会消耗额外的有功功率，保证了直流系统有功功率的高效输送。

如图 4-2（d）所示，提出了一种电感耦合型 SSFCL，它将 IGBT 和耦合电感的两端相互串并联起来，将直流故障电流转换为耦合电感中的交流电流，达到限流的效果。与图 4-2（c）所示的 H 型 SSFCL 相比，仅采用了两组 IGBT 交替触发，耦合电感中的电抗器也交替工作，降低了成本。

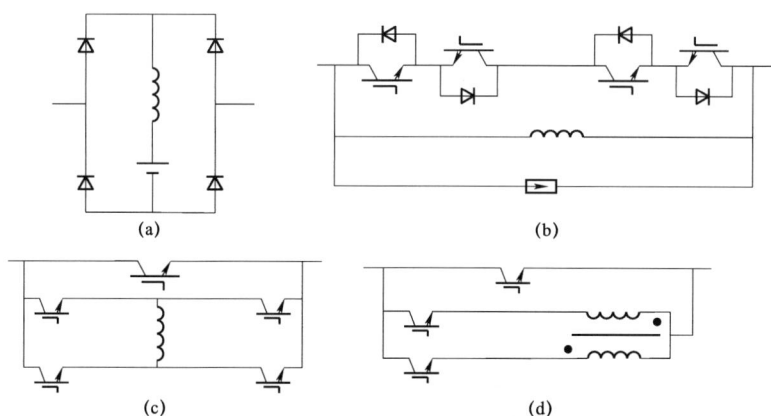

图 4-2　固态限流器常见结构拓扑

（a）桥型 SSFCL；（b）典型 SSFCL；（b）H 型 SSFCL；（d）电感耦合型 SSFCL

与 SSFCL 相比，HFCL 的静态损耗更低，动态性能更好。随着技术的进步，晶闸管已经成为工业中最常见的设备之一，它的容量更大，价格更实惠。相比 IGBT，晶闸管可以通过更少的器件数量，承受故障时的过电压和过电流。但是，由于晶闸管的关断需要电流的过零点，因此，必须采取额外的拓扑结构和器件，才能实现安全关断。下面将简要介绍几种 HFCL 的拓扑结构和工作原理。

如图 4-3（a）中所示，提出了一种用于高压分支网络的反并联 H 桥型 HFCL 拓扑结构，可通过电容关断晶闸管电感桥臂，且由于配置了多组小型电感与晶闸管，HFCL 可以根据系统故障电流的实际情况，投入不同的小型电感组以适应不同的故障条件，实现双向限流。

如图 4-3（b）所示，提出了一种基于晶闸管的 HFCL，它利用预充电电容来保证晶闸管支路的可靠关断，并依靠电容充电中储存的部分能量来抑制故障电流。之后晶闸管阀组和限流电感的串联支路将接入并进一步抑制故障电流。

如图 4-3（c）所示，提出了一种电流换相 H 桥型 HFCL，其串联晶闸管与充电电容，仍然是通过电容实现晶闸管的稳定关断，此外还设计了电阻和电容串联的充电调节支路，该拓扑同样利用电感抑制故障电流，但相比 1-3（b）所使用的器件数量更少，节约成本。

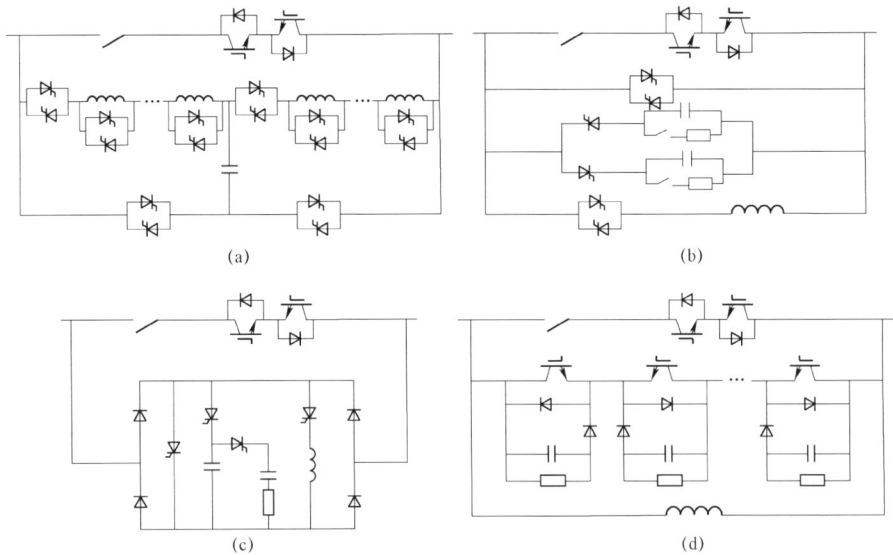

(a)

(b)

(c)

(d)

图 4-3　固态限流器常见结构拓扑

（a）反并联 H 桥 HFCL；（b）基于晶闸管的 HFCL；

（c）电流换相 H 桥 HFCL；（d）基于单钳位子模块的 HFCL

如图 4-3（d）所示，设计了一种基于单钳位子模块的 HFCL。主电路由电力电子器件开关组成。如果发生故障，转移支路中的子模块电容将充电，并转移故障电流至限流电感支路，转换过程相对平稳，不存在电流突变。这种 HFCL 在限流后还具有自行卸载能力，减少了 DCCB 切断故障时对避雷器的能耗要求，缩短了故障处理时间。

## 4.1.3　基于热敏电阻的 PTC 限流器

PTC（Positive Temperature Coefficient）是一种对温度非常敏感的导电材料，中文名为正温度系数，这意味着材料的电阻率随着温度的升高而增加。PTC 最早由荷兰科学家海曼于 1955 年发现，当时他在对钛酸钡的研究中得出了此特性。通过在钛酸钡中加入微量稀土元素，可以发现钛酸钡的电阻值在一个非常狭窄的温度范围内跃升到 3 个数量级以上。

PTC 热敏电阻直到 20 世纪 60 年代才得到普遍使用，几乎可以在每个家庭或工业设备中看到热敏电阻的身影。自 20 世纪 70 年代以来，中国对 PTC 热敏电阻的研究取得了长足的进步，20 世纪 80 年代中期，PTC 材料的发展更加突飞猛进，其多样的特性也被更加充分地利用，PTC 元件也被更加普遍地采用。如今，中国的 PTC 产业正以惊人的速度发展，其开发的产品也日益达到国际先进水准，已经成为全球 PTC 市场中不可或缺的重要组成部分。

PTC 限流器利用 PTC 材料电阻的非线性电阻特性实现限流保护。在正常工作情况下，流经 PTC 限流器的电流很低，故 PTC 电阻阻值极低，不影响系统正常运行。一旦发生短路故障，流经 PTC 限流器的电流急剧增大，PTC 电阻发热后迅速增大以限制故障电流。PTC 限流器不仅用于低压商业领域，而且还用于美国海军的新型战舰等军事领域，然而 PTC 材料存在一些特性问题，如抗大电流冲击能力差、承受高压能力弱、散热困难等，使得它在中高压领域的应用受到很大限制。因此，仍有必要对材料本身进行更新和改良，并对电路结构进行优化和改进。

近年来，直流限流器的研究主要集中在基于超导材料的限流器和基于电力电子器件的限流器，PTC 限流器由于其自身材料的限制，已经逐渐退出了现有的研究。而基于电力电子器件的故障限流器发展最快，相比价格昂贵的超导限流器更有竞争力。

# 4.2 柔性限流器拓扑结构

本节提出了一种适用于中低压直流配电网的新型柔性限流器拓扑结构,该限流器可同时处理单极接地短路故障和极间短路故障,首先对其拓扑结构进行原理阐述,并提出柔性限流器控制方式,其次分析该限流器特性提出改进后的拓扑结构,并描述其动作流程,最后针对限流器关键参数进行设计。

## 4.2.1 柔性限流器拓扑及其原理特性分析

1. 限流器拓扑结构和工作原理

本小节参考基尔霍夫电压定律原理,提出一种新型柔性限流器拓扑结构。如图 4-4 所示,图中 $U_{L1}^{+}$ 和 $U_{L1}^{-}$ 分别为 FCL 中电感元件的正极和负极电压;$U_L$ 为系统等效电感电压,$U_R$ 系统等效电阻电压;$U_{LOAD}$ 为负载电压;$T_1$ 表示理想型三相变压器;VSC(+)和 VSC(-)分别为向正负极限流电感元件提供电压的换流器。

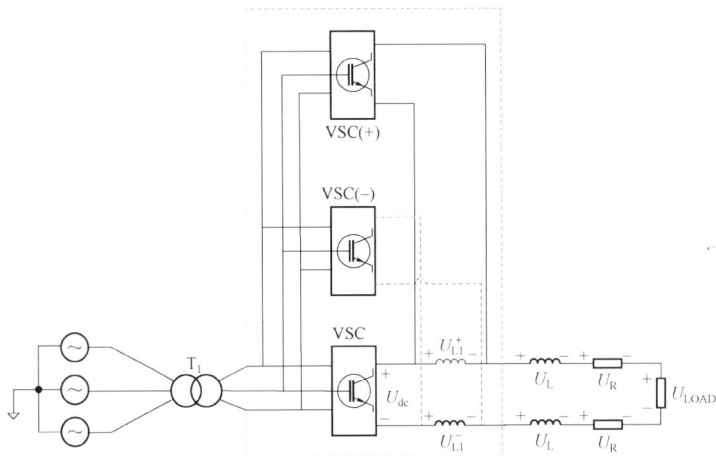

图 4-4 限流器拓扑结构图

当系统正常运行时,VSC(+)和 VSC(-)向限流电感元件提供零压使得限流器旁路,不会对系统运行造成影响;当系统发生短路故障瞬间,柔性限流器监测到故障发生并通过换流器向限流电感元件提供反向钳位电压,限制直流侧电容放电,以此达到限制短路电流的目的。

考虑到经济性及限流效果问题,如若在中压系统中采取如图 4-4 所示限流器拓扑，则单个限流电感元件需要承担接近于中压的反向钳位电压水平，这对单个电感量的要求较高，同时会增加限流电感元件的体积和成本，因此提出级联电感结构以适应该限流器在中压电力系统中的应用，需要注意的点在于级联电感组中，各电感元件材质、大小均须相同，保证换流器所加电压平均分布在各电感元件之上，在应对不同电压等级的电力系统时可以保证其安全、稳定运行，且设计时应考虑检修或者损坏裕量，增加级联个数，以保障限流电感元件出现损坏时组内其他电感元件可以承受故障应对电压。

如图 4-5 所示，当系统正常运行时，两极换流器不向限流电感元件提供电压，故 $U_{L1}^+$、$U_{L1}^-$…$U_{Ln}^+$、$U_{Ln}^-$ 几乎为 0，产生的静态损耗极低，此时的直流系统回路电压方程为

$$U_{dc} = U_L + U_R + U_{LOAD} \qquad (4-1)$$

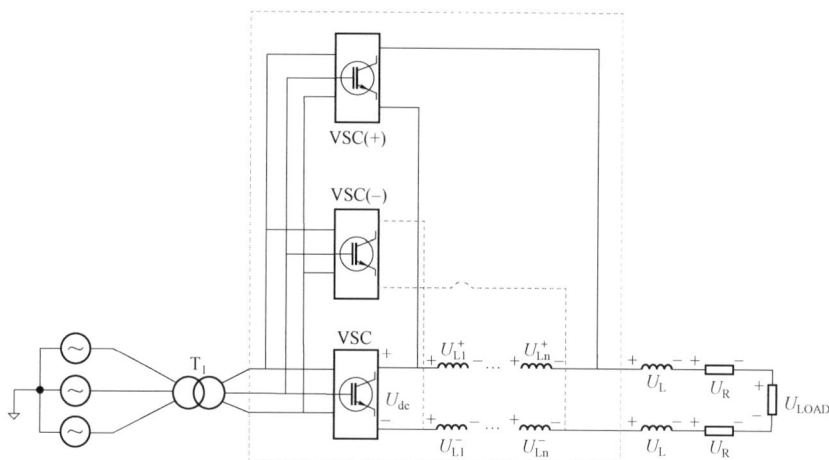

图 4-5 级联形式拓扑结构图

一旦系统发生短路故障，换流器将向级联电感组提供回路反向电压以钳位电容电压，此时的直流系统回路电压方程为

$$\begin{cases} U_{L1} + U_{L2} + \cdots + U_{Ln} = U_{L1}^+ + U_{L1}^- + U_{L2}^+ + U_{L2}^- + \cdots + U_{Ln}^+ + U_{Ln}^- \\ U_{dc} = U_L + U_R + U_{LOAD} + U_{L1} + U_{L2} + \cdots + U_{Ln} \end{cases} \qquad (4-2)$$

然而线路等效阻抗以及负载两侧的电压相比直流侧系统电压可忽略不计，故

$$U_{dc} \approx U_{L1} + U_{L2} + \cdots + U_{Ln} \qquad (4-3)$$

即直流侧电容电压被钳位至级联电感组两端电压，由于短路故障电流是通

过直流侧电容瞬时放电产生，因此当电容所放出电压值降低到极小值时，故障电流将被限制到极小值，且限流器级联电感组元件同样会降低故障电流的上升速率，以此达到双重限流效果。

2. 限流器控制方式

柔性限流器主要由整流器和电感元件构成，图 4-6 展示了整流器的拓扑结构。其中，$E_a$、$E_b$、$E_c$ 分别为交流侧三相电压；$i_a$、$i_b$、$i_c$ 分别为交流侧三相电流；$L_{ac}$ 和 $R$ 分别为交流侧滤波电感和线路等效电阻；$T_i$、$T_i'$（$i$=a，b，c）分别为整流器桥臂上的 6 个 IGBT；$U_{oi}$（$i$=a，b，c）为节点电压；$C_{dc}$ 为直流侧电容；$U_{dc}$、$I_{dc}$ 分别为直流侧极间电压和主回路电流。

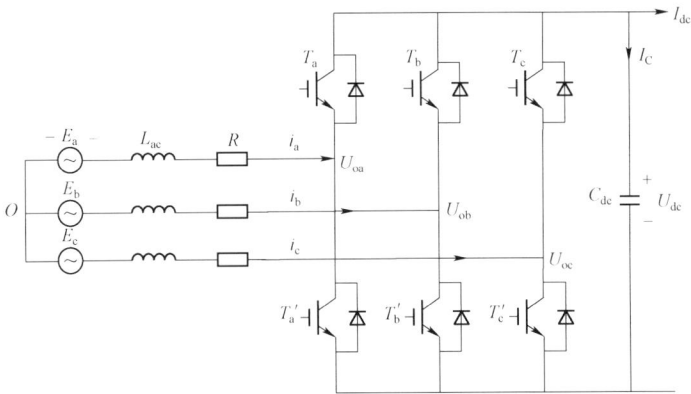

图 4-6　整流器拓扑结构图

根据拓扑结构建立整流器数学模型，通过基尔霍夫电压定律可知，该整流器的三相电压回路方程为

$$\begin{bmatrix} E_a \\ E_b \\ E_c \end{bmatrix} = \begin{bmatrix} U_{oa} \\ U_{ob} \\ U_{oc} \end{bmatrix} + L \begin{bmatrix} \dfrac{di_a}{dt} \\ \dfrac{di_b}{dt} \\ \dfrac{di_c}{dt} \end{bmatrix} \tag{4-4}$$

同样，通过基尔霍夫电流定律可知，直流侧电容电流为

$$I_C = C \frac{dU_{dc}}{dt} = S_a i_a + S_b i_b + S_c i_c - I_{dc} \tag{4-5}$$

式中：$S_a$、$S_b$、$S_c$ 为三相开关函数，当 $S_i$（$i$=a，b，c）=1 时，上桥臂为导通态，下桥臂为关断态；当 $S_i$（$i$=a，b，c）=0 时，上桥臂为关断态，下

桥 $S_i$（$i$=a，b，c）臂为导通态。

将式（4-4）和式（4-5）从三相静止坐标系派克变换至 $dq0$ 旋转坐标系，转变结果如式（4-6）所示

$$\begin{cases} E_d = u_d + L\dfrac{di_d}{dt} - \omega L i_q \\[2mm] E_q = u_q + L\dfrac{di_q}{dt} + \omega L i_d \\[2mm] C\dfrac{dU_{dc}}{dt} = \dfrac{3}{2}(S_d i_d + S_q i_q) - I_{dc} \end{cases} \tag{4-6}$$

式中：$\omega$ 为角频率；$E_d$ 和 $E_q$ 分别为 $d$ 轴、$q$ 轴相电压；$u_d$ 和 $u_q$ 分别为 $d$ 轴、$q$ 轴电阻两端电压；$S_d$ 和 $S_q$ 分别为 $d$ 轴、$q$ 轴开关函数分量；$i_d$ 和 $i_q$ 分别为 $d$ 轴、$q$ 轴电流。

如图 4-7 所示，此处仅列出正极限流部分控制模块，对应负极部分仅需反接限流电感元件两侧线路即可。限流器电感元件通过接收整流器所提供的线性电流维持其两侧电压稳定，因此限流电感元件两端电压即电容钳位电压 $U_{L1}^+$ 为限流器的控制目标，故该整流器的电压外环、电流内环反馈表达式如下所示

$$U_L = \frac{KG_1G_2}{1 + KG_1G_2K_{vf}}U_{set} - \frac{G_2}{1 + KG_1G_2K_{vf}}i_q \tag{4-7}$$

$$G_i = K_{Pi} + K_{Ii}/s, \quad i = 1,2 \tag{4-8}$$

式中：$K$ 为放大增益；$K_{vf}$ 为反馈系数；$G_i$ 为 PI 控制器中的传递函数；$U_{set}$ 和 $i_q$ 分别为电压外环和电流内环控制系统中的输入量和扰动量；$K_{Pi}$ 为比例增益；$K_{Ii}$ 为积分增益。

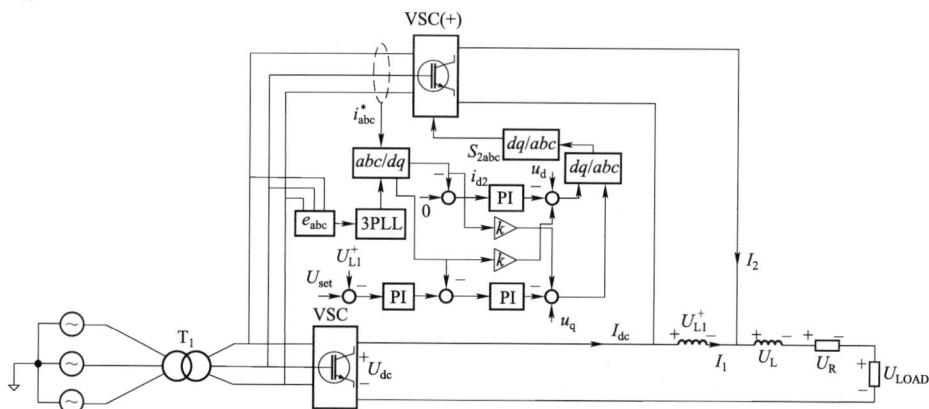

图 4-7　限流器控制模块

根据式（4-7）与式（4-8），该整流器的双环控制框图为图4-8。

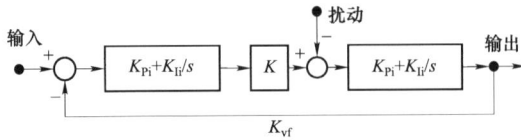

图4-8　整流器双闭环控制框图

其中，柔性限流器的电压输入值可以根据电力系统电压等级以及故障类型实现相应调整，具体数值设置方式将呈现于4.3中。

## 4.2.2　柔性限流器拓扑改进

1. 限流器特性分析

从图4-7中可以看出限流回路与主回路之间的电流关系为

$$I_{dc} = I_1 + I_2 \qquad (4-9)$$

当系统正常运行时，限流电感元件两侧电压值接近于0V，回路间电流关系应如图4-9所示满足$I_2 \approx I_{dc}$。

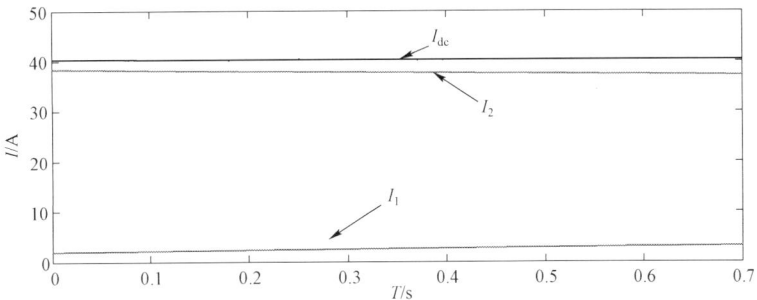

图4-9　回路间电流关系

然而在故障期间，当柔性限流器动作后，电流关系将发生变化。图4-10表明，当系统发生故障后，$I_1$保持线性上升，同时$I_2$以$I_1$的反向斜率开始下降，故主回路电流$I_{dc}$保持在一个稳定值。

但是，如果$I_1$持续上升，限流电感的磁通量将会饱和，即$I_1$的斜率会发生改变，导致钳位电压无法保持稳定，这会导致限制电流效果大幅削弱。因此，需要考虑限流电感元件的饱和问题。

一旦限流电感元件磁通饱和，其两端电压将在饱和期间逐步跌至0V。如图4-11所示。

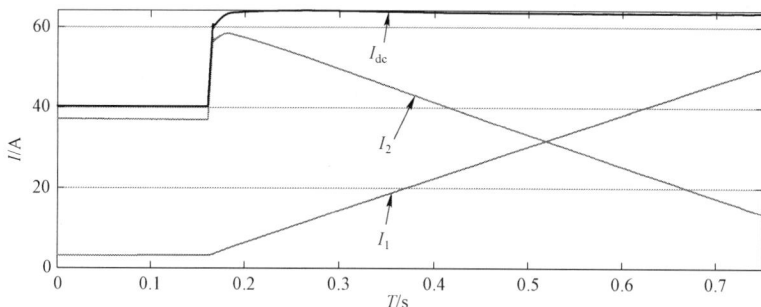

图 4-10 故障电流特性

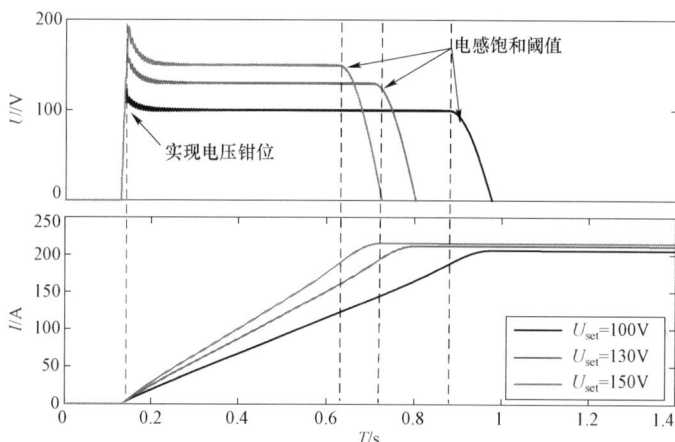

图 4-11 故障电流特性

为使得该特性明确体现，此处假设仿真过程中采用大电感，且故障持续发生不被切断，并分别设置向限流器电感元件注入 100V、130V、150V 电压进行对比验证，由图 4-11 可以看出，设置系统在 $t=0.16s$ 发生短路故障，限流器接收到故障信号后向限流电感元件输送电压以钳位直流侧电容放电，流经电感元件的电流呈线性上升，0.6s 以后施加不同电压等级的电感元件逐级饱和，电流上升斜率降低，导致施加在限流电感元件两端的电压无法保持稳定。直到电感元件完全饱和，流经电感元件的电流斜率降为 0，电感两端电压同样跌至 0V，将无法继续钳位电容电压。同时，可以看出当施加在电感元件两端的电压值越大，其达到饱和态的时间越快，因此若需将该限流器用于更高电压等级的直流系统中，须找到合适的方法解决限流电感元件饱和特性问题。

**2. 限流器拓扑改进**

借鉴磁通感应型限流器等方案,可以采用闭合铁芯结构解决柔性限流器中电感元件磁通饱和的问题。

当柔性限流器电感元件经过一段时间饱和后,流过该电感的电流不再线性上升,而是维持在某一定值,此时电感元件两端电压将持续下降至 0V,无法钳位直流侧电容电压,限流器失去限流效果。故采用如图 4-12 所示的闭合铁芯结构消除电感元件的饱和状态,其中,$L_x$ 为限流侧电感,$L_k$ 为控制侧电感;$N_1$、$N_2$ 分别为限流侧、控制侧绕组匝数;$\varphi_1$、$\varphi_2$ 分别为限流侧电感磁通和控制侧电感磁通;$k$ 为受控源控制系数;$I_1$ 为通过限流侧电感元件的电流,$I_2$ 为通过控制侧电感元件的电流。限流侧电感元件的饱和是由于其内部磁通饱和,该闭合铁芯结构通过 $L_k$ 由受控源作用产生电流以向 $L_x$ 提供反向磁通,且可通过调整控制系数 $k$ 灵活调节逆磁通大小,并达到限制 $L_x$ 内部的上升磁通的目的,实现去饱和效果。

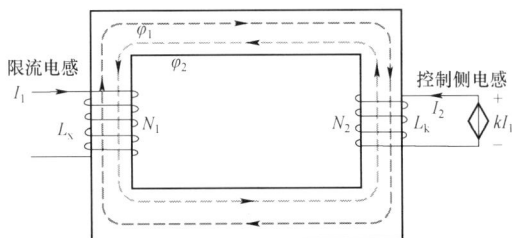

图 4-12　闭合铁芯结构示意图

闭合铁芯的磁通回路方程可以表示为

$$\begin{cases} \varphi_1 = L_x I_1 \\ \psi_1 = N_1 \varphi_1 \\ e_1 = \mathrm{d}\psi_1 / \mathrm{d}t \end{cases} \tag{4-10}$$

式中:$e_1$ 为限流侧绕组电压;$\psi_1$ 为总磁通量。

根据式(4-10)推导得出,限流侧电感电压表达式为

$$e_1 = \frac{\mathrm{d}N_1 L_x I_1}{\mathrm{d}t} \tag{4-11}$$

其中,须保持 $e_1$ 不变,而 $N_1$ 绕组匝数为固定值,故 $L_x I_1$ 的乘积应呈线性化,当受控源作用时,只要 $L_x$ 的电感值能够自适应变化,以保证 $e_1$ 为稳定值。因此只要 $L_x$ 磁通不饱和,保证 $L_x I_1$ 乘积的线性化,柔性限流器的钳位电压就能被稳定控制。

下面将给出限流侧电感元件的等效表达式

$$L_x = \frac{N_2^2 S_2}{l}\left(\mu - \frac{N_1 I_1 - N_2 I_2}{N_2}\frac{\mathrm{d}\mu}{\mathrm{d}i_2}\right) \tag{4-12}$$

式中：$\mu$ 为铁芯磁导率；$S_2$ 为线圈横截面积；$l$ 为磁路总长度。

其中 $S_2$、$l$ 都是绕组线圈的固有属性，仅磁导率可发生变化。因此若需保证限流侧电感元件磁通不饱和，使得 $L_x I_1$ 乘积呈线性化，则需进一步分析铁芯磁导率。图 4-13 给出了 $B-H$、铁芯材料磁导率变化曲线。

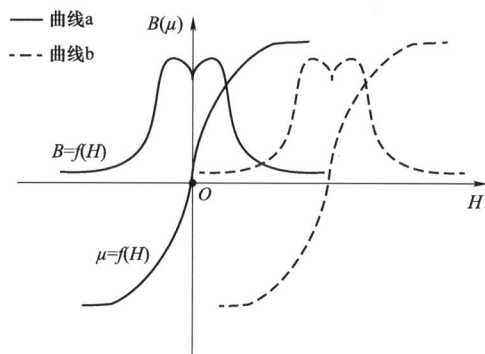

图 4-13　$B-H$、铁芯材料磁导率变化曲线

电感原始的磁感应强度和磁导率如图 4-13 曲线 a 所示，随着磁感应强度的上升，电感的磁导率开始下降，当 $\mu$ 趋近于 0 时，电感也趋于饱和态，导致加在其两端的钳位电压也跌至 0V。当受控电压源动作后，电感元件磁感应强度和磁导率如图 4-13 中曲线 b 所示，铁芯的磁导率受到激励产生的反向磁通作用拉回初始值，电感的饱和状态被消除。即在受控电压源的作用下，电感可以自适应调整其感值。假设故障时间较长且未切除，当电感即将饱和时，$N_2$ 绕组的逆磁通都将增加，$B-H$ 曲线和磁导率的关系如图 4-14 所示。

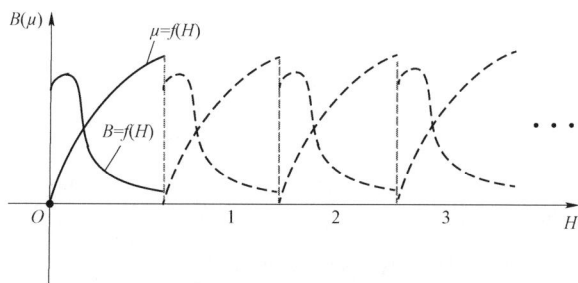

图 4-14　$B-H$ 曲线和磁导率变化曲线

对比图 4-11，经闭环铁芯作用后，限流器电感元件去饱和效果如图 4-15 所示，0~$t_1$ 阶段，限流电感元件电压、电流受限流器中整流器部分控制，相当于被旁路；$t_1$~$t_2$ 阶段，故障发生后，流经限流电感元件的电流线性上升，保持电感两端电压稳定；$t_2$ 之后阶段，由闭环铁芯中的控制侧电感提供反向磁通，消除限流电感的饱和状态，使得钳位电压继续保持稳定。

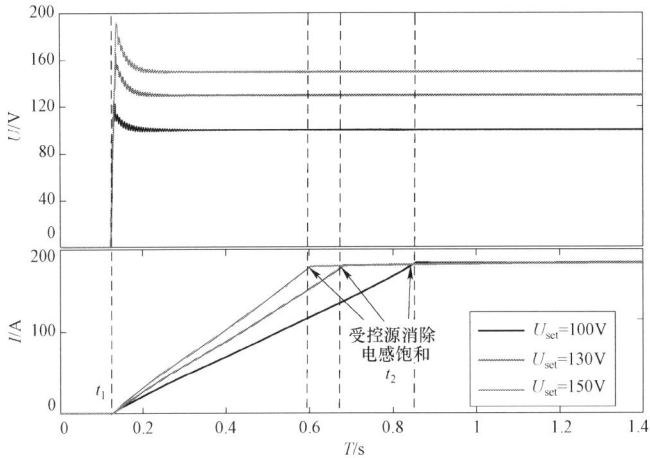

图 4-15　补偿后故障电流特性

**3. 改进后限流器动作流程**

当系统发生极间短路故障时，柔性限流器可以限制故障电流，若为单极接地故障，还会减少正负极之间的不平衡电压。该限流器的运行过程分为四个阶段：系统正常运行阶段、故障限流阶段、消除电感饱和阶段、系统恢复阶段，如图 4-16 所示，其中，$k_1$ 为该点发生单极接地故障；$k_2$ 为该点发生极间短路故障。

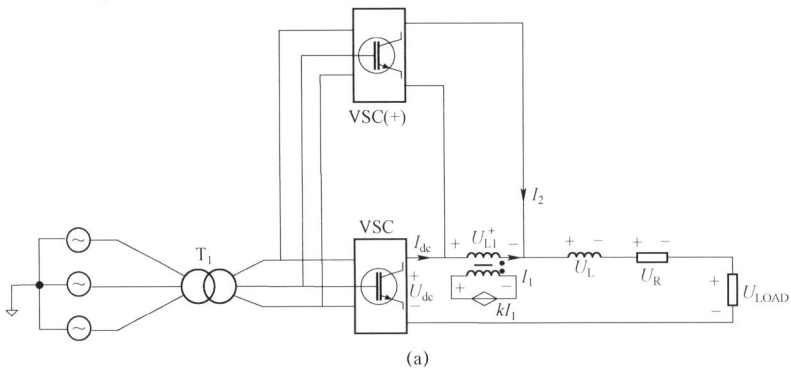

(a)

图 4-16　限流器动作流程（一）

（a）系统正常运行阶段

(b)

(c)

(d)

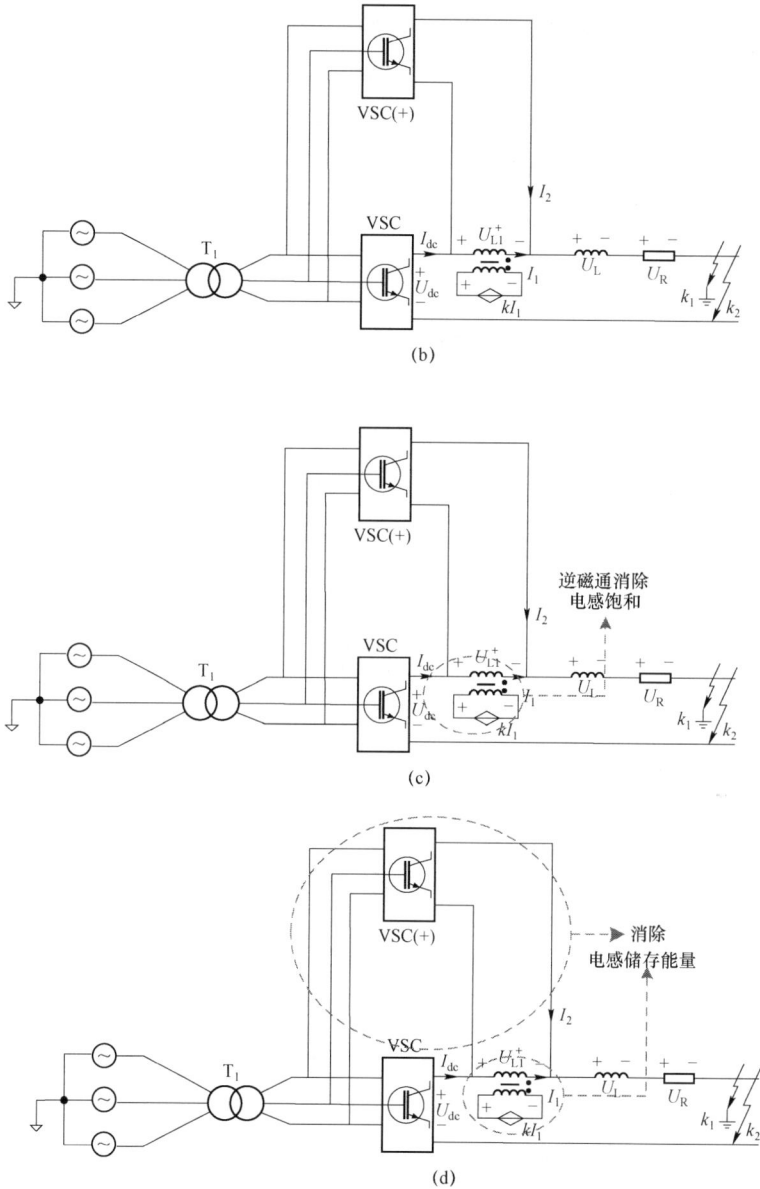

图 4-16  限流器动作流程（二）

（b）故障限流阶段；（c）消除电感饱和阶段；（d）系统恢复阶段

    系统正常运行阶段：当系统正常运行时，柔性限流器中的整流器部分旁路限流电感元件，静态损耗极低，而闭环铁芯中控制侧电感和受控源处于后备状态。

故障限流阶段：当系统发生短路故障时，整流器向限流电感元件输入故障对应电压以钳位直流侧电容电压。$k_1$ 情况出现时，即系统发生正极接地故障，此时仅正极限流器动作钳位正极电压接近额定值，减少两级间的不平衡电压，限制故障电流；$k_2$ 情况出现时，两级限流器均动作，将直流侧电容放电电压钳位至接近额定值以减少其放电，达到优良的故障电流限制效果。

消除电感饱和阶段：当限流电感元件磁通饱和时，受控源向控制侧电感加压产生反向磁通以消除限流侧电感饱和，钳位电压由于消除饱和后可以始终保持在稳定值，使得限流器保持正常工作状态。

系统恢复阶段：当故障消失或被切除后，柔性限流器恢复初始状态，柔性限流器中限流电感元件再次旁路。同时，限流电感元件上所储存的能量将通过闭合铁芯结构实现反向磁通消除，降低对于断路器中避雷器的要求。

### 4.2.3　柔性限流器参数设计

若考虑到实际应用，还需要将电感元件的材料纳入参数设计范围，保证限流器的尺寸和经济性均能满足实际需求。同时，还需设计限流电感元件的电感参数，以满足故障发生后的优良限流效果。

1. 电感材料选取

电感是一种电磁感应元件，由绝缘导线在绕组支架或铁芯上绕制一定匝数的线圈组成，这种线圈被称为电感线圈或电感器。根据电磁感应原理，当线圈相对于磁场运动时，或者当线圈通过交流电产生交变磁场时，它就会产生感应电动势，以抑制原有磁场的变化，这种抑制电流变化的特性被称为电感。

随着工作条件的变化，如电压、电流、环境温度以及其他多种因素，使得不同材质的大功率电感器的特征及其相关的理论模型存在显著的差异。因此，在电路设计中，除了考虑电感值外，还必须关注电感阻抗、交流电阻和频率之间的关系，以及磁芯损耗和饱和电流特性。

在实际应用中，大功率电感通常由带有绕线铁芯的材料制成。这些材料主要包括硅钢片、坡莫合金和非晶软磁合金。其中，硅钢片和坡莫合金都是晶态材料。下面我们将对这三种材料进行比较，以选择最适合的材料作为柔性限流器电感元件。

硅钢片由少量的硅元素构成，其含量通常低于 4.5%，这种材料属于铁硅系合金。其自身的饱和磁感应强度值最高为 20000Gs，居里温度可以达到 750℃，由于其出色的磁电特性，使其在运行时受到的机械压力几乎可以忽略不计，而且成本低廉，因此被广泛地应用于电力和电子领域。在实践中主要应用于变压器、互感器等，是电力变压器磁性用材中用量最大的磁性材料，适用于低频、大功率场景。从实际应用角度考虑，再同时考虑到磁性和成本的情况下可以选取纯铁或者低硅钢片作为限流电感元件的磁性材料。

坡莫合金是一种由铁、镍、钼组成的复合材料，它的镍的含量介于30%～90%之间，铁的含量大约为17%。它的磁性特征可以通过在氢气中的高温退火和采用晶料取向来进行调整，从而达到极高的磁导率、较低的矫顽力和几乎1或0的矩形系数。其饱和磁感应强度最大为10000Gs，居里温度为460℃，在实践中主要应用于共模电感、电流互感器等。

由于这两种晶体的原子以有序的方式排列，它们的结构呈现出周期性的点阵状，但是也会出现一些缺陷，例如晶粒、晶界、位错、间隙原子和磁晶的各向异性，从而影响它们的软磁特性。从磁性物理学的角度来看，原子的不规则排列、没有周期性和晶粒晶界的非晶态结构可以极大地提升软磁性能，从而达到理想的效果。

非晶软磁合金俗称金属玻璃，具有独特的制备技术。它通过使用超急冷凝固技术，能够在短时间内生产出钢液和薄带成品，这样就可以省去许多繁琐的工序，降低了生产过程的复杂性。这项技术在冶金领域中被认为是一次革新和突破，并且被广泛认为是传统冶金工业的一次重大革命。经过105℃/s的迅猛冷却，熔融的金属合金得到了完美的凝固，这种凝固过程使得原子的排列变得无序，从而形成一种没有周期性、没有晶粒和晶界的非晶体状物质。此材料具有许多独特性能，例如高磁感应强度、高磁导率、低磁芯损耗以及优异的耐蚀性和耐磨性，且其工艺简单，故成为国内外材料学的研究重点。

表4-1汇总了三种磁材的磁性能。

表4-1　　　　　　　　　磁 材 性 能 比 较 汇 总

| 软磁材料名称 | 成分 | 初始磁导率 $\mu$ | 磁通密度 $B_s$/T | 居里温度 $T_c$ / ℃ | 矫顽力 $H_c$/Oe | 密度 （g/cm³） |
|---|---|---|---|---|---|---|
| 硅钢 | Si，Fe | 1500 | 1.5～1.8 | 750 | 0.4～0.6 | 7.63 |
| 坡莫合金 | Ni，Fe，Mo | 12000～100000 | 0.66～0.82 | 460 | 0.02～0.04 | 8.73 |
| 非晶软磁合金 | Cu，Fe，Si | 30000～80000 | 1.0～1.2 | 460 | 0.02～0.04 | 7.73 |

综上所述，非晶软磁合金兼具磁导率高、延展性高、耐温性强等优点，并

且其体积小、造价便宜，相比其他两种材质更能够满足柔性限流器的电感元件需求，故选取非晶软磁合金。

2. 限流电感参数设计

在设计传统的限流电抗器时，应考虑以下问题：

（1）为配合断路器切断故障电流，最大故障电流应小于断路器的最大可中断电流。

（2）为确保断路器的安全运行，$I_{dc}$ 变化率应小于断路器的最大电流变化率。

（3）为了保护转换器的二极管，故障检测时间 $t_{FDT}$ 和断路器的故障清除时间 $t_{CB}$ 之和应小于电容器放电时间 $t_{CDT}$。

因此，可以得到约束条件为

$$\begin{cases} \max(I_{dc}) < I_{CBmax} \\ \max(dI_{dc}/dt) < (di/dt)_{CBmax} \\ t_{FDT} + t_{CB} < t_{CDT} \end{cases} \quad (4-13)$$

但本章所提的柔性限流器可以根据不同的故障类型钳位直流侧电容电压，使得故障电流及其变化率均保持在较低水平，故不需要考虑传统限流器的约束条件。

然而，柔性限流器的补偿电流 $I_2$ 不能超过限流器中整流器部分的最大允许电流 $I_{R2\_max}$，且当系统正常运行时，限流电感元件两侧电压值接近于 0V，回路间电流关系应如图 4-9 所示满足 $I_2 \approx I_{dc}$，当柔性限流器动作后，$I_2$ 以 $I_1$ 的反向斜率开始下降，可以得出 $I_2$ 的额定值小于 $I_{R2\_max}$。

目前直流断路器的故障切除时间 $\Delta t$ 主要在 10ms 到 50ms 之间。而在发生极间短路故障的情况下，直流侧的电容电压 $U_{dc}$ 应钳制在 $0.6U_{dcn}$ 和 $U_{dcn}$ 之间，这是为了保证限流效果以及为故障检测预留裕量。因此，约束条件可以得到以下几点

$$\begin{cases} U_{dc} = L_x \cdot dI_1/dt \\ 0.6U_{dcn} < U_{dc} < U_{dcn} \\ 10ms < \Delta t < 50ms \end{cases} \quad (4-14)$$

在实际应用中，为了避免换流站闭锁，$I_{R2\_max}$ 可设定为 $1.8I_{dcn}$，因此 $L_x$ 可表示为

$$L_x = U_{dc} \Big/ \left(\frac{\Delta I}{\Delta t}\right) = U_{dc} \Big/ \left(\frac{I_{2N} + 1.8I_{dcn}}{\Delta t}\right) \quad (4-15)$$

将式（4-14）代入式（4-15）可得

$$\left. 0.6U_{dcn} \middle/ \left( \frac{I_{2N}+1.8I_{dcn}}{10} \right) \right. < L_x < \left. U_{dcn} \middle/ \left( \frac{I_{2N}+1.8I_{dcn}}{50} \right) \right. \tag{4-16}$$

另一方面，能量损耗也是电感参数设计的另一重要指标，限流器能量 $W$ 可以表达为

$$W = \frac{1}{2}L_x I_1^2 \tag{4-17}$$

从图 4-16 中可以看出，当短路故障发生时，限流电感元件接收限流器整流器的电压，$I_1$ 呈线性上升，因此电感的能量值不能简单地用式（4-17）表示。假设将电感的充电过程分为三个时间点，即 $T_1$、$T_2$ 和 $T_3$。其中 $T_1$ 为故障发生时刻，$T_2$ 为故障消除时刻，$T_3$ 为电感饱和时刻。因此，基于式（4-17），电感的静态能量 $W_1$ 可以表示为

$$W_1 = \begin{cases} \int_{T_1}^{T_2} L I_{(t)} \mathrm{d}t, & T_2 < T_3 \\ \int_{T_1}^{T_3} L I_{(t)} \mathrm{d}t + \int_{T_3}^{T_2} L_{(t)} I \mathrm{d}t, & T_2 > T_3 \end{cases} \tag{4-18}$$

$$\begin{cases} I_{(t)} = (t-T_1)\dfrac{U_{dc}}{L_1}, & T_1 < t < T_3 < T_2 \\ L_{(t)} = L_x + \dfrac{U_{dc}}{I_S}(t-T_3), & T_3 < t < T_2 \end{cases} \tag{4-19}$$

其中 $I_S$ 是 $L_x$ 的饱和电流。由式（4-18）可知，当 $T_2 > T_3$ 时，如果能消除 $L_x$ 的饱和度，电感的能量将进一步上升。同时，当受控源被触发后，限流电感的值将自适应调整，以保持 $L_x$ 的钳位电压不变。根据式（4-19），由于 $I_{(t)}$ 和 $L_{(t)}$ 的变化率是线性的，式（4-18）可以被修改为

$$W_1 = \begin{cases} \dfrac{L_x I_{T_2}(T_2 - T_1)}{2}, & T_2 < T_3 \\ L_x I_S\left( T_2 - \dfrac{T_3}{2} - \dfrac{T_1}{2} \right) + \dfrac{U_{dc}}{2}(T_2 - T_3)^2, & T_2 > T_3 \end{cases} \tag{4-20}$$

假设当断路器在 $T_2$ 时刻切除故障，此时流过 $L_x$ 的电流为 $I_{T_2}$。则 $L_x$ 的选择约束条件可以定义为

$$\begin{cases} I_S \geqslant I_{T_2} \\ W_S \leqslant W_1 \end{cases} \tag{4-21}$$

此处，$W_S$ 表示为短路故障下电感的最大存储能量，故限流电感元件感值

的选择范围也可以定义为

$$L_{x} \geqslant \frac{W_{S} - \dfrac{U_{dc}}{2}(T_{3} - T_{2})^{2}}{I_{S}\left(T_{2} - \dfrac{T_{3}}{2} - \dfrac{T_{1}}{2}\right)} \qquad (4-22)$$

## 4.3　柔性限流器与保护的配合策略

对于直流电力网络，保护是一个非常重要的研究领域，由于直流侧阻抗低，故障电流会在较短的时间内上升到一个极高的值，这将对直流系统中的设备造成很大损伤，且对系统的稳定性产生负面影响。绪论处简单介绍了现有的故障隔离策略，其中采用直流断路器实现故障隔离是目前的重点研究趋势，然而直流系统发生短路故障时，故障电流没有过零点，这也成为直流断路器研究中的一大难点；同时，由于直流故障电流上升速率快、幅值大，对断路器的分断速度和遮断容量均提出了相当高的要求。因此为了限制直流故障电流的影响，本章提出了一种新型柔性限流器，可以有效限制故障电流的上升速率和幅值，因此可以考虑将保护方案和限流器进行配合以实现快速、灵活、精确的故障隔离，维持直流电网的安全、稳定运行。

继电保护的基本原理可以概括为"差异"和"甄别"，差异即通过电力系统本身的电气量（例如电流、电压、功率等）来区分系统运行的不同状态，以此来甄别故障类型，因此在继电保护的构成当中最重要的部分即测量比较，也就是我们所熟知的故障检测和判别。目前直流系统的保护策略仍然不够完善，多为借鉴交流系统中的保护经验，主要分为基于电气量的保护方案和基于通信手段的保护方案，其中常见的基于电气量的保护方案有过流保护、电流变化率保护、欠压保护、电压微分保护、小波变换等，基于通信手段的保护方案则有差动保护、纵联保护等。但是仅采用单一的保护方案显然不足以满足直流系统的需求，因此将多种保护方案同限流器进行配合将会成为接下来的主流研究方向。

故障限流器和保护是直流保护系统的重要组成部分，二者之间需要合理配合。目前国内外没有统一的技术标准和规范，且二者在配合过程中还存在诸多问题，比如故障限流器可能会对直流保护系统产生误动，导致保护的动作失败等。基于故障限流器的直流保护技术具有独特优势，已经成为国内外直流输电工程应用的主流。然而，由于故障限流器本身的工作特性，它对直流保护系统产生影响的方式也有所不同，因此需要在设计故障限流器和保护时提前考虑两者之间的配合。

针对现有技术存在的问题，可以从以下方面入手：一方面通过分析故障限流器和直流保护系统各自的工作原理和运行方式，为二者之间配合策略的设计提供理论基础；另一方面可以从减小直流保护系统动作延时和减小换流阀控制系统动态响应时间两个方面入手，降低故障限流器对直流保护系统产生误动的可能性。

本节首先对短路故障特性进行分析，并仿真验证应用柔性限流器后的效果；其次提出柔性限流器分别与不同的保护进行配合的方案，对比仅采用单一保护方案和多种保护方案相结合的效果；最后详述了柔性限流器同断路器之间的协同配合方式，使得直流电网安全、可靠运行。

### 4.3.1 装设限流器的暂态特性分析

直流系统中的线路故障主要包含断线故障、单极接地故障和极间短路故障，由于发生短路故障造成的危害性较大，且本章所提柔性限流器在发生单极接地故障和极间短路故障时均会动作，起到电压钳位的稳压及限流效果，故本小节将先分析单极接地故障和极间短路故障的特性，并体现装设柔性限流器后的动作效果，为之后的保护协同配合构建基础。

1. 单极接地故障

直流系统中发生单极接地故障时，其故障特性主要受到接地方式（交流侧变压器接地、直流侧电容中性点接地）的影响，受故障点位置的影响较弱。单论接地故障的不同种接地方式并非此处的主要研究方向，因此此处仅考虑变压器侧△/$Y_n$接线、直流侧电容中点直接接地方式进行研究，直流系统发生单极接地故障时的回路如图4-17所示。

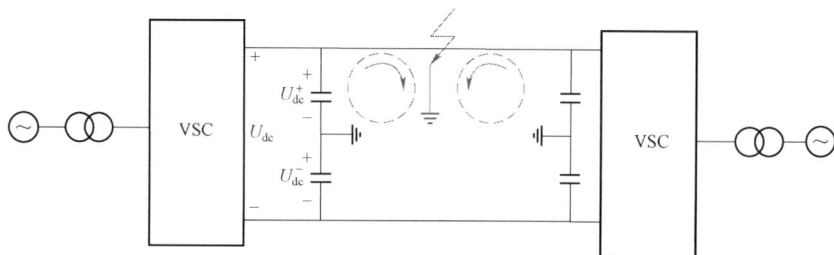

图4-17 单极接地故障回路

由图 4-17 可以看出直流侧系统极间电压可以表示为

$$U_{dc} = U_{dc}^+ - U_{dc}^- \tag{4-23}$$

当直流系统发生单极接地故障后，接地侧对地电压将由额定值下降至 0V，如若忽略避雷器影响，那么非故障侧对地电压将逐渐上升至双倍额定值，故障点将和电容接地点构成故障回路，导致电容放电使得线路电流发生变化。随着柔性限流器的安装，单极接地的故障特性会有所改善，因为它可以有效抑制交流侧接地点的电压偏移，减少故障点电源的馈电损耗，从而降低交流侧的电流。此外，由于正极和负极的接地故障特性有所不同，因此此处只针对正极进行了分析。

如图 4-18 所示，当系统中发生正极接地故障时，如若未装设柔性限流器，可以观察到正极对地电压 $U_{dc}^+$ 迅速由 5kV 下降至 0V，而负极对地电压 $U_{dc}^-$ 则从 -5kV 转变为 -10kV，而极间电压 $U_{dc}$ 由于正负极对地电压的改变而发生暂态变化，之后恢复至运行额定值；暂态过程中形成的对地回路导致电容放电，直流侧电流骤升至 1.3kA（约为正常运行时的 13 倍），直至极间电压回升阶段之后回归稳态运行。如若系统已装设柔性限流器，当正极接地故障发生时，正极对地电压下降，但由于柔性限流器动作将其电压钳位至 4kV，故由式（4-23）可知，负极对地电压仅由 -5kV 转变为 -6kV，而暂态变化过程跟随着电压变化量的降低变得更短，使得系统电压更加稳定、可靠；同样，由于暂态过程缩短，且电容电压被钳位至接近额定值，故电容放电较少，因此故障电流幅值仅上升至 400A 左右（为未装设限流器时的 1/4），可以看出在发生单极接地故障时，该柔性限流器可以有效限制故障电流并维持电压稳定性。

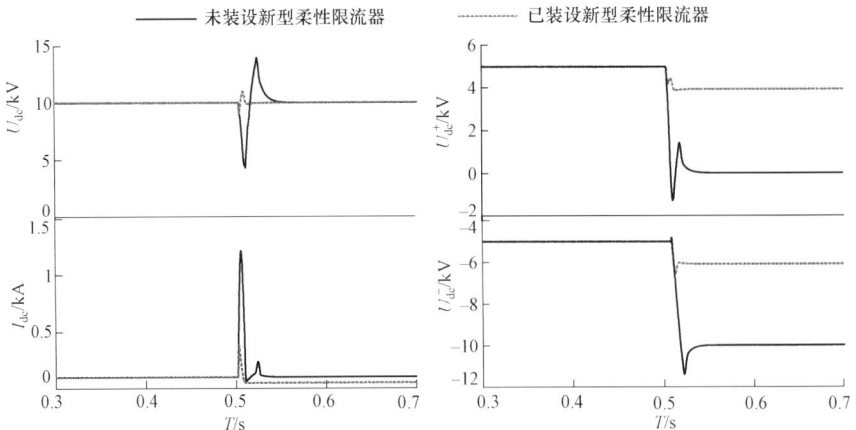

图 4-18 正极接地故障特性

2. 极间短路故障

当直流系统发生极间短路故障时，直流侧极间电压迅速降低至 0V，主回路电流急速增大，换流站停止传输功率，且由于直流系统中拥有非常多的电力电子器件，如若遭受到大电流的冲击则将产生严重损坏，因此为保护换流器以及各电力电子设备，当系统检测到极间短路故障发生后，换流器将会在流过它的短路电流超过其设定阈值时瞬间闭锁。直流系统中发生极间短路故障时的故障回路如图 4–19 所示。

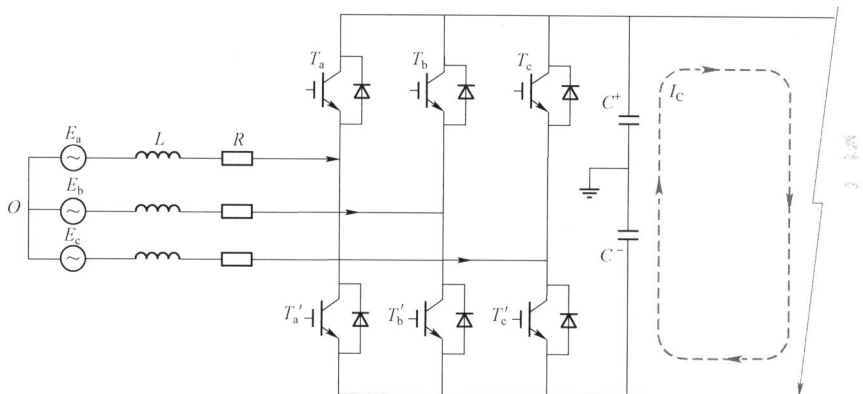

图 4–19　极间短路故障回路

如图 4–20 所示，直流系统发生极间短路故障后的暂态过程可以分为三个阶段，第一阶段为电容放电阶段，第二阶段为二极管导通阶段，第三阶段为交流侧系统馈入阶段，下面将对各阶段进行具体分析。

第一阶段：系统发生极间短路故障时，直流侧电容电压高于交流电源侧额定电压，因此此阶段故障过程中仅由电容向故障回路放电，导致故障电流急速上升。

第二阶段：当直流侧电容放电至交流电源侧额定电压时，二极管将交替导通，交流侧通过不控整流桥开始向故障点放电，同时直流侧电容继续放电，故障电流持续上升。

第三阶段：当直流侧电容放电至零点震荡区时，桥臂二极管受到直流侧电抗反电动势的作用全部导通，此刻故障电流开始下降，而交流侧由于二极管全部导通的原因等同于发生三相短路故障，换流器承受直流短路电流和交流侧短路电流的双重冲击，此后转入故障稳态运行状态。

如若装设柔性限流器后，由于限流器钳位电容电压，使得故障暂态过程发生变化，第二阶段、第三阶段将不复存在，故障暂态过程等效模型如图 4-20 所示。其中，$L_{FCL}$ 为故障限流器电感元件；$R_s$ 和 $L_s$ 为交流侧线路等效阻抗。

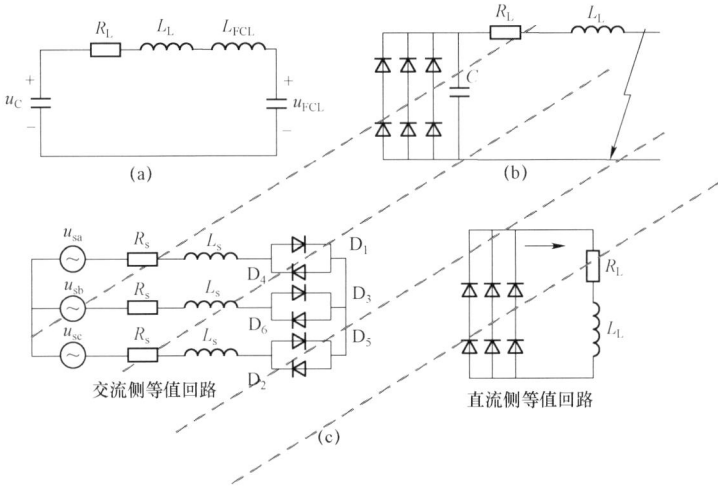

图 4-20 极间短路故障暂态过程

（a）电容放电阶段；（b）二极管导通阶段；（c）交流侧系统馈入阶段

当极间短路故障处于第一阶段时，故障回路呈二阶电路状态，该阶段暂态方程为

$$LC\frac{\mathrm{d}^2u}{\mathrm{d}t^2} + R_L C\frac{\mathrm{d}u}{\mathrm{d}t} + u = 0 \tag{4-24}$$

$$L = L_L + L_{FCL} \tag{4-25}$$

式中：$u_C$ 为直流侧电容电压；$u_{FCL}$ 为限流器电感钳位电压。

通常，第一阶段是二阶 $R < 2\sqrt{\dfrac{L}{C}}$ 欠阻尼振荡过程，式（4-24）的特征根为一对共轭复数，如式（4-26）所示。

$$\lambda_{1,2} = -\frac{R_L}{L} \pm \sqrt{\left(\frac{R_L}{2L}\right)^2 - \frac{1}{LC}} = -\sigma \pm \mathrm{j}\omega \tag{4-26}$$

式中：$\sigma = \dfrac{R_L}{2L}$；$\omega = \sqrt{\dfrac{1}{LC} - \left(\dfrac{R_L}{2L}\right)^2}$。

因此直流侧极间电压、故障电流的暂态解可以表示为

$$\begin{cases} u_C = Ae^{-\sigma t}\sin(\omega t + \theta) \\ u = u_C - u_{FCL} \\ i_s = A\sqrt{\dfrac{C}{L}}e^{-\sigma t}\sin(\omega t + \theta - \beta) \end{cases} \tag{4-27}$$

$$\begin{cases} A = \sqrt{U_0^2 + \left(\dfrac{U_0\sigma}{\omega} - \dfrac{I_0}{\omega C}\right)^2} \\ \theta = \arctan\left(\dfrac{U_0}{\dfrac{U_0\sigma}{\omega} - \dfrac{I_0}{\omega C}}\right) \\ \beta = \arctan\left(\dfrac{\omega}{\sigma}\right) \end{cases} \tag{4-28}$$

式中：$U_0$、$I_0$ 分别为发生极间短路故障时直流侧极间电压和主回路电流的瞬时值。

由式（4-24）～式（4-28）可以看出，当极间短路故障发生后，故障电流的大小主要跟直流侧电阻、电感以及电容有关。当直流侧电阻越大时，由于电阻的阻碍作用，故障电流就越小；随着直流侧电容的增加，其内部可以储存更多的能量，从而使得故障发生后的放电电流增加；当直流侧电感越大时，其所存储同等能量所需的电流就越小，其所产生的磁场变化越慢，因此降低了电流磁场的速度。进而影响故障电流的变化速度。上述情况符合物理特性，然而当在直流系统中加入柔性限流器后，由式（4-28）可以看出，直流侧极间电压被钳位，减少电容放电，等同于减小电容，同时电感增大，因此得以限制故障电流。

如图 4-21 所示，如若系统未装设柔性限流器，当系统发生极间短路故障，直流侧极间电压由 10kV 在极短的时间内降至 0V，故障电流也在极短时间内急速上升到 1.8kA（约为正常运行时的 18 倍），之后缓慢衰退逐渐进入稳态；如若装设了柔性限流器，故障发生后电容电压开始放电，但由于限流器钳位电压，极间电压经过暂态波动后稳定在 8kV 左右，同时故障电流也仅上升到 400A 就开始衰退至稳态运行，仅为未装设柔性限流器时的 1/4，体现了柔性限流器较好的限流效果。

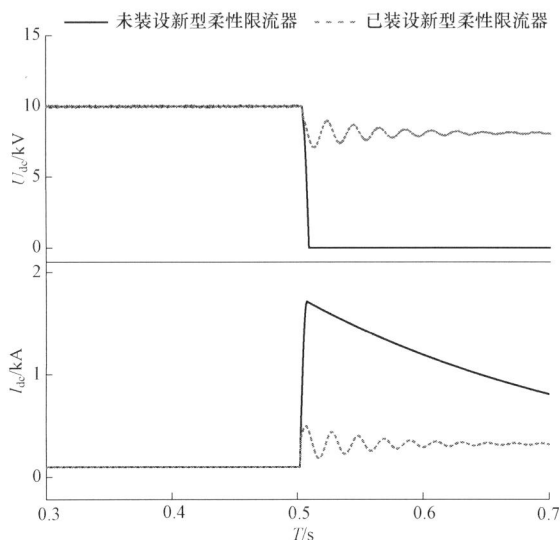

图 4−21 极间短路故障特性

## 4.3.2 保护原理配合

1. 单一保护原理配合

本章所提的柔性限流器需通过换流器向限流电感元件两端提供电压以实现电压钳位，此电压可以通过调节 $u_{set}$ 来应对不同的故障要求，故可通过将各种保护方案中的故障检测方式嵌入到 $u_{set}$ 的设定值当中，以此实现保护原理和柔性限流器的协调配合。

首先将选取保护中原理简单、便于实现的欠压保护同柔性限流器进行配合，欠压保护是通过检测到系统实时电压低于额定电压运行时，如若降低至欠压保护所设定的临界值，则保护设备动作，实现故障隔离。

考虑将欠压保护的检测方式嵌入柔性限流器当中，则故障判别方式如下，当直流侧极间电压满足 $U_{dc} \leqslant 0.8U_{dcn}$ 时，则可以判断为系统发生极间短路故障，若直流侧电压仅满足下式中的其一时，则可以判断系统发生单极接地故障。

$$\begin{cases} U_{dc}^{+} \leqslant 0.8U_{dcn}^{+} \\ U_{dc}^{-} \leqslant 0.8U_{dcn}^{-} \end{cases} \qquad (4-29)$$

同时，为应对不同故障类型，柔性限流器所需要对直流侧电容实现的钳位电压也完全不同，故 $u_{set}$ 的设定值需要根据不同故障类型设定为不同数值，如下式所述。

$$u_{set} = \begin{cases} 0, & U_{dc} \approx U_{dcn} \\ m_1 U_{dcn}, & U_{dc} \leqslant 0.8 U_{dcn} \\ m_2 U_{dcn}^+, & U_{dc}^+ \leqslant 0.8 U_{dcn}^+ \\ m_3 U_{dcn}^-, & U_{dc}^- \leqslant 0.8 U_{dcn}^- \end{cases} \quad (4-30)$$

式中：$m_i$（$i=1$，2，3）为 $u_{set}$ 设定值的控制参量。

由式（4-30）可知，当系统发生极间短路故障，那么故障回路的放电压降则为 $\Delta U = U_{dcn} - m_1 U_{dcn}$，如若 $m_1$ 取值合理，则可以保证系统的检测裕量，并使得电容放电仍在系统可承受范围之内，最大程度上限制短路故障电流；当系统发生单极接地故障时，正负极电压失衡，其故障危害性相对极间短路故障较低，且由于正负极电压钳位值相反，因此 $m_2 = -m_3$。故 $m_i$ 的选值范围如下。

$$\begin{cases} 0.6 \leqslant m_1 \leqslant 1 \\ 0.6 \leqslant m_2 \leqslant 1 \\ -1 \leqslant m_3 \leqslant -0.6 \end{cases} \quad (4-31)$$

即可以通过改变控制参量，灵活控制柔性限流器钳位电压，改变电容放电，限制故障电流。图 4-22 给出了完整的故障判断过程及 $u_{set}$ 设定值的参量控制。

如图 4-22 所示，$u_{set}$ 设定值先通过 B 区实现故障判别，若该区条件仅单一满足则为单极接地故障，则转向 A 区；若该区条件同时满足则为极间短路故障，则转向 C 区。首先观察 A 区部分，若经过判定后为正极接地故障，则控制 $u_{set}$ 设定值为 $m_2 U_{dcn}^+$；若经过判定后为负极接地故障，则控制 $u_{set}$ 设定值为 $m_3 U_{dcn}^-$。C 区则用以判断是否发生极间短路故障，若判定成功，则控制 $u_{set}$ 设定值为 $m_1 U_{dcn}$。经各区判定完成后，将输出值通过 B 区传递向限流电感元件电压控制参量，具体流程可以参考图 4-23。

然而仅采用欠压保护原理同故障限流器相配合时，当系统发生故障后，限流器需先监测到电压低于阈值的信号才开始启动，且限流器电压上升过程也需要一定时间，而故障发生后电流将在极短的时间内上升至极大值，因此采用单一保护原理配合限流器使用仍存在许多不足，故还将提出多种保护原理共同与限流器进行配合的方案。

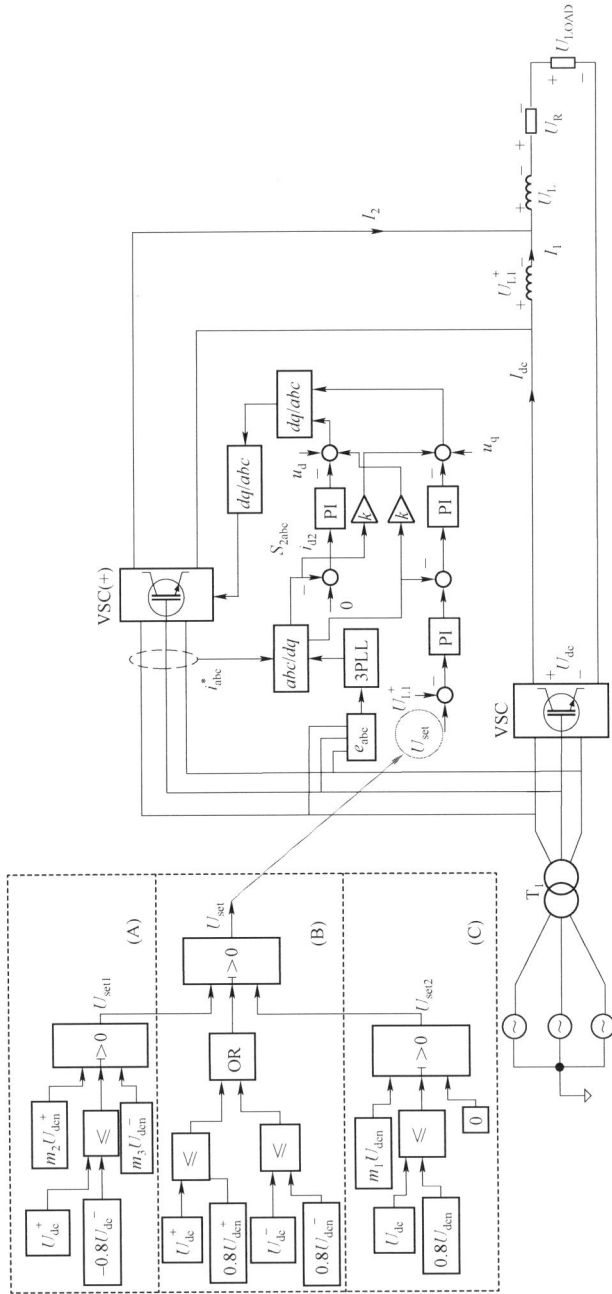

图 4－22　基于欠压保护的柔性限流器整体框架

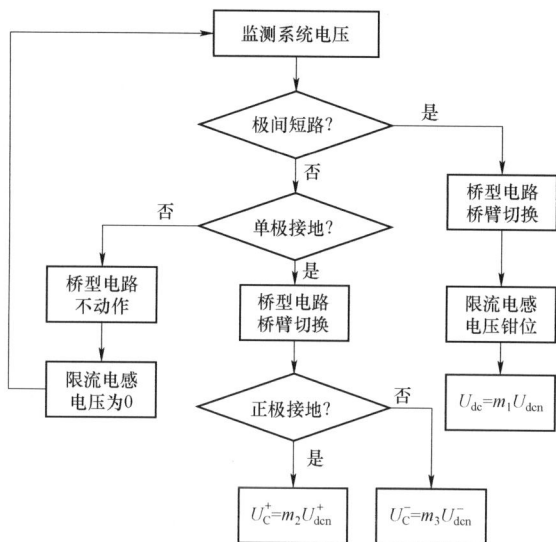

图 4-23 欠压保护配合流程图

2. 多种保护原理配合

电压微分保护是通过检测电压微分值（d$u$/d$t$）实现保护，具有较高的灵敏性和可靠性，但对于整定值的要求较高，该电气量在系统中会受到故障位置、过渡电阻、噪声等因素的影响，因此需分别考虑各项因素的具体影响。当故障位置距离保护测量点越远，电压微分值响应时间越长，能量传播过程中损耗越大，因此 d$u$/d$t$ 越小，故需要考虑线路末端发生短路故障时保护可靠动作；当不同时刻发生短路故障时，测得不同时刻的 d$u$/d$t$ 最大值基本相同，因此无须在整定时考虑故障时刻对整定值的影响；当系统发生接地故障时，如若过渡电阻越大，则 d$u$/d$t$ 的最大值则越小，因此在整定过程中须保证大电阻接地故障时的可靠动作。

在实际进行整定值计算时，应在系统中进行大量仿真，从各仿真结果中得到 d$u$/d$t$ 的多个最大值集合，并在各最大值集合中取平均值中的最小值，最终考虑可靠系数的情况下确定 d$u$/d$t$ 的整定值。

当系统发生短路故障时，系统内故障电流方向如图 4-24 所示。

当系统发生极间短路故障时，故障电流从母线流向故障点，并顺着故障回路再次从故障点流向母线；当系统发生正极接地故障时，故障电流从母线流向故障点；当系统发生负极接地故障时，故障电流从故障点流向母线。由上述特性可以设定正极线路上的方向过流保护为大电流经母线流向线路，负极线路上的则为大电流经线路流向母线。由此可以进行判断，如果仅正极线路的方向过流保护动作，则系统发生正极接地故障；如果仅负极线路上的方向过流保护动作，则系统发生负极接地故障；如果正极、负极线路上的方向过流保护均动作，则系统发生极间短路故障。

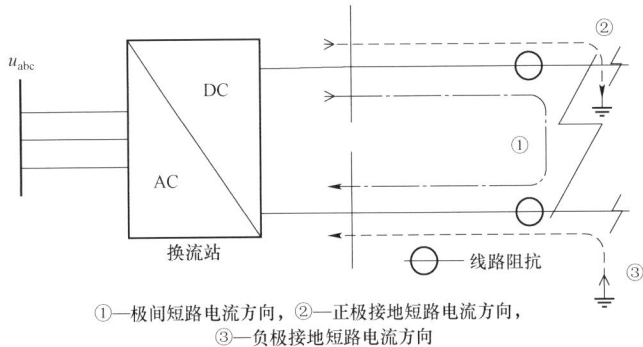

①—极间短路电流方向，②—正极接地短路电流方向，
③—负极接地短路电流方向

图 4-24  短路故障电流流向

在多端网络中，仅判别故障类型还不足以最大程度上实现故障隔离，因为直流系统阻抗低，互联性更强，如果某处发生短路故障，故障将在短时间内波及整个直流网络，因此仍需对故障区域进行识别。故根据上述原理设置如图 4-25 的故障区域判别方法，即方向纵联保护。

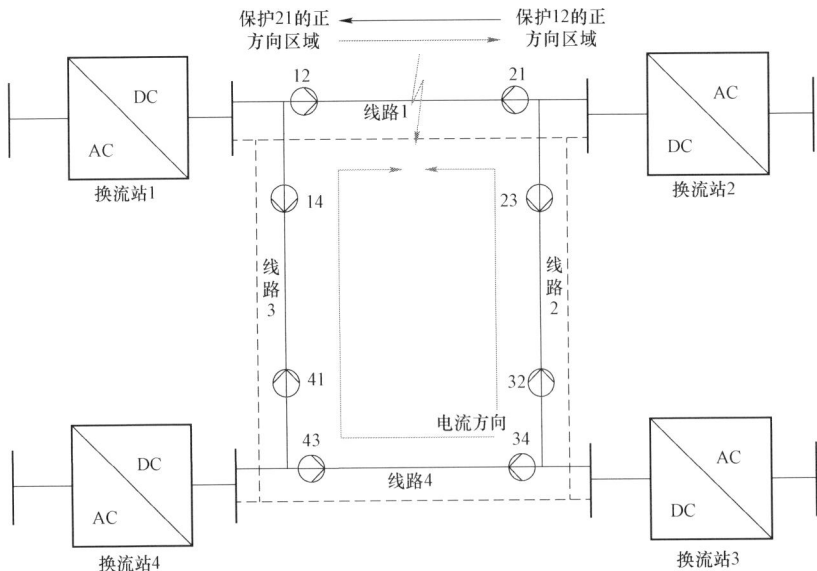

图 4-25  短路故障电流流向

设定换流站 1 和换流站 2 之间的线路 1 发生极间短路故障,环网中故障电流方向如图 4-25 所示,在各线路上装设方向过流保护设备,检测到正向性过流的保护有保护 34、41、12、32 以及 21,所有保护通过光纤网络上传正向性过流信号至对端,信号对等则可以判定为故障发生在此区域内,若不对等则发生在此区域外。经过分析,可以发现在同一线路上,仅有保护 12 和 21 能够检测到正向性过流,而光纤接收到的信号则是对等的,因此可以推断出换流站 1 和换流站 2 之间发生了区内故障。

大致了解了多种保护原理的简单原理,如何将多种保护进行配合实现故障类型、区域判断,并嵌入柔性限流器的电压设定值中则是本小节主要的研究内容,图 4-26 将给出柔性限流器电压输入信号的控制方式。

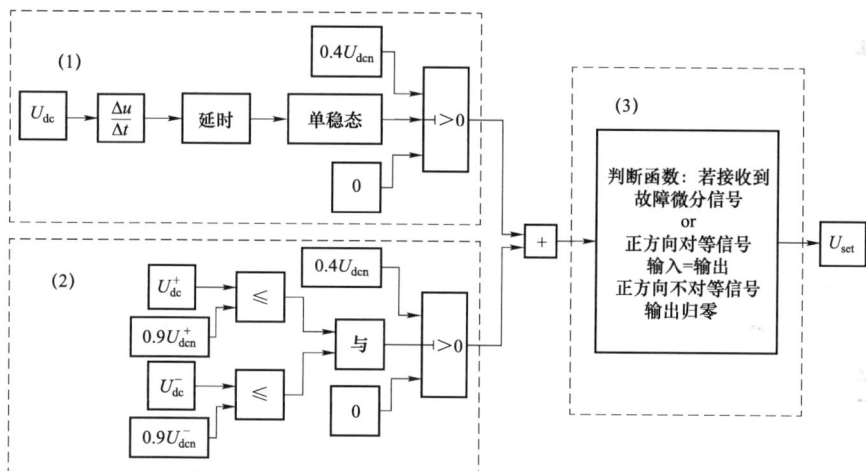

图 4-26 限流器电压输入信号控制方式

该控制主要采用电压微分保护、欠压保护、方向纵联保护互相配合,实现故障瞬间启动故障限流器,并针对不同类型故障输入对应的控制参量,具体实施方法如下。

(1)第一阶段。

对直流侧极间电压微分值进行实时监测,当发生短路故障时,无论是单极接地故障还是极间短路故障,其电压微分值均将升至一个极大值,远超于系统正常运行时的微分值。设计整定值之前通过对故障类型、过渡电阻等影响因素下的微分值最大值集合,在各集合的平均值中取最小值作为电压微分保护的整定依据。通过在 Simulink 中设置 Relay 采样模块的电压微分触发阈值,当发生故障时，该阈值会瞬间被触发，从而使 Relay 模块发出 1 的信号。而 Monostable 模块则会在接收到信号后，将会保持信号一段时间，这段时间可以根据实际需求进行灵活调整，以便使柔性限流器能够在第一时间内释放电压，其中，第一阶段释放 40% 的额定直流侧电压。通过限制电容在短时间内的放电，我们可以有效地限制故障电流。

（2）第二阶段。

由于第一阶段中电压微分保护仅能监测到故障是否发生，无法判断故障类型为单极接地故障还是极间短路故障，故无法决定需向限流电感施加多少的电压。故第二阶段将采用欠压保护判断故障类型，由本小节 1.可知，当采用欠压保护进行判断时，由于电容电压放电至阈值需要一定的延迟，因此第二阶段必须与第一阶段同时进行，以确保系统的安全性。第二阶段的设定是：当正极电压和负极电压仅有一极低于 90% 的额定单极电压时，即可判断系统发生单极接地故障，由于第一阶段已经向柔性限流器输入 40% 的额定电压，故此时不再向柔性限流器继续输入电压；当正极电压、负极电压同时低于 90% 的额定单极电压时，判断系统发生极间短路故障，此时需要向柔性限流器再次输入 40% 的额定电压，抬升限流器电感元件两侧电压至额定电压的 80%，进而钳位极间短路故障下的电容放电，限制故障电流至极小值。

（3）第三阶段。

第一、第二阶段已经实现了电压钳位，进而限制故障电流。然而当故障发生后，由于直流系统特性将迅速扩散至整个直流网络，网络中所有柔性限流器均通过一、二阶段监测到短路故障而启动，且为防止限流器电感元件饱和，闭环铁芯模块同时动作。第三阶段将进行区内外故障判断，实现对于区外限流器的关断，降低能量损耗。当系统判定为区内故障时，维持区内柔性限流器继续运行；若判定为区外故障，则旁路区外限流器。在柔性限流器的判断函数当中，若限流器接收到电压微分故障信号或者区内故障信号时，保持当前的电压输出参量不变实现故障隔离；若限流器接收到区外故障信号时，瞬时清零输出参量，避免造成多余损耗。故障隔离后，闭环铁芯模块将持续动作消除柔性限流器中电感元件存储的能量，以便于更好地应对下一次故障的发生，且同时降低对于直流断路器中避雷器的要求。

### 4.3.3 柔性限流器同直流断路器的协同作用

直流断路器同故障限流器协同配合可以有效保护直流系统免受潜在的高电

平故障电流的影响，本小节将对直流断路器作简要概述，并选择经济性强、原理简洁的机械式直流断路器同柔性限流器进行协调配合，共同实现故障隔离。

1. 机械式直流断路器结构分析

直流断路器的开发相比交流断路器的开发更具挑战性，因为在直流系统中故障电流没有自然过零点。此外，由于故障电流的上升速度极快，因此对直流断路器的响应时间和中断速度有更严格的要求。直流断路器的主要设计要求列举如下。

（1）尽可能快地实现故障隔离。

（2）迅速吸收并耗散故障时系统中的能量。

（3）具有较长的使用寿命和较高的可靠性。

直流断路器主要分为三类，机械式直流断路器、固态断路器以及混合式断路器。

机械式直流断路器使用机械开关作为主要的断路器部件，由于接触电阻小，可以在直流系统中运行，损耗低，并且可以承受断开后的系统电压。主要的缺点是隔离故障电流的操作时间长，通常需要几十毫秒。

固态断路器使用半导体器件作为主要断路器部件，可以在几十到几百微秒内实现超高速运行。与机械式直流断路器相比，由于无须移动的触点和电弧放电，因此固态断路器拥有更长的使用寿命。然而，较大的导通电阻导致固态断路器的热应力较高，因此需要一个冷却系统。到目前为止，固态断路器是所有直流断路器中唯一可行的在几毫秒内切断直流故障电流的设备。且由于高通态损耗，固态断路器更适合于中低压直流系统。

混合断路器由机械开关和固态半导体器件组合而成。与固态断路器相比，混合断路器的通态损耗更低，并且可以实现比机械式直流断路器更快地隔离故障。然而，混合式断路器是最昂贵和复杂的断路器，主要应用于高压直流系统。

本小节为验证柔性限流器优越的限流特性，故采用经济性最高、切除故障所需时间较长、结构最简单的机械式直流断路器同柔性限流器进行协同配合。

图 4-27 展示了机械式直流断路器的拓扑结构。当系统正常工作时，主电流支路机械开关 K 处于合位，转移支路、耗能支路被旁路，静态损耗极低；当系统发生短路故障后，断开主电流支路中的机械开关，导致大电流击穿空气介质燃弧，由于直流系统短路后故障电流没有自然过零点，所以无法轻易灭弧。因此机械式直流断路器在交流断路器的基础上添加了转移支路（即 LC 自激振荡支路），通过转移支路产生的谐振回路抵消故障电流，使其达到过零点以进

行灭弧操作。之后故障电流转移至耗能支路，通过避雷器 F(ZnO)吸收故障电流产生的能量，最终得以消除故障。

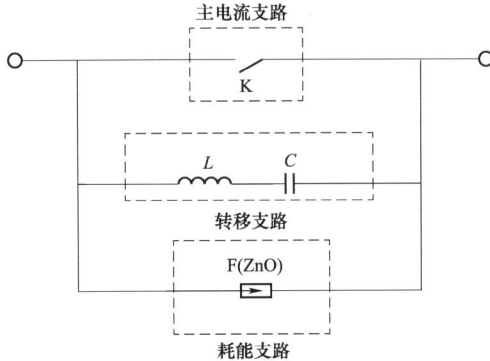

图 4-27　机械式直流断路器结构

2. 限流器与断路器的协同作用

本小节将以单侧换流站为例展示柔性限流器与断路器之间的协同作用，不考虑线路阻抗，在正、负极线路上均装设柔性故障限流器和平波电抗器，配置接线如图 4-28 所示，且仅在正极安装机械式直流断路器。

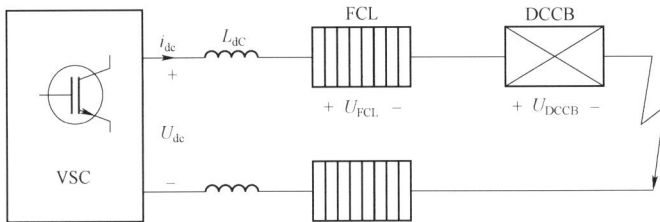

图 4-28　单侧换流站配置接线

当线路发生极间短路故障时，如果直流侧未装设柔性故障限流器，仅靠直流断路器实现故障隔离，此情况下的回路电压方程和故障电流变化率为

$$\begin{cases} U_{dc} = U_{dccb} + 2L_{dc}\dfrac{dI_{dc}}{dt} \\ \dfrac{dI_{dc}}{dt} = \dfrac{U_{dc} - U_{dccb}}{2L_{dc}} \end{cases} \qquad (4-32)$$

式中：$u_{dccb}$ 为断路器两端电压。

当 $dI_{dc}/dt < 0$，即满足 $U_{dccb} \geqslant U_{dc}$，当直流断路器的避雷器的残压高于其直流侧的极间电压时，它会启动以吸收故障能量，并且随着时间的推移，故障

电流也会逐渐降低。

在系统中安装柔性限流器后，回路电压方程以及故障电流变化率为

$$
\begin{cases}
U_{dc} = U_{dccb} + 2L_{dc}\dfrac{\mathrm{d}i_{dc}}{\mathrm{d}t} + 2u_{FCL} \\[3mm]
\dfrac{\mathrm{d}I_{dc}}{\mathrm{d}t} = \dfrac{U_{dccb} + 2u_{FCL} - U_{dc}}{2L_{dc}}
\end{cases}
\tag{4-33}
$$

此时回路电压方程发生改变，故障电流下降条件也发生相应变化，即 $U_{dccb} + 2u_{FCL} \geqslant U_{dc}$，当柔性故障限流器和直流断路器两端的电压之和超过直流侧电压时，故障电流将会跌落；由于加在柔性故障限流器两端的电压远超断路器残压，这样就可以忽略直流断路器残压，从而起到良好的限流效果。同时，利用柔性故障限流器既能够限制故障电流幅值，又能够限制故障电流上升率，在故障发生初期，可以保持换流站不因过电流而闭锁，同时降低直流断路器的分断速度和容量要求。

当直流侧出现故障时，根据 4.3.2 中"多种保护原理配合"提出的策略，设计如图 4-29 所示的直流断路器动作原理。采用两段式断路器跳闸信号，当限流器的两端电压超过 40%，并且经过方向纵联保护判断为区内故障时，断路器会自动跳闸，从而实现电网运行的安全可靠性。

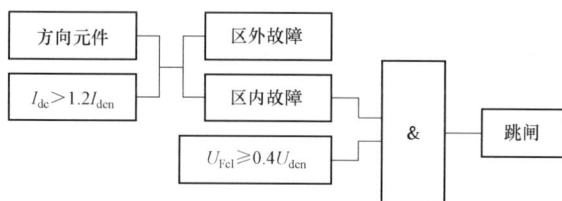

图 4-29  限流器与断路器的协同动作原理

如果直流侧出现短路故障，柔性故障限流器会立即启动，并且方向纵联保护系统会检测到区域内外的故障情况。当直流断路器接收到柔性故障限流器的电压故障信号和区域内外的故障信息时，将会有选择地断开区内直流断路器。如果区域外的换流站的柔性故障限流器启动，限流器会在接收到区域外的故障信号后恢复旁路运行，这样可以避免区域外断路器的启动和柔性故障限流器的能量消耗，从而减少开关的频繁操作，延长断路器的使用寿命，缩小停电范围，并且解决了区外断路器动作和换流站闭锁可能带来的线路超负荷问题，大大提高了直流侧供电的可靠性。

## 4.4　柔性限流器在直流配电网中的应用

随着我国经济发展，电力需求不断增加，为了满足日益增长的用电量，需要建设更多的输电网络和变电站来提高电能输送能力。但是由于城市土地资源紧张、人口密集，且分布式电源和电动汽车等新型负荷大量接入电力系统，传统交流配电网已经不能适应新形势下的要求。因此，直流配电技术应运而生。直流配电网作为一种新型的电力系统，具有独特的优势和巨大的发展潜力，近年来受到了广泛的研究和重视。

目前，世界各地已经有很多直流配电网的应用案例，比如欧洲的北欧超级网、中国的华能北京直流配电网等。直流配电网的研究与应用已经成为电力领域的热点问题之一。国内外学者对直流配电网的研究涉及了很多方面，如其技术经济性、控制策略、可靠性等。其中，技术经济性的研究主要针对直流配电网的优势和成本效益进行探讨。控制策略方面的研究主要涉及调节电压稳定性、电力平衡等方面的问题。而可靠性方面的研究则着重于直流配电网的故障保护和安全性等问题。此外，直流配电网的应用领域也在逐步扩大，不仅应用于公共建筑、商业中心等大型建筑物内部的电力系统中，也用于城市轨道交通领域、新能源系统等领域。在新能源领域，例如风力发电和太阳能发电等，直流配电网具有天然优势，因此被越来越多地应用于这些领域。

直流配电系统具有供电可靠性高、可实现多电源互补以及便于维护检修等优点。然而当发生短路故障时，会产生很大的电流冲击，对设备造成损坏甚至威胁人身安全。所以，如何快速有效地限制短路电流成为直流配电领域亟待解决的问题之一。目前常用的方法主要为设置直流断路器，及时切断故障回路从而避免更大损失。由于故障电流的上升速度极快，因此对直流断路器的响应时间和中断速度有更严格的要求。而本章所提柔性限流器则可以较好地限制故障电流，降低对于断路器的要求，保护配电网内部电力电子设备的安全。

本节将在 MATLAB/Simulink 中分别建立中、低压直流配电网模型，仿真验证柔性限流器的应用效果。在两端低压直流配电网中首先验证了柔性限流器应对单极接地故障及极间短路故障的应用特性，并展示了该限流器的灵活调整能力，同时对比分析了柔性限流器改进前后的故障特性，最后分析了限流电感的恢复阶段；在多端中压直流配电网中首先展现了仅含故障限流器的动作效果，并和采用超导限流器的限流效果进行对比，其次仿真了仅含直流断路器的故障隔离特性，最后验证了柔性限流器与保护协同配合作用的故障隔离策略的可行性。

### 4.4.1  限流器在低压直流配电网的应用

本小节基于 MATLAB/Simulink 搭建了一个典型低压双端直流配电网络，如图 4-30 所示。将柔性限流器安装在直流线路初始端以处理不同位置的故障。假设故障在 0.16s 时发生，在 0.52s 时排除。通过模拟正极接地故障 $f_{1p}$、负极接地 $f_{1n}$ 和极间短路故障 $f_2$ 的情况，验证了柔性限流器在低压系统当中的限流特性，此小节中柔性限流器采用单一保护原理配合（即仅使用欠压保护实现故障检测）。低压双端直流配电网的相应参数如表 4-2 所示。

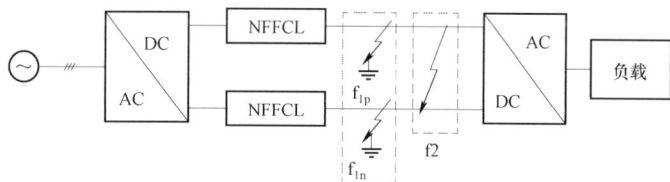

图 4-30  双端低压直流配电网

**表 4-2**　　　　　　　　　　双端低压直流配电网参数

| 参数类型 | 数值 | 参数类型 | 数值 |
| --- | --- | --- | --- |
| 额定直流电压/V | 750 | 限流电感/mH | 100 |
| 额定直流电流/A | 40.2 | 出口电容/mF | 0.1 |
| 额定交流电压/V | 380 | 线路电阻/Ω | 0.1 |
| 额定交流电流/A | 64.29 | 交流负载/kW | 30 |

1. 单极接地故障下的暂态特性

发生单极接地故障时，使用所提出的柔性限流器可以抬升故障极电压，提高直流系统的动态稳定性。基于 $U_{dc}^+ \approx U_{L1}^+ = U_{set}$，可以获得不同值的正极电压。由图 4-31 可以看出正极电压的额定值为 375V，在单极接地故障情况下，设置 $U_{L1}^+$ 分别钳位正极电容电压至 100V、200V 和 300V，得以验证柔性限流器的灵活调节能力。相应负极电压则分别被钳位至 650V、550V 和 450V，从而降低非故障极的过电压。同时，从图中可以看出故障极电压越接近其额定值，$U_{dc}$ 在故障初期产生的变化越小，最大变化值分别为 120V、80V 和 50V，而未装设柔性限流器时变化值约为 350V，与装设后的变化值相差明显，得以看出其对于系统动态稳定性的提高。

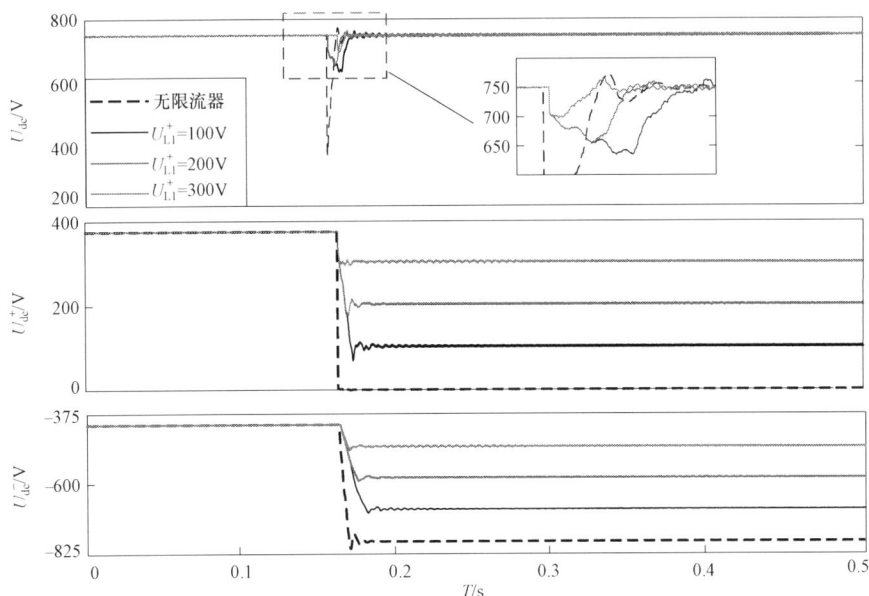

图 4-31　单极接地故障下的限流效果

假设在 0.52s 时排除故障，两极电压都将会恢复到正常运行值。同时，在没有装设柔性限流器的情况下，故障可能进一步发展，导致两极电压无法恢复。如图 4-32 所示，当故障极电压被钳制在额定值时，两极电压之间的不平衡将被消除，单极接地故障将被绝对隔离。在实际运行中仍然需一定的电压降来保证故障检测的准确性，故将钳位电压设置为接近额定值的数值。由图 4-32 可以看出，当 $U_{L1}^+ = 300V$ 时，两极电压的钳制和恢复相对平稳。因此，将电容电压钳制在额定值附近是可行的。

2. 极间短路故障下的暂态特性

与单极接地故障相比，极间短路故障下的故障电流上升速度更快，幅值更大。图 4-33 描述了极间短路故障的三个阶段。如果没有柔性限流器，故障电流将会在几毫秒内上升到额定值的数倍，对直流系统造成巨大损害。此外，在极间短路故障的第三阶段，故障可以等同于三相短路故障，使得故障损害进一步扩大。

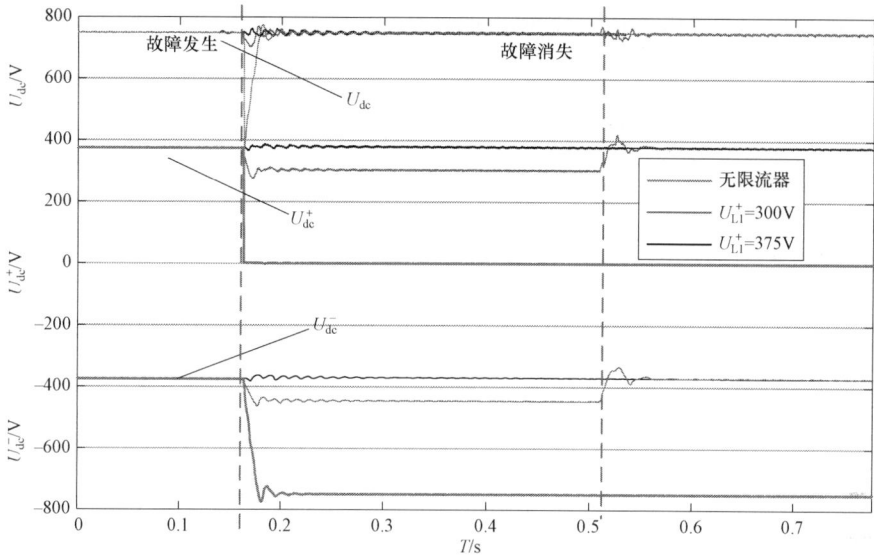

图 4-32  单极接地故障下的恢复特性

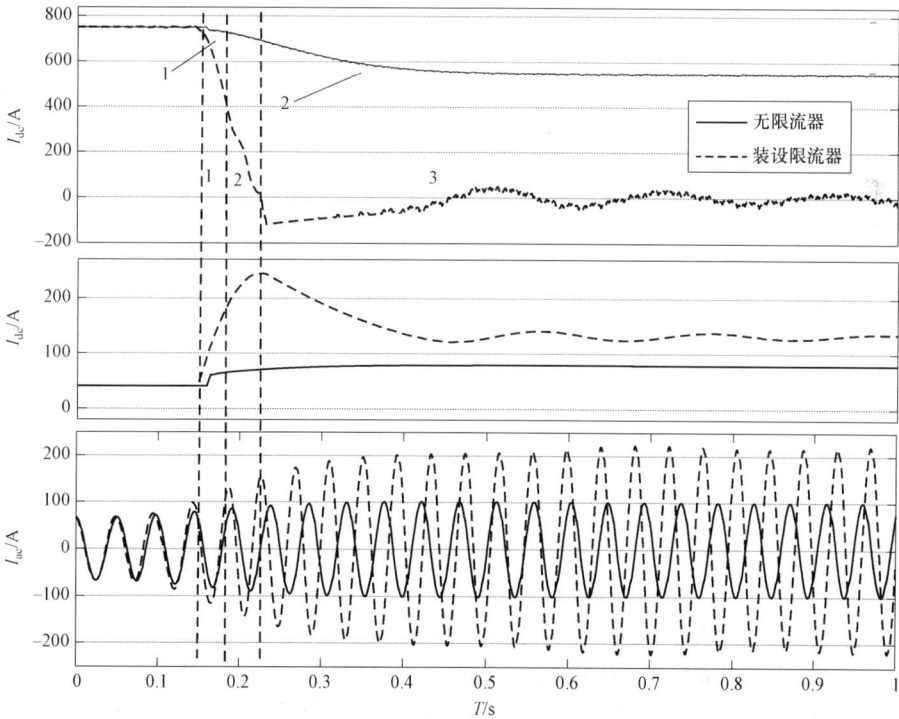

图 4-33  极间短路故障下的限流效果

由图 4-33 可以看出，通过柔性限流器钳位效应可减少直流侧电容放电，使得直流、交流系统的故障电流均被抑制。且由于限流器的作用，直流系统的电压没有过零点，因此极间短路故障的故障过程变为两个阶段，即电容放电阶段和二极管导通阶段，防止系统进入故障第三阶段，阻止其给系统带来更大的损害。

如图 4-34 所示，直流系统的电压和电流可以通过柔性限流器实现灵活调整。例如，通过调整 $m_1$，使得直流侧极间电压分别钳位在 500V、600V 和 700V，其相应的故障电流被抑制在 84A、71A 和 62A。同时，交流系统的故障电流可以被抑制在 100A、91A 和 82A。且故障消失后，由恢复阶段可以看出，当钳位电压越接近额定值，系统恢复正常运行的速度则越快、越稳定。

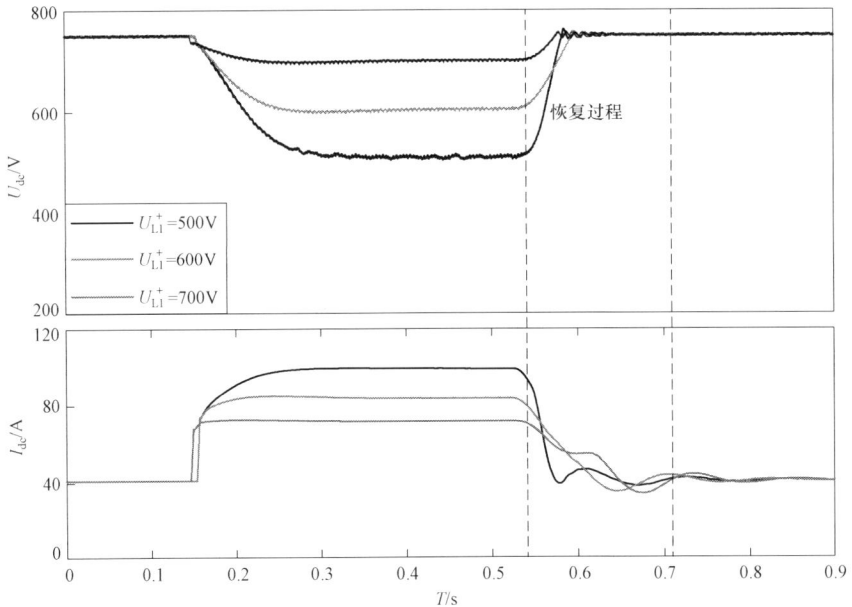

图 4-34　极间短路故障下的恢复特性

3. 限流器其余动作特性

由图 4-35 可以看出，当极间短路故障发生时，通过连续调节 $m_1$ 的值，可以有效地改变故障电压和电流的幅值。如果系统电压监测装置仍然检测到故障电压的幅值低于预设的阈值，则可以继续调整 $m_1$ 的值，从而提升直流侧的极间电压，减少出口放电电容的压降，从而有效地降低故障电流的幅值，进一步验证了柔性限流器的灵活调节能力。

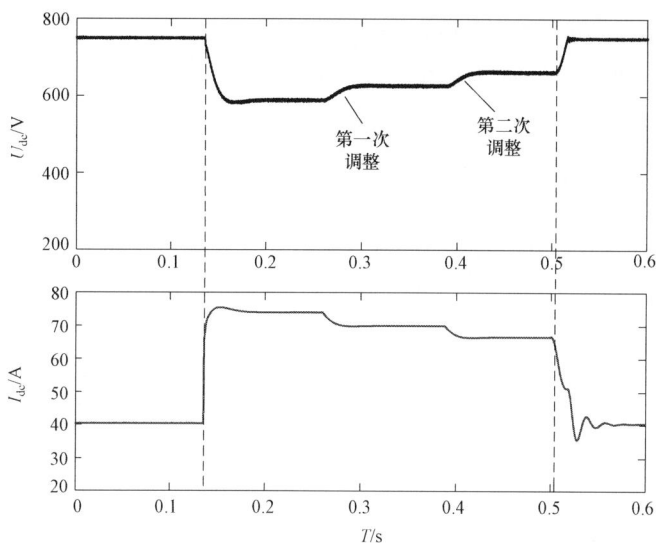

图 4-35 钳位电压的连续调整

同时通过使用柔性限流器，甚至可以做到有效地隔离故障。例如，当发生极间短路故障时，可以通过调节限流器的电压来使直流侧的电压保持在额定值。即在式（3-8）中令 $m_1 = 1$，电压和电流波形如图 4-36 所示。通过有效的隔离，使得非故障部分得以正常运行，而由于限流器的隔离作用，故障点下游的负载等同于被切除，使得此时的直流侧电流相比正常情况下要更低，当故

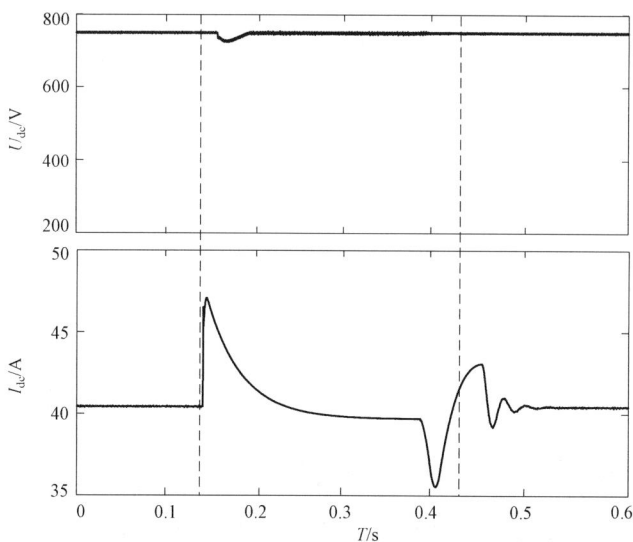

图 4-36 特殊情况下的电压、电流波形

153

障消失后，电流将恢复额定运行。

由 2.3.1 节可知，如果没有闭环铁芯结构作用，柔性限流器中电感元件饱和后就将无法提供钳位电压。为了检验闭环铁芯的可靠性，下边将进行对比分析，由图 4-37 可以发现在有闭环铁芯作用的情况下，直流侧极间电压可以保持在一个相对稳定的水平，但是如果没有采取闭环铁芯，直流侧极间电压将会急剧下降，导致故障电流急剧增加，从而给直流系统造成严重的损害。

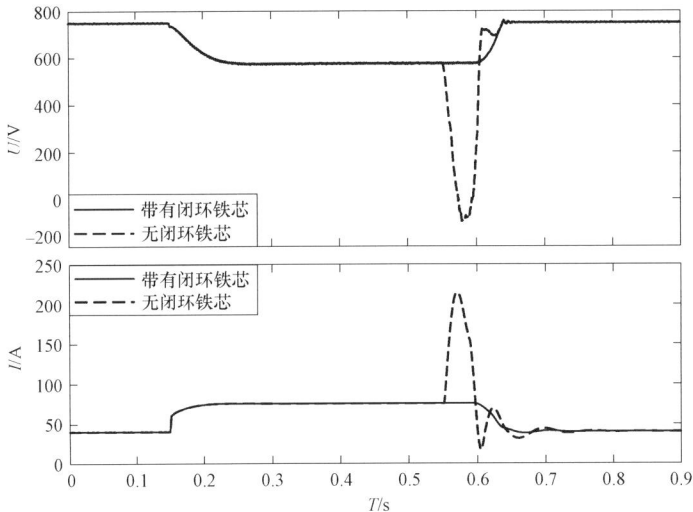

图 4-37　闭环铁芯作用效果分析

柔性限流器在应对故障时的充放电过程可以分为三个阶段，各阶段限流器电感电流特征如图 4-38 所示。

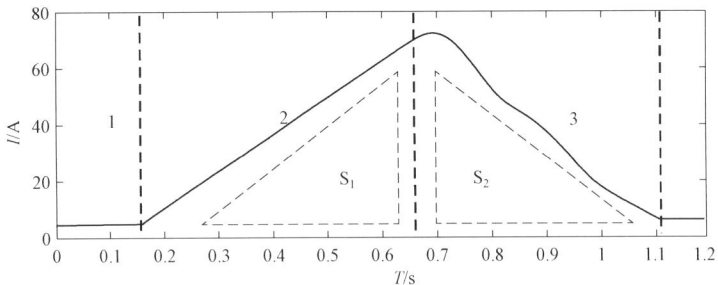

图 4-38　限流器充放电过程

第一阶段：由于限流回路的旁路作用，流经限流电感的电流几乎为 0，此时电感中也几乎未储存能量。

第二阶段：当单极接地短路或极间短路故障发生时，流经限流电感的电流会迅速增加，斜率呈线性稳定，从而提供稳定的钳位电压，此时故障能量将储存在限流器电感元件当中。

第三阶段：随着故障的消失，电感元件将其所储存的能量通过闭合铁芯结构实现反向磁通消除，降低对于断路器中避雷器的要求。最终，流经限流电感的电流将会降至 0A，恢复旁路状态。由图 4-38 可以看出，第二阶段中限流电感所储存的能量与第三阶段所释放的能量几乎一致。

## 4.4.2 限流器在中压直流配电网的应用

4.1 节中展示了柔性限流器在低压直流配电网中的应用特性，本小节中将搭建四端环状中压直流配电网模型，同时考虑到单个电感元件的耐压水平、体积及成本问题，此处柔性限流器使用级联型结构，并采用多种保护原理配合的方案验证限流器的应用特性。线路阻抗设置为 $r_0 = 0.015\Omega/km$，$L_0 = 0.1mH/km$，系统拓扑及参数见图 4-39 和表 4-3。假设 0.5s 时，换流站 1 和换流站 2 之间的线路发生极间短路故障，不考虑过渡电阻的影响，通过仿真验证第 3 节中提出的故障隔离策略的可行性。

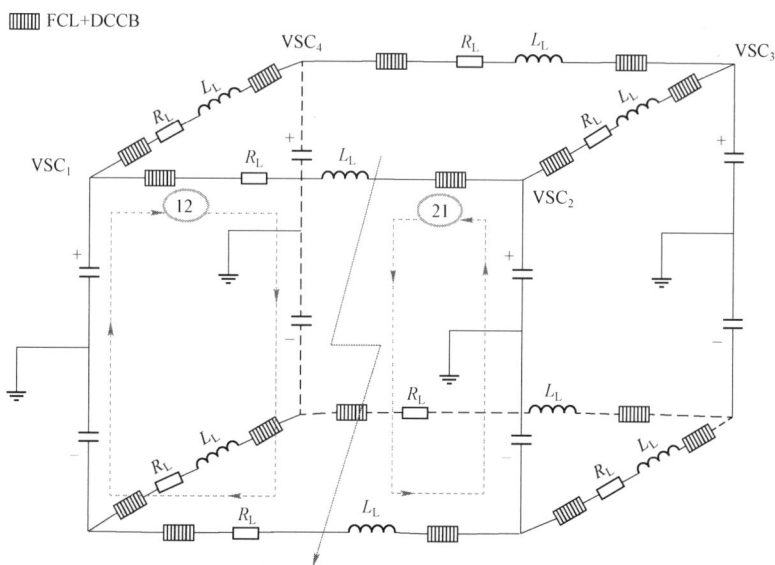

图 4-39 四端中压环状直流配电网

表 4-3 四端中压环状直流配电网参数

| 参数 | 换流站 1 | 换流站 2 | 换流站 3 | 换流站 4 |
|---|---|---|---|---|
| 换流站额定容量/（MV·A） | 10 | 10 | 10 | 10 |
| 直流电压/kV | ±5 | ±5 | ±5 | ±5 |
| 直流侧电容值/mF | 4 | 2 | 2 | 2 |
| 交流侧电抗值/mH | 50 | 70 | 70 | 70 |
| 限流电感/mH | 100×10 | 100×10 | 100×10 | 100×10 |
| 换流站出口平波电抗器/mH | 20 | 20 | 20 | 20 |
| 控制方式 | $U_{dc}$, $Q$ | $P$, $Q$ | $P$, $Q$ | $P$, $Q$ |

1. 同超导限流器的限流效果对比

在本小节中，将对换流站 1 侧的故障状态进行仿真，系统于 0.5s 时在换流站 1 侧出口 1km 处发生极间短路故障。柔性限流器在监测到故障发生后瞬间动作，为了直观地评估限流效果，同时在同样的场景下使用超导限流器限制故障电流，与柔性限流器作以对比，且此处不采用直流断路器切除故障。

如图 4-40 所示，若未安装故障限流器，直流侧的极间电压将急剧下降至 0V，故障电流也会急剧增加，增速约为 300kA/s，峰值超过 1.5kA，远高于正常运行状态。

这将给换流站及直流系统的电力电子设备带来巨大的损害。如果在系统中安装超导限流器，那么在出现短路故障时，超导绕组会因为外部环境的干扰而失超变成阻态。这样就可以减缓直流侧的电压下降，同时也可以抑制故障电流的增长，使其不会超过 1kA，约为没有安装超导限流器情况下的 2/3。

通过引入柔性故障限流器，可以显著降低故障电流的幅值，甚至低于 500A，这一数据明显优于超导故障限流器。同时，极间电压的下降速度也明显减缓，直至达到与柔性故障限流器电压抬升曲线的交点，然后再次振荡上升，最终钳位至 8kV。这使得系统在故障隔离后能够迅速恢复正常，拥有良好的限流效果。

由于超导限流器在失超态时会产生大量热能，导致它恢复到超导特性的时间变得极其漫长。这使得它难以满足直流侧保护系统的重合闸时限要求。因此，必须采用可靠的大容量冷却系统，以防止故障限流器过热损坏，这也导致超导故障限流器的体积和成本大幅提升。相比之下，柔性故障限流器由电力电子元件构成，具有更强的可控性。在限流结束后，它可以迅速恢复到初始状态，从而更有效地应对下一次故障。此外，通过使用闭合的铁芯结构，能够减少对电感参量的需求，并且柔性故障限流器的电感采取非晶材质，这将使得它的尺寸

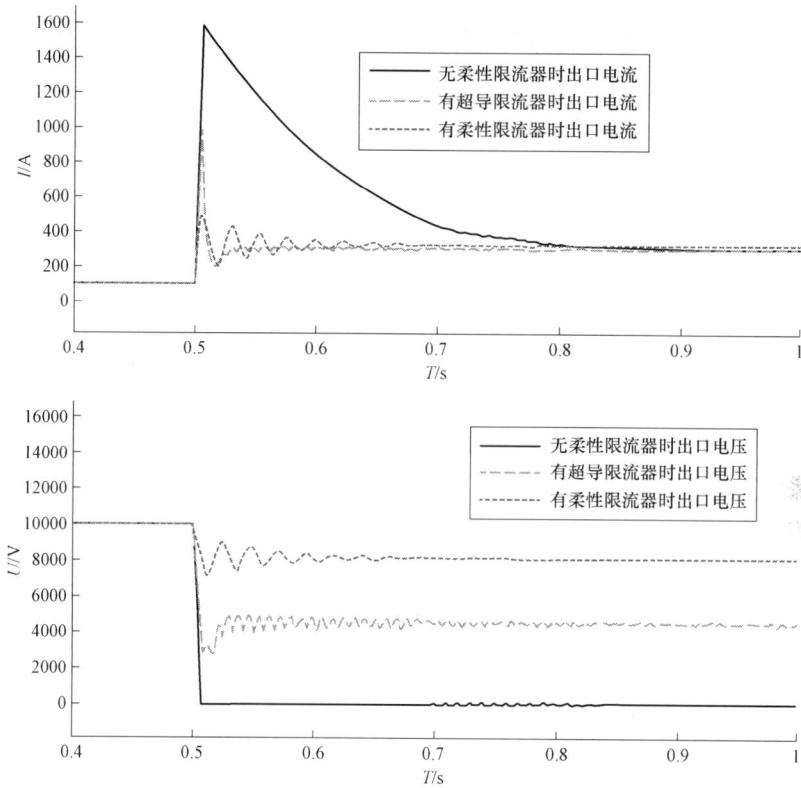

图 4-40 故障限流器电压、电流对比

更小，成本更低，并且能够提供更好的限流效果。

当 0.5s 出现极间短路故障时，柔性故障限流器的两端电压如图 4-41 所示。故障发生时需要将电感两端电压抬升至 8kV，即其中正极和负极级联模块分别抬升至 ±4kV，设置级联模块总数为 10，正极和负极均由 5 个子模块组成，因

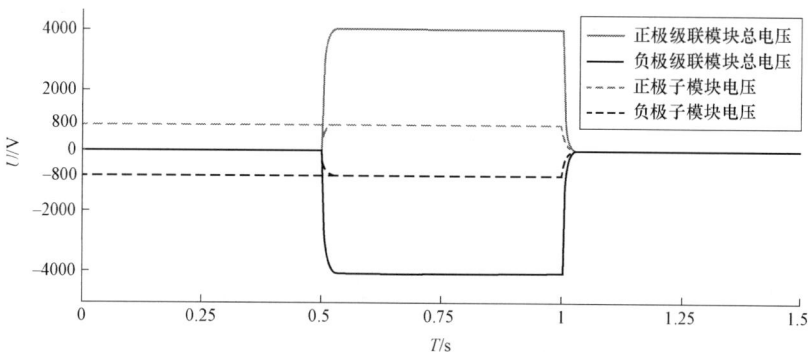

图 4-41 柔性故障限流器两端电压

此每个子模块的电感电压应抬升至 800V。经过仿真验证，柔性故障限流器的电压表现出良好的增长及保持趋势，而且级联形式也没有引起电压的波动。这一结果表明了将级联形式应用于中压直流配电网的可行性。

2. 仅含直流断路器的故障隔离

如果只安装机械式直流断路器，而没有安装柔性故障限流器，那么在直流侧出现极间短路故障后，具体情况可以参考图 4-42。

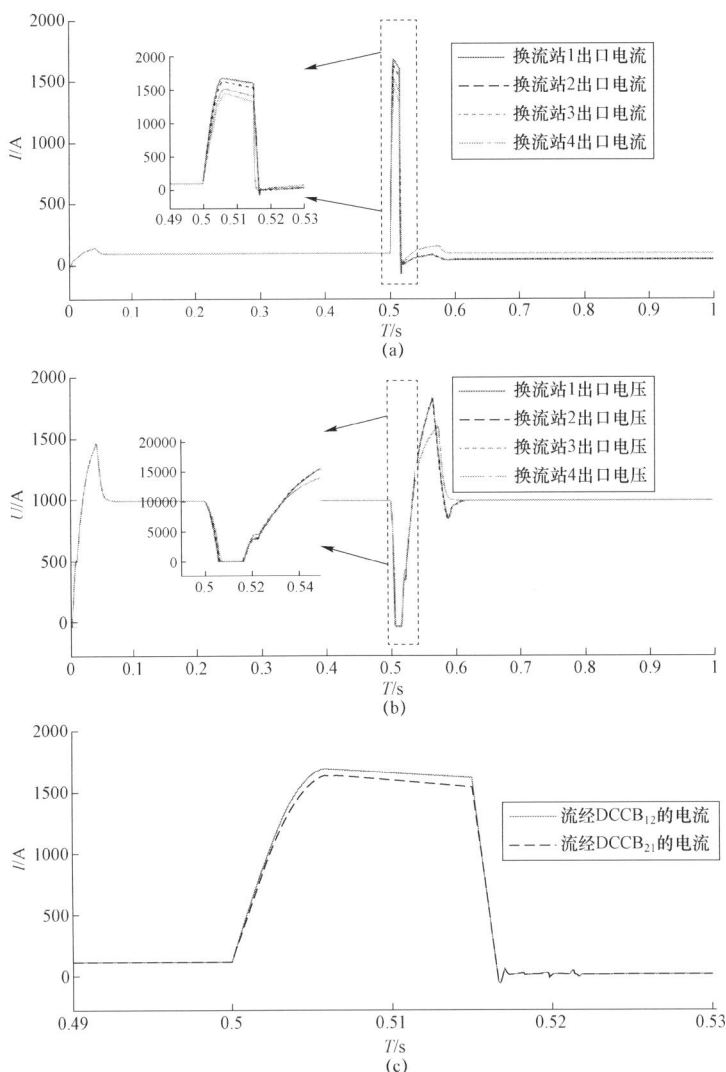

图 4-42　仅含断路器的故障隔离

（a）换流站出口电流；（b）换流站极间电压；（c）流经断路器电流

当直流侧极间短路故障发生在换流站 1 和 2 之间时，其极间电压在 5ms 内急剧下降至 0V，故障电流也随之达到最大值，超过 1.6kA。此时换流站桥臂电流也在 2ms 内超过了自保护阈值（3～5 倍额定电流），导致换流站闭锁。当电容放电结束后，故障电流开始降低；其他换流站的故障电流变化略小，在 6ms 内逐渐上升到 1.4kA。在故障发生后的 3ms 内，系统方向纵联保护检测到了区域内的故障信号，并将这些信息传递给直流断路器，从而使得断路器发出了分闸指令。机械开关分闸燃弧，将转移支路投入，并产生谐振过零点。在故障发生后约 15ms，直流断路器耗能支路导通，释放能量，使得各端口的电压在冲击后恢复到额定值，从而故障电流也随之降低。经历暂态波动后，四端换流站的出口电流也恢复了稳定，而在故障被切断后，换流站 1 和 2 的出口电流也会因为负荷的减少而下降，最终降至 50A。根据图 4-13（c）可知，整个分断过程的时间超过 18ms。

经过仿真发现，仅采用机械式直流断路器时，故障电流幅值高且持续时间约为 20ms，这将给直流侧的电力电子设备带来严重损害。当发生瞬时性短路故障时，如果四个换流站都闭锁，那么整个直流系统将会暂停运转。在这种情况下，如果想要恢复正常，就必须先进行直流侧的电容预充电过程，且无法通过重合闸快速恢复系统正常运行。由于直流断路器的分断速度和遮断容量的要求非常严格，因此单独使用直流断路器来进行故障隔离存在明显的不足之处。

3. 故障限流器与断路器配合的故障隔离

当换流站 1 的出口侧在 0.5s 内发生了极间短路故障，通过仿真得到了如图 4-43 所示的结果。在这一部分中，我们将重点研究故障限流器和断路器的协作方案，验证其是否能够提高系统的安全性和稳定性。

当故障发生时，柔性故障限流器将会立即检测到电压微分信号，并自动启动。在 2.5ms 内，它会使电感两端的电压抬升至 8kV，在此期间，所有的换流站端口的电压都会先下降到接近 7kV。然后，由于故障限流器的电压钳位效应，极间电压不会继续下降，此时的故障电流已经达到 500A 的峰值，仅为未安装故障限流器时的 1/3。根据图 4-43（c）、（d）的数据，当故障发生后，$DCCB_{12}$ 和 $DCCB_{21}$ 都能够检测到正方向的过流信号，且经历约 2ms 的延迟后，它们彼此接收了对端的信号，这表明故障发生在换流站 1 和 2 之间。在此期间，换流站 1 和 2 之间的柔性故障限流器能够检测到区域内的故障信号，因此保持它们的两端电压稳定不变。而其余柔性故障限流器检测到区域外的故障信号，控制其恢复旁路状态。

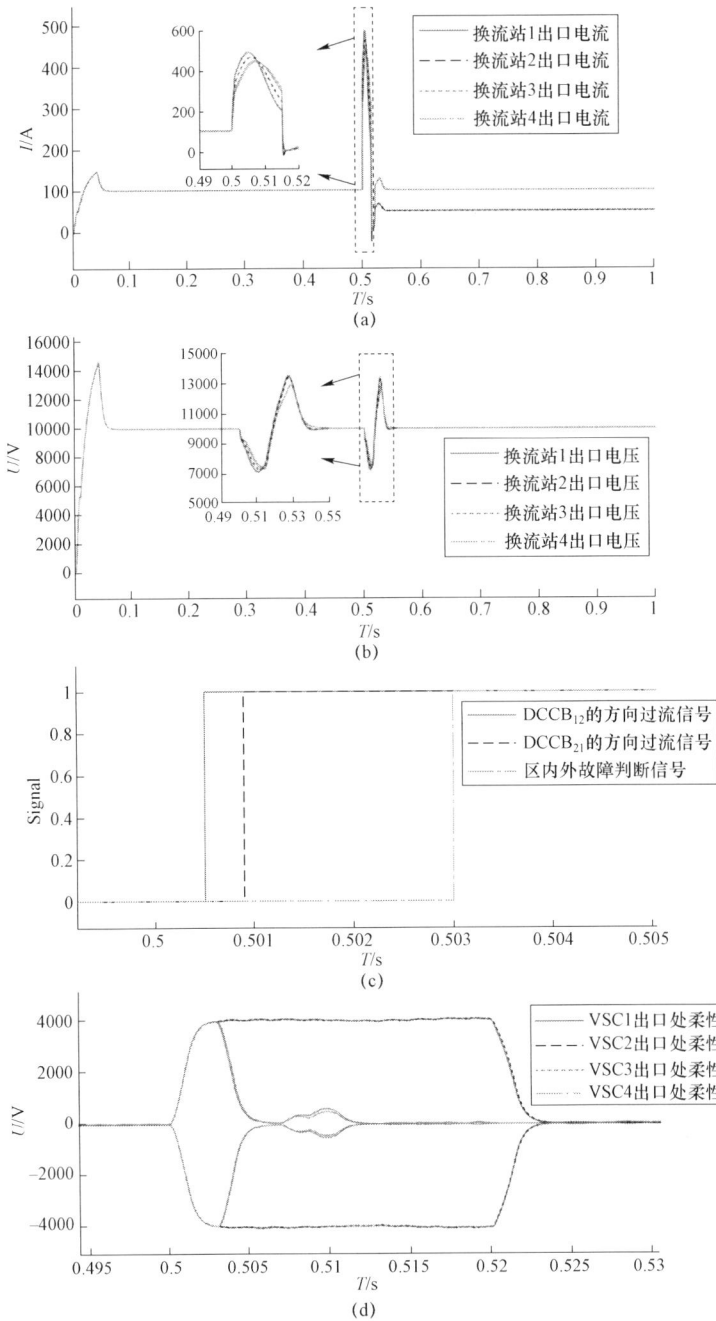

图 4-43  短路故障下的各端口参数

（a）换流站出口电流；（b）换流站极间电压；（c）区内外故障判断信号；（d）柔性限流器两端电压

由于故障仍然存在，其两端可能会发生暂态变化。$DCCB_{12}$ 和 $DCCB_{21}$ 在监测到柔性故障限流器电压和区域内的故障信号后，立即动作将故障隔离，隔离周期大约为 20ms。隔离完成后，柔性故障限流器恢复旁路状态，四端换流站的电压和电流也在振荡之后恢复稳定。由于电力电子器件的耐流容量通常是额定运行容量的 3～5 倍，因此可以根据这个信息来设定换流站的闭锁阈值，以防止在发生故障时换流站闭锁。

在这个过程中，我们可以发现故障限流器持续动作 20ms，既限制短路故障电流，防止换流站闭锁，同时钳位换流站的出口电压，从而使得故障隔离后的系统能够迅速恢复正常。仿真结果表明，采用该柔性限流器能够有效降低对直流断路器的分断速度和遮断容量的要求，同时验证了所提出的故障隔离策略的可行性，并且提升了直流系统的供电可靠性。

# 4.5 本 章 小 结

本章针对柔性限流器在直流电网中的应用展开了研究，提出了一种新型柔性限流器拓扑结构，并描述了与保护之间的协同配合策略，主要解决了直流电网中发生短路故障后高增速、大幅值故障电流对系统的影响问题，但仍存在不足之处，柔性限流器在直流电网中的应用还可从以下方面继续深入研究：

（1）本章所进行的研究仅在理论和仿真层面展开，未展开实物实验平台的搭建。因此，需进一步搭建物理模型验证理论分析的正确性，并深入分析柔性限流器运行过程中的物理特性，改进限流器拓扑结构降低设备成本、尺寸等。

（2）本章主要研究的方向在于限流器工作原理及其在直流电网中的应用问题，但在实际应用中还需考虑整流器控制系统部分的响应速度以及扰动量的影响等。

（3）本章所提的限流器同保护协同配合的故障隔离策略仅考虑了传统的保护方式，下一步可综合考虑新型保护方案同柔性限流器的协调配合方案。

# 5 直流配电网中新型柔性限流器优化配置研究

柔性限流器的投入能够有效抑制直流配电网故障电流上升速率，但是目前限流器的经济成本仍然较高，若对所有线路均配置较大容量的限流器会明显增加系统的建设成本，合理的配置方案可以在保证系统经济性的同时有效限制直流系统的故障电流。目前直流故障限流器优化配置相关研究大多是仅考虑系统中所有线路均配置故障限流器的情况，降低了系统的经济效益，因此本章节提出一种综合考虑新型柔性故障限流器（Novel Flexible Fautt Current Limiter，NFFCL）运行特性、配置位置和数量以及 DCCB 最大开断电流等因素的优化配置方法。首先针对 Matlab/Simulink 仿真速度较慢，不能满足优化配置过程中对故障电流计算模型求解速度的要求，本章基于换流站和 NFFCL 简化模型，提出一种考虑故障限流器动作的故障电流计算模型，实现故障电流的快速准确求解。其次对 NSGA-Ⅱ算法进行改进，克服了传统 NSGA-Ⅱ算法易陷入局部最优解、搜索效率低和早熟收敛的缺点，并实现配置过程中 NFFCL 安装数量与容量的解耦。最后，采用改进 NSGA-Ⅱ算法求解得到直流配电网系统的NFFCL 优化配置方案，并通过经济性与可靠性之间的关系选取最终方案。所提方法为 NFFCL 在实际工程的应用提供了一种新的优化配置思路。

## 5.1 直流配电网系统模型

### 5.1.1 多端直流系统网络模型

如图 5-1 所示为 5 节点（$n_1 \sim n_5$ 表示节点 1～5）双极运行的直流配电网

系统拓扑结构模型，由于该模型正负极线路对称，为了简化图形复杂程度，图中只画出正极平面图。本章节假设直流配电网系统中的所有线路两端均装设一定容量的 DCCB，在系统任意线路发生故障时，该线路上的 DCCB 均能可靠动作，实现故障有效清除，保证直流配电网系统正常运行。由于直流配电网系统本身具有"低惯性、低阻尼"特性，在故障发生后短时间内故障电流急剧上升至额定值的数十倍且无自然过零点，所以对 DCCB 的开断要求相比于交流断路器更为严苛。故对于 DCCB 开断困难的线路装设故障限流器，抑制故障电流上升速率，保证 DCCB 能够安全可靠开断故障线路，提高直流配电网系统运行安全性和可靠性。

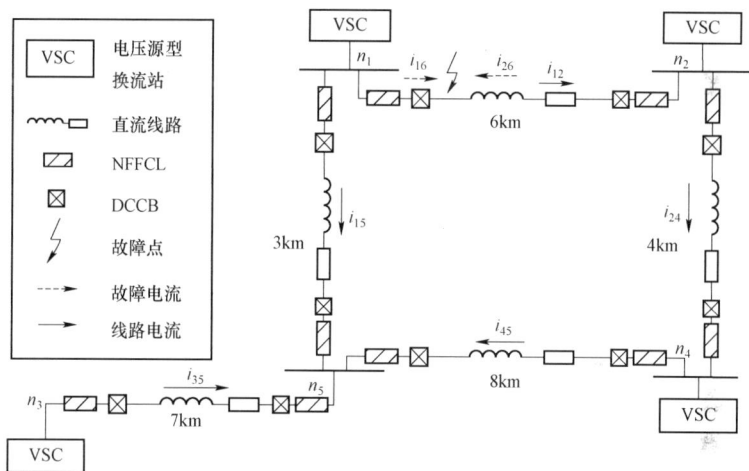

图 5-1　5 节点直流系统拓扑结构模型

直流配电网系统的故障类型一般可分为三种，即单极接地故障、极间短路故障与断线故障。相比于两种短路故障而言，断线故障所带来的影响较小。而根据前文短路故障特征的分析可知，在系统发生单极接地故障时，由于直流侧放电电容与故障点之间并未形成通路，故相比于单极接地产生的故障电流而言，极间短路故障电流对系统的影响更为恶劣，因此选取极间短路故障作为本章节及后续章节分析的研究对象。

## 5.1.2　NFFCL 简化模型

图 5-2 所示为 NFFCL 模型拓扑结构图，根据 NFFCL 限流特性分析可知，当直流配电网系统正常运行时，NFFCL 的限流电感被 AC/DC 整流器中的二极

管所旁路，降低 NFFCL 对直流配电网系统正常运行时的影响；当直流配电网系统发生极间短路故障时，AC/DC 整流器通过从网侧取电向限流电感提供反向钳位电压 $U_L$，减少直流侧电容的放电电压 $U'_{dc}=U_{dc}-U_L$，从而抑制故障电流的上升速度。为了便于分析 NFFCL 对直流系统故障后的限流原理，本节将限流电感、滤波电容与整流模块构成的柔性限流装置等效为一个可变的理想电压源。通过上述等效后，在直流配电网系统任意线路发生故障时，相当于在该线路中串联一个 $kU_{FCL}(0<k<1)$ 的可控电压源，其中 $U_{FCL}$ 为 NFFCL 的最大等效电压，依据控制目标将限流电感钳位电压控制到允许范围内，进而达到抑制故障电流的目的。

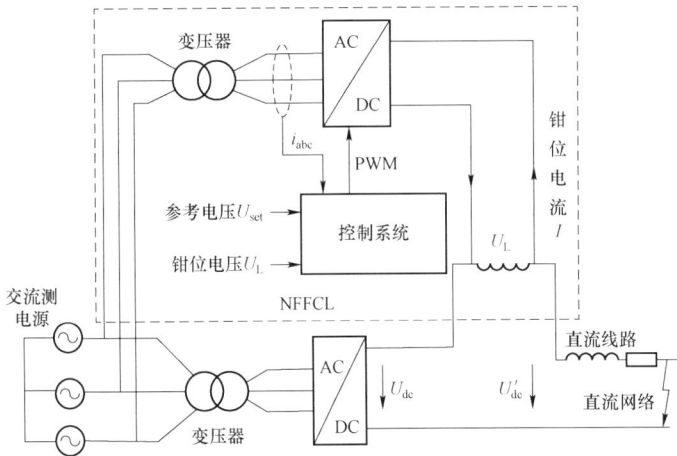

图 5-2　NFFCL 模型拓扑结构图

### 5.1.3　电压源型换流站简化模型

电压源型换流站作为直流配电网系统直流侧与交流侧间的能量传输接口，采用的控制方式一般是以直流侧电压或传输功率为参考目标构成的外环控制和以电流为参考目标的内环控制。当直流配电网系统任意线路发生极间短路故障时，该线路所装设的 DCCB 能在数毫秒内识别故障并断开故障线路，实现故障的有效清除，防止故障进一步地扩大。由于 VSC 控制系统中所采用的外环控制带宽较小，从极间短路故障发生时刻至 DCCB 清除故障的几毫秒时间内电流内环参考目标可看作不变。因此为了简化直流配电网系统故障电压和故障电流动态特性分析，如图 5-3 所示，在故障发生后短时间内可以用一个恒定电流源 $I_{si}$ 和电容 $C_i$ 并联的简化等效模型代替节点 $i$ 的 VSC 模型。

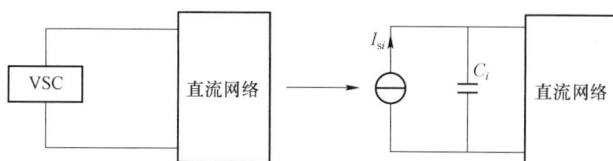

图 5-3  电压源型换流站简化模型

# 5.2  直流配电网潮流计算模型

## 5.2.1  直流配电网节点分类

在交流配电网的潮流计算过程中,常根据节点给定参数的不同将节点类型分为 PQ 节点、PV 节点以及平衡节点三类。由于直流配电网中不需要考虑相位和无功功率,所以可借鉴交流配电网节点分类依据将直流配电网节点分为两类:① P 节点,该类型节点注入有功功率为已知参数;② V 节点,该类型节点的节点电压为已知参数,在直流系统中起到平衡有功功率和稳定系统电压的作用,相当于交流配电网中的平衡节点。对于 P 节点而言,根据节点是否连接换流站可将其细分为换流站节点和非换流站节点两类,换流站节点的注入功率与换流站输出功率有关,非换流站节点的注入功率为零。交直流配电网间的节点分类情况如表 5-1 所示。

表 5-1  交直流配电网节点分类情况

| 交流配电网 | | 直流配电网 | | |
|---|---|---|---|---|
| 节点类型 | 已知参数 | 节点类型 | 已知参数 | 换流站控制方式 |
| PQ 节点 | $P$、$Q$ | P 节点 | $P$ | 定有功功率控制 |
| PV 节点 | $P$、$V$ | V 节点 | $V$ | 定电压控制 |
| 平衡节点 | $V$、$\theta$ | | | |

## 5.2.2  直流配电网潮流计算

直流配电网潮流计算是分析故障电流计算模型的基础,与交流配电网中的潮流计算相比,直流配电网中不需要考虑节点相位和无功功率参数,仅对节点电压幅值与有功功率之间的关系进行分析,并且系统在稳定运行时线路可以忽略电感电容作用,仅等效为恒定电阻,故直流配电网系统的稳态潮流计算模型示意图如图 5-4 所示。

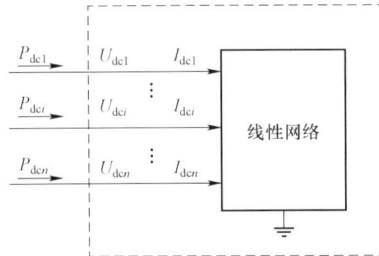

图 5-4 　直流配电网稳态结构示意图

图 5-4 为含 $n$ 个节点的直流配电网系统结构示意图，其中节点注入电流向量和节点电压向量之间的关系可表示为

$$\boldsymbol{I}_{dc} = \boldsymbol{Y}_{dc}\boldsymbol{U}_{dc} \tag{5-1}$$

$$\boldsymbol{I}_{dc} = [I_{dc1}, I_{dc2}, \cdots, I_{dcn}]^{\mathrm{T}} \tag{5-2}$$

$$\boldsymbol{U}_{dc} = [U_{dc1}, U_{dc2}, \cdots, U_{dcn}]^{\mathrm{T}} \tag{5-3}$$

$$\boldsymbol{Y}_{dc} = \begin{bmatrix} Y_{11} & \cdots & Y_{1n} \\ \vdots & \ddots & \vdots \\ Y_{n1} & \cdots & Y_{nn} \end{bmatrix} \tag{5-4}$$

式中：$\boldsymbol{I}_{dc}$ 表示节点注入电流向量，$\boldsymbol{U}_{dc}$ 表示节点电压向量；$\boldsymbol{Y}_{dc}$ 表示节点导纳矩阵，矩阵中元素 $Y_{ii} = \sum y_{ij}$ 表示节点自导纳矩阵，$Y_{ij} = -y_{ij}$ 表示支路 $i-j$ 之间的互导纳。

由式（5-1）～式（5-4）可知，图 5-4 中节点 $i$ 的注入功率与节点电压、注入电流间的关系可表示为

$$P_{dci} = U_{dci}I_{dci} = U_{dci}\sum Y_{ij}U_{dcj} \tag{5-5}$$

牛顿—拉夫逊法（简称牛拉法）是一种用于求解非线性方程的有效方法，也是交流电力系统潮流计算中常用的一种方法。对于直流配电网系统潮流计算该方法也是同样适用，采用牛拉法对式（5-5）进行迭代求解，则可得到直流配电网系统中的功率偏差表达式为

$$\begin{cases} \Delta P_{dci} = P_{dci} - U_{dci}\sum Y_{ij}U_{dcj} = \dfrac{\partial P_{dci}}{\partial U_{dci}} \cdot \Delta U_{dci} \\[3mm] \boldsymbol{J}_{dc} = \left[\dfrac{\partial \boldsymbol{P}_{dc}}{\partial \boldsymbol{U}_{dc}}\right] \\[3mm] \Delta \boldsymbol{P}_{dc} = \boldsymbol{J}_{dc}\Delta \boldsymbol{U}_{dc} \end{cases} \tag{5-6}$$

式中：$\boldsymbol{P}_{dc}$ 表示节点注入功率向量，$\boldsymbol{J}_{dc}$ 表示雅可比矩阵，其元素可表示为

$$\frac{\partial P_{dci}}{\partial U_{dcj}} = \begin{cases} Y_{ij}U_{dci}, j \neq i \\ \sum_{j=1}^{n} Y_{ij}U_{dcj} + Y_{ii}U_{dci}, j = i \end{cases} \tag{5-7}$$

由式（5-6）可知电压修正量可表示为

$$\Delta \boldsymbol{U}_{dc} = \boldsymbol{J}_{dc}^{-1} \Delta \boldsymbol{P}_{dc} \tag{5-8}$$

则经过 $k$ 次迭代后节点电压表示为

$$\boldsymbol{U}_{dc}^{(k+1)} = \boldsymbol{U}_{dc}^{(k)} + \Delta \boldsymbol{U}_{dc}^{(k)} \tag{5-9}$$

通过牛拉法对式（5-5）～式（5-9）进行迭代求解，待任意节点 $i$ 电压修正量均满足下式收敛判据时，所得到的结果即为直流配电网系统潮流计算结果。

$$\max\{|\Delta U_{dci}^{(k)}|\} < \varepsilon \tag{5-10}$$

## 5.3　直流配电网故障电流计算模型

在上节中介绍了一种直流配电网潮流计算模型，用于求解正常运行状态下的直流配电网电压、电流以及功率等潮流分布情况，为故障电流计算模型的构建奠定基础。在直流配电网系统发生故障后，系统不再处于稳态运行，此时故障电流的计算需要考虑系统中电容以及电感的影响，即故障电流计算求解过程需要列写回路微分方程进行求解，而对于节点个数和支路个数较多的直流配电网，依次列写回路微分方程明显过于繁琐，因此本节给出了回路微分方程矩阵形式以及考虑故障限流器作用的故障电流计算模型，为后续限流器优化配置分析奠定基础。

### 5.3.1　直流配电网故障前初始矩阵构建

对于任意一个直流配电网系统，其节点总个数为 $n$｛定义换流站节点序号为 $1 \sim N(N < n)$｝，支路总条数为 $b$（例如图 5-5 中 $n$ 为 4，$N$ 为 3，$b$ 为 3）。则支路电流矩阵 $\boldsymbol{I}_b$ 和节点电压矩阵 $\boldsymbol{U}$ 可定义为

$$\boldsymbol{I}_b = [i_{12}, \cdots, i_{ij}, \cdots, \cdots]_{b \times 1}^{T} \tag{5-11}$$

$$\boldsymbol{U} = [u_1, \cdots u_i, \cdots, u_n]_{n \times 1}^{T} \tag{5-12}$$

式中：$i_{ij}$ 表示流过支路 $i-j$ 的电流，$u_i$ 表示节点 $i$ 的电压，$b \times 1$ 表示矩阵 $\boldsymbol{I}_b$ 的

行列数，$n \times 1$ 表示矩阵 $\boldsymbol{U}$ 的行列数。直流配电网系统中所有节点编号与支路编号以及支路电流方向均在支路电流矩阵 $\boldsymbol{I}_b$ 和节点电压矩阵 $\boldsymbol{U}$ 中确定，且全文支路与节点编号排序均与此对应。

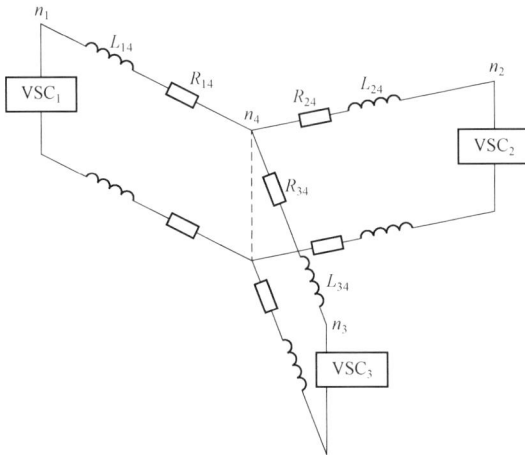

图 5-5 三端直流配电网系统拓扑图

直流配电网系统中支路电阻矩阵 $\boldsymbol{R}$ 表达式定义为

$$\boldsymbol{R} = \begin{bmatrix} R_{12} & & & \\ & \ddots & & \\ & & R_{ij} & \\ & & & \ddots \end{bmatrix}_{b \times b} \tag{5-13}$$

支路电感矩阵 $\boldsymbol{L}$ 表达式定义为

$$\boldsymbol{L} = \begin{bmatrix} L_{12} & & & \\ & \ddots & & \\ & & L_{ij} & \\ & & & \ddots \end{bmatrix}_{b \times b} \tag{5-14}$$

式中：$R_{ij}$ 和 $L_{ij}$ 为对角矩阵对角线上的第 $k$ 个元素（元素对应的序号与 $\boldsymbol{I}_b$ 中一致），分别表示第 $k$ 条支路 $i-j$ 上的电阻和电感，$b \times b$ 表示电感矩阵 $\boldsymbol{L}$ 的行列数。支路电阻矩阵 $\boldsymbol{R}$ 和支路电感矩阵 $\boldsymbol{L}$ 非对角线元素均为 0。

对于直流配电网系统的任意支路 $i-j$（例如，图 5-5 中的支路 1-4、2-4、3-4），其回路微分方程可表示为

$$u_i - u_j = R_{ij} i_{ij} + L_{ij} \frac{\mathrm{d} i_{ij}}{\mathrm{d}t} \tag{5-15}$$

结合式（5-11）～式（5-15）可知，直流配电网系统回路微分方程的矩阵形式可以表示为

$$AU = RI_b + L\dot{I}_b \tag{5-16}$$

式中：$A$ 是行列数为 $b \times n$ 的网络关联矩阵，用于描述直流配电网中支路与所有节点之间的关系，其元素书写规则如下

$$a_{ki} = \begin{cases} 1, & \text{节点}i\text{为第}k\text{条支路的首端点} \\ -1, & \text{节点}i\text{为第}k\text{条支路的末端点} \\ 0, & \text{节点}i\text{不是第}k\text{条支路的端点} \end{cases} \tag{5-17}$$

式中：$a_{ki}$ 表示关联矩阵 $A$ 中第 $k$ 行第 $i$ 列元素。

根据式（5-17）书写规则，图 5-5 三端直流配电网系统的关联矩阵为

$$A = \begin{bmatrix} 1 & 0 & 0 & -1 \\ 0 & 1 & 0 & -1 \\ 0 & 0 & 1 & -1 \end{bmatrix} \tag{5-18}$$

对直流配电网故障前初始矩阵的构建以及故障前回路微分方程矩阵形式的列写是实现故障电流计算的基础。在系统发生极间短路故障后，其拓扑结构、节点个数以及支路个数也会随之改变，故障后 NFFCL 的投入也会对直流配电网系统产生影响，因此针对故障后新的直流配电网系统，结合 NFFCL 动作情况，需要对初始矩阵以及回路微分方程进行修正更新。

### 5.3.2  考虑 NFFCL 动作的故障电流计算模型

图 5-6 为故障后直流配电网系统节点和支路更新示意图。图中在支路 $i-j$ 上发生极间短路故障，则故障点即为新增的节点，将其节点编号取为节点 $f$，编号排序为原节点总数 $n$ 加 1。节点 $f$ 位于节点 $i$ 和节点 $j$ 之间，使得支路 $i-j$

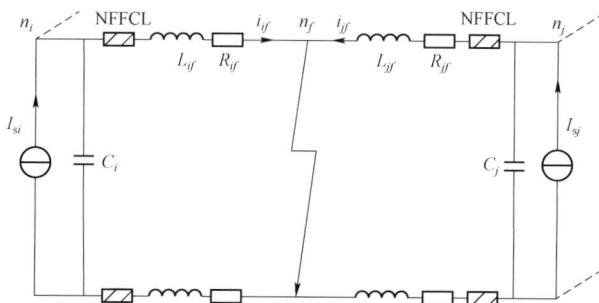

图 5-6  故障后节点和支路更新示意图

分成两条新的支路，记作支路 $i{-}f$ 和支路 $j{-}f$，其中支路 $i{-}f$ 编号排序为原支路 $i{-}j$ 的位置，支路 $j{-}f$ 编号排序为原支路总数 $b$ 加 1，即放在最后一个位置。故极间短路故障后直流配电网系统支路电流矩阵 $\boldsymbol{I}_b$ 和节点电压矩阵 $\boldsymbol{U}$ 更新为

$$\boldsymbol{I}_b=[i_{12},\cdots,i_{if},\cdots,i_{jf}]^{\mathrm{T}}_{(b+1)\times 1} \tag{5-19}$$

$$\boldsymbol{U}=[u_1,\cdots,u_N,\cdots,u_n,u_f]^{\mathrm{T}}_{(n+1)\times 1}$$
$$=[\boldsymbol{U}_N,\cdots,u_n,u_f]^{\mathrm{T}}_{(n+1)\times 1} \tag{5-20}$$

式中：$\boldsymbol{U}_N$ 表示换流站节点电压矩阵。

支路 $i{-}j$ 上发生极间短路故障后，相应的支路电阻矩阵 $\boldsymbol{R}$ 更新为

$$\boldsymbol{R}=\begin{bmatrix} R_{12} & & & & \\ & \ddots & & & \\ & & R_{if} & & \\ & & & \ddots & \\ & & & & R_{jf} \end{bmatrix}_{(b+1)\times(b+1)} \tag{5-21}$$

支路电感矩阵 $\boldsymbol{L}$ 更新为

$$\boldsymbol{L}=\begin{bmatrix} L_{12} & & & & \\ & \ddots & & & \\ & & L_{if} & & \\ & & & \ddots & \\ & & & & L_{jf} \end{bmatrix}_{(b+1)\times(b+1)} \tag{5-22}$$

故障后支路 $i{-}j$ 上新增故障节点 $f$，原支路 $i{-}j$ 在故障前网络关联矩阵中对应的一行两列更新为两行三列，故障前后网络关联矩阵修正示意图如图 5-7 所示。

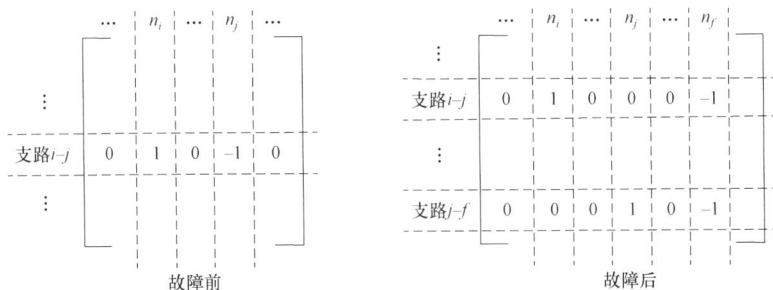

图 5-7 关联矩阵修正示意图

极间短路故障后直流配电网系统回路微分方程的矩阵形式为

$$AU = RI_b + L\dot{I}_b \tag{5-23}$$

将网络关联矩阵 $A$ 分解为 $A_1$ 和 $A_2$

$$A = [A_{1\,(b+1)\times N} \mid A_{2\,(b+1)\times(n+1-N)}] \tag{5-24}$$

式中：$A_1$ 表示换流站节点关联矩阵，$A_2$ 表示非换流站节点关联矩阵，$(b+1)\times N$ 和 $(b+1)\times(n+1-N)$ 为矩阵行列数。

换流站等效模型的微分方程矩阵形式为

$$\begin{cases} \dot{U}_N = C\,I_c \\ I_c = I_0 - A_1^{\mathrm{T}} I_b \end{cases} \tag{5-25}$$

式中：$I_c$ 是行列数为 $N\times 1$ 的矩阵，表示直流侧等效电容注入电流；$I_0$ 是行列数为 $N\times 1$ 的矩阵，表示换流站等效电流源电流。$C$ 是行列数为 $N\times N$ 的电容矩阵，其具体表达式如下

$$C = \begin{bmatrix} \dfrac{1}{C_1} & & & & \\ & \ddots & & & \\ & & \dfrac{1}{C_2} & & \\ & & & \ddots & \\ & & & & \dfrac{1}{C_N} \end{bmatrix}_{N\times N} \tag{5-26}$$

式中：$C_i\,(i=1,2,\cdots,N)$ 为节点 $i$ 的直流侧等效电容。

综上所述，结合式（5-23）和式（5-25），极间短路故障后直流配电网系统微分方程的矩阵形式为

$$\begin{cases} \dot{U}_N = C(I_0 - A_1^{\mathrm{T}} I_b) \\ AU = R\,I_b + L\dot{I}_b \end{cases} \tag{5-27}$$

故障发生后，若考虑故障限流器作用，则需要根据故障限流器作用效果对式（5-27）进行修正。下面分析考虑 NFFCL 动作的故障电流计算模型。

故障线路装设 NFFCL 后，相当于线路首末端到故障点的电压压降分布在线路阻抗和 NFFCL 上，故结合 NFFCL 的简化模型，式（5-27）更新为

$$\begin{cases} \dot{U}_N = C(I_0 - A_1^{\mathrm{T}} I_b) \\ AU - U_{\mathrm{NFFCL}} = R\,I_b + L\dot{I}_b \end{cases} \tag{5-28}$$

式中：$U_{\mathrm{NFFCL}}$ 是行列数为 $(b+1)\times 1$ 的矩阵，表示 NFFCL 等效电压矩阵。当第

$k$ 条支路 $i-j$ 发生故障时，则线路 $i-j$ 上 NFFCL 动作，矩阵 $U_{\text{NFFCL}}$ 中第 $k$ 个元素为线路 $i-j$ 首端 NFFCL 等效电压值，第 $b+1$ 个元素值为线路 $i-j$ 末端 NFFCL 等效电压值，若非故障线路上的 NFFCL 未动作，则矩阵 $U_{\text{NFFCL}}$ 对应元素值为 0。

### 5.3.3 故障电流计算模型求解方法

上节中分析了考虑故障限流器动作的故障电流计算模型，具体微分方程表达式为式（5–28）。然而通过对表达式矩阵进行展开可知，总的方程个数均为 $(N+b+1)$，而需要求解的支路电流矩阵 $I_b$ 和节点电压矩阵 $U$ 中总元素个数为 $(n+b+1)$。由于方程个数小于未知数个数，因此仅通过式（5–28）无法得出电压电流的唯一解，需增加额外方程使方程总数与未知数相等。方程个数与未知数个数之间差值为 $(n-N)$，正好与直流配电网系统中非换流站节点个数相等，故通过构造式（5–29）将非换流站节点电压与支路电流之间的关系表示出来，以消除节点电压矩阵 $U$ 中非换流站节点电压未知变量。

$$[0,\cdots,0,u_{\text{N}+1},\cdots,u_{\text{n}},u_{\text{f}}]^{\text{T}}_{(n+1)\times1} = R_1 I_b + L_1 \dot{I}_b \qquad (5-29)$$

式中：$R_1$ 和 $L_1$ 都是行列数为 $(n+1)\times(b+1)$ 的矩阵，分别表示电阻路径矩阵和电感路径矩阵。

该式子等式左边电压矩阵是行列数为 $(n+1)\times1$ 的矩阵，将前 $N$ 个元素（换流站节点电压）置零，相应的等式右边中 $R_1$ 和 $L_1$ 的前 $N$ 行元素也均为 0。

本章节假设直流配电网系统中发生的极间短路故障均为金属性故障，过渡电阻为 0，则故障点的节点电压为 0，因此式（5–29）等式左边 $u_n$ 可表示节点 $n$ 到故障节点 $f$ 的电压降。式（5–15）给出了节点电压与支路电流关系表达式，两节点电压与支路电流的关系跟两节点间的支路路径上的电阻和电感有关，随着直流配电网系统规模的增大，两节点间的路径可能并不唯一，这导致 $R_1$ 和 $L_1$ 具有不确定性。为了提高故障电流求解效率，采用深度优先搜索算法得到直流配电网系统中非换流站节点到故障节点 $f$ 间的最短路径，将最短路径中包含的支路电阻按支路编号排序填写至电阻路径矩阵对应的位置即可求得 $R_1$，同理也可求得电感路径矩阵 $L_1$，路径越短 $R_1$ 和 $L_1$ 也越稀疏，进一步提高计算效率。

将式（5–29）等式左右两边同时左乘 $-A$ 后分别与式（5–28）中第二个式子相加，即可得到最终考虑 NFFCL 动作的故障电流计算模型

$$\begin{cases} \dot{U}_N = C(I_0 - A_1^T I_b) \\ A_1 U_N - U_{NFFCL} = (R - AR_1)I_b + (L - AL_1)\dot{I}_b \end{cases} \quad (5-30)$$

式（5-30）中未知数个数均与方程个数相等，为了保证系统微分方程所求结果中电压、电流具有唯一性，需确定电压与电流初始值，即通过潮流计算模型求得直流配电网系统正常运行潮流，进而得到直流配电网系统故障电流瞬时值。

## 5.4　考虑 NFFCL 动作的故障电流计算模型仿真验证

为了验证本章节所提直流系统故障简化模型以及考虑故障限流器动作的直流配电网系统故障电流计算模型的准确性，在 Matlab/Simulink 中搭建如图 5-1 所示 5 节点直流配电网系统进行仿真验证。其中，节点 1~4 为换流站节点，节点 5 为非换流站节点；假定节点 1 为系统平衡节点，即采用定电压控制方式，而节点 2、3、4 均采用定功率控制方式；系统具体参数如表 5-2 和表 5-3 所示，表 5-2 中故障时刻等效电流源参数是根据直流系统正常运行的潮流计算结果得到的。本小节考虑系统发生故障时 DCCB 能在故障后 6ms 内开断故障线路；直流配电网系统中每条支路首末端均配置最大等效电压为 5kV 的 NFFCL；直流配电网系统 2s 时在支路 1-2 首端发生极间短路故障，具体位置如图 5-1 所示红色故障点处。

表 5-2　　　　　　　　5 节点模型换流站节点参数

| 节点编号 | 电容/mF | 控制模式 | 故障时刻等效电流源参数 |
|---|---|---|---|
| 1 | 5 | 恒功率：$P = 15MW$ | 1.5008kA |
| 2 | 6 | 恒功率：$P = -18MW$ | $-1.8082kA$ |
| 3 | 4 | 恒功率：$P = -12MW$ | $-1.2140kA$ |
| 4 | 5 | 恒电压：$U_{dc} = 10kV$ | 1.5214kA |

注：功率以换流站流向直流系统为正。

表 5-3　　　　　　　　5 节点模型系统参数

| 名称/单位 | 数值 | 名称/单位 | 数值 |
|---|---|---|---|
| 直流侧额定电压/kV | 10 | 线路电感/（mH/km） | 0.159 |
| 平波电感/mH | 5 | 限流器等效电压/kV | 5 |
| 线路电阻/（Ω/km） | 0.0139 | | |

如图 5-8 所示,通过 Simulink 搭建的基于 VSC 直流配电网系统仿真模型,得到故障电流各时刻的仿真值在图中用虚线表示;本章节所介绍的极间短路故障电流计算模型得到的故障电流各时刻计算值在图中用实线表示,为了使描述更加清晰,图中仅展示出故障后所有线路中电流较大的三条支路电流波形。可以看出在故障后支路电流 $i_{16}$、 $i_{26}$、 $i_{15}$ 的仿真值和计算值波形变化情况基本一致。定义绝对误差百分比为:100%×(|仿真值-计算值|/仿真值),则在故障后 6ms 时绝对误差百分比不超过的 3%,在故障后 8ms 时绝对误差百分比不超过 5%,随着故障时间的推移,电流误差随之增大,但在故障发生 8ms 时间内的误差均在可接受范围内。

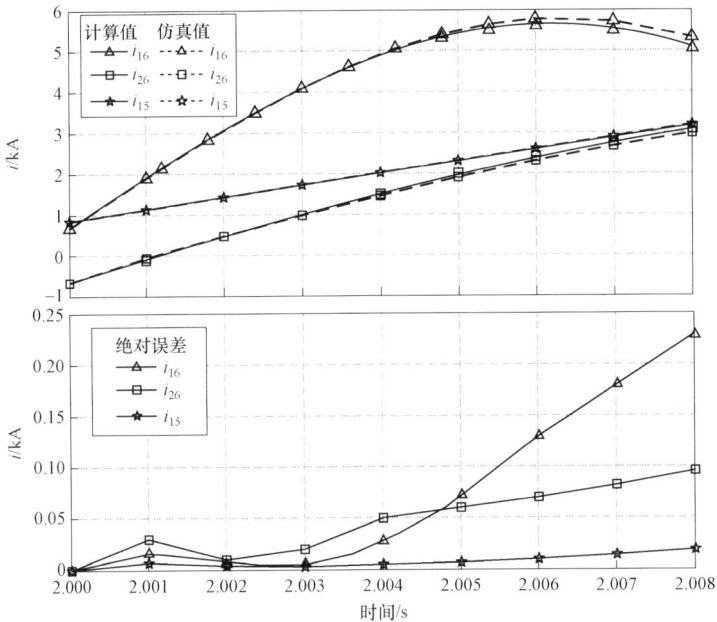

图 5-8　故障电流及误差对比

表 5-4 所示为故障电流计算值与仿真值所需的时间,表中可以看出通过故障电流计算模型所需时间远小于仿真模型所需的时间。说明本章节所提故障电流计算模型在保证计算精度的同时,其计算速度比仿真模型提高了约 152 倍。

表5-4　　　　　　　　　　　　计算与仿真时间对比

| 内容 | 计算值 | 仿真值 |
|---|---|---|
| 总共耗时/s | 0.3244 | 49.4532 |

相较于固定时间运行的仿真模型，故障电流计算模型在运算速度上有了很大的提升，实现了 NFFCL 优化配置中需要短期快速调用模型的要求。

# 5.5 多目标改进型 NSGA-Ⅱ算法

为了更好地处理本章节构建的直流配电网 NFFCL 多目标优化配置问题，在传统 NSGA-Ⅱ算法的基础上引入了交叉率及变异率调整模型、交叉分布指数及变异分布指数调整模型、拥挤度计算调整模型三部分内容，克服了传统NSGA-Ⅱ算法搜索效率低、易陷入局部最优解和早熟收敛的缺点，提高算法全局搜索能力。

## 5.5.1 交叉率及变异率调整模型

在遗传算法中，交叉率一般不大于 1，变异率一般不大于 0.1，并且变异率越大说明种群迭代搜索的随机性越强。本章节采用的改进 NSGA-Ⅱ算法中假定交叉率最大值为 1，变异率最大值为 0.1，与传统算法采用固定的交叉率与变异率不同，本章节根据非支配集个体与受支配集个体给出相应的交叉率及变异率调整模型。

1. 非支配集个体

首先将进化迭代过程划分为三个过程，第一个过程是进化初期：$[0, T_1]$，$T_1 = \alpha T$；第二过程是进化中期：$[T_1, T_2]$，$T_2 = (1-\alpha)T$；第三过程是进化后期：$[T_2, T]$。其中 $T$ 表示最大进化迭代次数，$\alpha$ 值为 0～0.5，本章取为 0.258。非支配集个体在不同进化阶段的交叉率及变异率不同，具体交叉率 $p_c$ 调整模型为

$$p_c = \begin{cases} 0.25(T_1 - t)/T_1 + 0.75, & t \in [0, T_1] \\ 0.25(T_2 - t)/(T_2 - T_1) + 0.5, & t \in (T_1, T_2] \\ 0.5(T - t)(1 - \beta)/(T - T_2) + 0.5\beta, & t \in (T_2, T] \end{cases} \quad (5-31)$$

式中：$t$ 表示个体进化迭代次数，$\beta$ 表示进化后期调节系数，取值范围为 0～1，本章节取 0.4。

遗传算法中通过提高个体迭代进化过程中的变异率来维持种群的多样性，所提非支配集个体变异率调整模型也是通过对不同阶段个体变异率进行调整达到控制种群合理进化的效果。在种群进化初期阶段，此时个体的平均适应度较低，优良个体较少，因此需要采用较大的交叉率和变异率初始种群产生新的

优良基因,实现种群的全局搜索。待种群进化后期,则此时个体的平均适应度较高,已有较多优良个体,为了保证优良基因不被破坏,采用较低的交叉率和变异率。变异率 $p_m$ 调整模型为

$$p_m = \begin{cases} (\min\{0.1, 10/L\} - 1/L)(T_1 - t)/T_1 + 1/L, \ t \in [0, T_1] \\ (1/L - 0.1/L)(T_2 - t)/(T_2 - T_1) + 0.1/L, \ t \in (T_1, T_2] \\ (0.1/L)(T - t)/(T - T_2)(1 - \beta) + (0.1/L)\beta, \ t \in (T_2, T] \end{cases} \quad (5-32)$$

式中:$L$ 表示待优化变量个数。

2. 受支配集个体

对于受支配集个体而言,这类个体并非最为优良的个体,所以受支配集个体在进化迭代的整个周期内都应具有较高的交叉率和变异率,使得受支配集个体能够有更大的概率产生较为优良的个体,加快种群进化过程。受支配集个体根据个体所处的层次等级对自身的交叉率和变异率进行调整,具体调整模型为

$$p_c' = \frac{(p_{c\max} - p_c)(\max(r_i, r_j) - 1)}{R - 1} + p_c \quad (5-33)$$

$$p_m' = \frac{(p_{m\max} - p_m)(\max(r_i, r_j) - 1)}{R - 1} + p_m \quad (5-34)$$

式中:$p_c'$ 和 $p_m'$ 分别表示受支配集个体交叉率和变异率;$r_i$ 和 $r_j$ 分别表示父代个体 $i$ 和 $j$ 的层次等级;$R$ 表示种群最大层次等级;$p_c$ 表示非支配集个体的交叉率,由式(5-31)决定;$p_m$ 表示非支配集个体的变异率,由式(5-32)决定;$p_{c\max}$ 和 $p_{m\max}$ 分别表示种群个体的交叉率和变异率最大值。

### 5.5.2 交叉分布指数及变异分布指数调整模型

基于 NSGA-Ⅱ算法的种群个体迭代进化过程中,子代个体与父代个体之间的间距与交叉分布指数和变异分布指数大小成反比,即交叉、变异分布指数越大,则生成的子代远离父代的概率越小,反之亦然。因此,在种群个体迭代初期,需要较小的交叉、变异分布指数,使得种群能够搜索到约束空间内的较大范围,提升对全局空间的搜索能力;在种群迭代后期,应采用较大的交叉、变异分布指数,让种群逐渐从全局搜索向局部搜索转化,加快种群迭代收敛进程。本章节除了考虑迭代进化阶段对种群搜索性能的影响,还考虑种群个体差异对搜索性能的影响。与交叉率及变异率调整模型类似,将种群个体分为非支配集个体和受支配集个体,分别构建交叉分布指数及变异分布指数调整模型。

1. 非支配集个体

对于非支配集个体，根据迭代进化的不同阶段对个体的交叉分布指数及变异分布指数进行调整，具体调整模型为

$$\eta_{c} = \eta_{cmin} + (\eta_{cmax} - \eta_{cmin})t/T \qquad (5-35)$$

$$\eta_{m} = \eta_{mmin} + (\eta_{mmax} - \eta_{mmin})t/T \qquad (5-36)$$

式中：$\eta_{c}$ 和 $\eta_{m}$ 分别表示非支配集个体交叉分布指数和变异分布指数；$\eta_{cmin}$ 和 $\eta_{mmin}$ 分别表示非支配集个体交叉分布指数和变异分布指数最小值，即个体初始迭代进化时的交叉分布指数和变异分布指数，一般取 1；$\eta_{cmax}$ 和 $\eta_{mmax}$ 分别表示非支配集个体交叉分布指数和变异分布指数最大值，即个体结束迭代进化时的交叉分布指数和变异分布指数，本章节取 30。

2. 受支配集个体

对于受支配集个体来说，为了使这类个体在迭代进化的整个周期都具有较大的未知空间搜索能力，其交叉分布指数和变异分布指数均为较小值，受支配集个体根据个体所处的层次等级对自身的交叉分布指数和变异分布指数进行调整，具体调整模型为：

$$\eta_{c}' = \eta_{c} - \frac{(\eta_{c} - \eta_{cmin})[\max(r_{i}, r_{j}) - 1]}{R - 1} \qquad (5-37)$$

$$\eta_{m}' = \eta_{m} - \frac{(\eta_{m} - \eta_{mmin})[\max(r_{i}, r_{j}) - 1]}{R - 1} \qquad (5-38)$$

式中：$\eta_{c}'$ 和 $\eta_{m}'$ 分别表示受支配集个体交叉分布指数及变异分布指数；$\eta_{c}$ 表示非支配集个体的交叉分布指数，由式（5-35）决定；$\eta_{m}$ 表示非支配集个体的变异分布指数，由式（5-36）决定。

### 5.5.3 拥挤度计算调整模型

在直流配电网系统 NFFCL 优化配置问题中，经济性因素主要与 NFFCL 运行成本以及容量成本相关，但是目前并未有相关研究说明 NFFCL 运行成本与容量之间的关系。因此本章节通过引入 NFFCL 配置总数量这一约束条件构建拥挤度计算调整模型，使得配置总数量不同的个体之间独立求解，削弱运行成本与容量成本之间的耦合关系。通过采用拥挤度计算调整模型后每个种群个体所携带的染色体分为以下三个部分：第一部分染色体长度与系统总支路数相等，表示 NFFCL 最大等效电压值；第二部分染色体长度与待优化目标函数个

数相等，分别表示待优化目标函数值；第三部分染色体长度为 3，分别表示 NFFCL 配置总数量、个体层次等级和拥挤度大小。拥挤度计算调整模型具体表达式为

$$d_i = \sum_{m=1}^{2} \frac{f_{Nm}(i+1) - f_{Nm}(i-1)}{f_{\max,m} - f_{\min,m}}, \quad i = 2, \cdots, n-1 \qquad (5-39)$$

式中：$n$ 表示种群个体总数；$f_{Nm}(i+1)$ 表示 NFFCL 配置总数量为 $N$ 的种群个体中第 $(i+1)$ 个种群个体的第 $m$ 个待优化目标函数值；$f_{\max,m}$ 和 $f_{\min,m}$ 分别表示第 $m$ 个待优化目标函数值在所有种群个体中的最大值和最小值。

多目标改进型 NSGA-Ⅱ 算法流程图如图 5-9 所示，相应的步骤为：

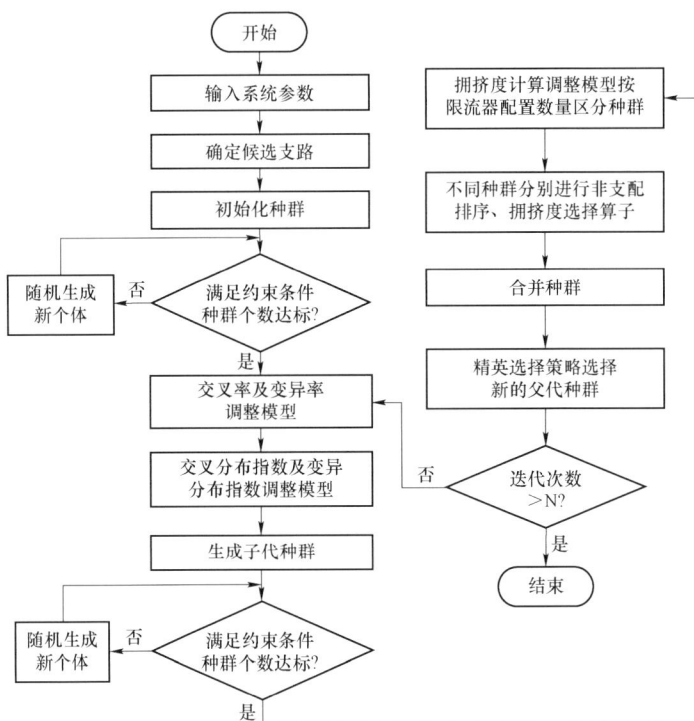

图 5-9　多目标改进型 NSGA-Ⅱ 算法流程图

（1）首先输入系统参数，并分析确定候选支路。

（2）确定个体染色体编码，随机生成一定数量的个体作为初始化种群，并计算个体目标函数的适应度以及判断个体是否满足约束条件。

（3）经过交叉率及变异率调整模型和交叉分布指数及变异分布指数调整

模型生成子代种群，并舍弃不满足约束条件的个体形成新种群，若新种群个体不够则随机生成新个体以维持种群个体数量稳定。

（4）父子代合成种群采用拥挤度计算调整模型按限流器配置数量进行区分，并采用快速非支配排序和拥挤度选择算子进行排序。

（5）采用精英选择策略选择得到新的种群，并作为下一次迭代的父代种群。

（6）若不满足迭代终止条件，则返回步骤（3）；否则，结束运行。

### 5.5.4　算法性能分析

为了评价改进算法的收敛性和多样性，采用反世代距离（Inverted Generational Distance，IGD）指标作为性能评价指标。指标值越低，算法的收敛性和多样性越好。IGD 可以表示为

$$\text{IGD} = \frac{1}{|P|} \sum_{i=1}^{|P|} \min_{j=1}^{|A|} \sqrt{\sum_{m=1}^{M} \left[ \frac{f_m(p_i) - f_m(a_j)}{f_m^{\max} - f_m^{\min}} \right]^2} \qquad (5-40)$$

式中：$P$ 为一组参考点，$p_i \in P$，$i = 1, 2 \cdots |P|$；$A$ 为非支配解集，$a_j \in A$，$j = 1, 2 \cdots |A|$。$f_m^{\max}$ 和 $f_m^{\min}$ 分别是 $P$ 中第 $m$ 个目标函数的最大值和最小值；$M$ 为目标函数个数。

表 5-5 给出了改进 NSGA-Ⅱ算法与 NSGA-Ⅱ算法在四个测试实例上的 IGD 测试结果。IGD 的均值和标准差值是每种算法在同一个测试实例中独立运行 50 次得到的结果。结果表明，在不同的测试实例中，改进 NSGA-Ⅱ算法的平均值和标准差值都较低，说明算法具有更好的收敛性和多样性。在本节中，

表 5-5　　　　　　　　　不同算法在四个测试函数间的 IGD 值

| 测试函数 | | 改进 NSGA-Ⅱ | NSGA-Ⅱ |
|---|---|---|---|
| ZDT1 | 平均值 | 2.2E-03 | 5.5E-03 |
| | 标准差 | 1.4E-04 | 7.7E-04 |
| ZDT2 | 平均值 | 1.7E-03 | 4.2E-03 |
| | 标准差 | 1.6E-04 | 1.2E-03 |
| ZDT3 | 平均值 | 4.9E-03 | 6.1E-03 |
| | 标准差 | 1.3E-04 | 4.8E-04 |
| ZDT6 | 平均值 | 1.7E-02 | 2.9E-02 |
| | 标准差 | 1.3E-2 | 1.3E-02 |

我们只以 ZDT1、ZDT2、ZDT3 和 ZDT6 为例。值得注意的是，我们不能期望算法在每个测试实例中都获得最好的 IGD 值，本节只罗列出表现较好的测试函数作为展示。

## 5.6  柔性限流器优化配置数学模型

直流配电网系统中 NFFCL 优化配置的经济性和限流效果是配置过程中备受关注的两个考虑因素，经济性和限流效果之间是存在着相互矛盾、相互制约的关系，故本章节采用多目标优化算法对 NFFCL 优化配置进行分析，多目标优化配置的目标函数可表示为

$$
\begin{cases}
\min F(x) = (\min F_1(x), \min F_2(x)) \\
\text{s.t.} \begin{cases} U_{FCL}^{min} \leqslant U_{FCL} \leqslant U_{FCL}^{max} \\ N_{FCL}^{min} \leqslant N_{FCL} \leqslant N_{FCL}^{max} \end{cases}
\end{cases}
\tag{5-41}
$$

式中：$F(x)$为目标函数空间，包含 2 个子目标函数 $F_1(x)$ 和 $F_2(x)$；$x$ 为待优化变量空间；$U_{FCL}$ 表示 NFFCL 的等效电压值；$U_{FCL}^{max}$ 和 $U_{FCL}^{min}$ 分别表示 NFFCL 等效电压值上限值和下限值；$N_{FCL}$ 表示 NFFCL 配置总数量；$N_{FCL}^{max}$ 和 $N_{FCL}^{min}$ 分别表示 NFFCL 配置总数量的上限值和下限值。

直流配电网中 NFFCL 优化配置的经济性主要与设备投资成本相关，依据 NFFCL 设备的基本结构以及工作运行情况可将设备投资成本划分为安装运行成本和容量成本。根据前文 NFFCL 工作特性的分析，由 $U_{dc} = L di / dt$ 可知，NFFCL 最大等效电压与限流电感值大小和整流器输出电流斜率相关，故容量成本取决于整流器最大输出电流和限流电感大小。本章节中考虑断路器识别故障并能够在故障后 6ms 内开断故障，因此在整流器最大输出电流决定了整流器最大输出电流斜率，即可将 NFFCL 投资成本模型简化如下：容量成本与 NFFCL 最大等效电压相关，安装运行成本与 NFFCL 配置总数量相关。综上所述，可以定义 NFFCL 优化配置的经济性目标函数为

$$
F_1' = \sum_{i=1}^{N_{FCL}} U_{FCL}(i) + mN_{FCL}
\tag{5-42}
$$

式中：$N_{FCL}$ 表示 NFFCL 配置总数量；$U_{FCL}(i)$ 表示第 $i$ 个 NFFCL 最大等效电压值；$m$ 表示 NFFCL 安装成本系数与容量成本系数之比。

通过引入拥挤度计算调整模型，使配置总数量不同的个体之间相互独立求

解，故优化求解过程中可忽略限流器配置总数量的影响，NFFCL 成本目标函数式可简化为

$$F_1 = \sum_{i=1}^{N_{\text{FCL}}} U_{\text{FCL}}(i) \tag{5-43}$$

通过装设 NFFCL 来抑制直流配电网的故障电流，应保证断路器动作时的故障电流不超过 DCCB 的遮断电流，确保 DCCB 安全可靠地开断故障线路。为了降低 NFFCL 优化配置变量的空间维数，避免在求解过程中陷入维数灾难，本章节选取线路中极间短路故障电流最大的位置进行故障分析，即选取每条线路首末端位置作为故障点。因此对于一个含 $b$ 条支路的直流配电网系统，极间短路故障点位置选为每条线路首末端处，故障点总数量为 $2b$。为了确保所有线路 DCCB 能够安全可靠地开断故障，优化配置过程故障电流约束条件可表示为

$$\max \begin{bmatrix} i_{f(1,1)} & \cdots & i_{f(1,b)} \\ \vdots & \ddots & \vdots \\ i_{f(2b,1)} & \cdots & i_{f(2b,b)} \end{bmatrix}_{2b \times b} < \alpha i_{brk}^{\max} \tag{5-44}$$

式中：$i_{f(i,j)}$ 表示故障点 $i$ 处发生极间短路故障时，支路 $j$ 在 DCCB 开断时刻的电流；$\alpha$ 为 0～1 的数，表示 DCCB 可靠开断系数；$i_{brk}^{\max}$ 表示 DCCB 最大开断电流。

NFFCL 优化配置中另一个优化目标是系统可靠性，在 DCCB 开断电流已知的情况下系统可靠性主要取决于 NFFCL 限流效果。式（5-44）约束条件与待优化变量及目标函数之间无直接数学关系，故可利用罚函数方法将约束条件融入待优化目标函数中，以确保优化配置求解结果均能满足约束条件式（5-44）。因此定义 NFFCL 优化配置的第二个目标函数用于评价系统中 NFFCL 限流效果，可表示为

$$F_2 = \ln \sum_{i=1}^{b} \left[ f_{\text{r}} \left( \frac{i_{f(2i-1,i)}}{i_{brk}^{\max}} \right) + f_{\text{r}} \left( \frac{i_{f(2i,i)}}{i_{brk}^{\max}} \right) \right] + f_{\text{p}} \tag{5-45}$$

$$f_{\text{r}}(x) = \begin{cases} (b+1)^k, & \dfrac{k-1}{s} \leqslant x \leqslant \dfrac{k}{s} \ (k=1,\cdots,s) \\ (b+1)^k, & 1 \leqslant x \end{cases} \tag{5-46}$$

$$f_{\text{p}} = p_{\text{c}} \max \left\{ \max \begin{bmatrix} i_{f(1,1)} - \alpha i_{brk}^{\max} & \cdots & i_{f(1,b)} - \alpha i_{brk}^{\max} \\ \vdots & \ddots & \vdots \\ i_{f(2b,1)} - \alpha i_{brk}^{\max} & \cdots & i_{f(2b,b)} - \alpha i_{brk}^{\max} \end{bmatrix}, 0 \right\} \tag{5-47}$$

式中：$i_{f(2i-1,i)}$ 表示支路 $i$ 首端发生极间短路故障时断路器开断时刻的故障电流；$i_{f(2i,i)}$ 表示支路 $i$ 末端发生极间短路故障时断路器开断时刻的故障电流；$b$ 表示系统总支路数；$s$ 表示预设的限流比率阶段，取 10；$f_p$ 表示罚函数，$p_c$ 表示惩罚系数，本小节取 $10^6$。

当式（5-44）约束条件不满足时，由式（5-47）可知罚函数 $f_p$ 会呈现较大值使得目标函数 $F_2$ 较大，通过罚函数表示出该种方案的限流效果较差。式（5-45）中通过引入 ln 对数函数（单调函数）来缩小 NFFCL 限流效果目标函数的尺度。

## 5.7 柔性限流器优化配置算例分析

为了验证本章所提的考虑 NFFCL 的优化配置方法的有效性，构建如图 5-10 所示 11 节点直流配电网系统网架模型进行分析，该模型是基于 IEEE-14 节点网架结构改进而成。

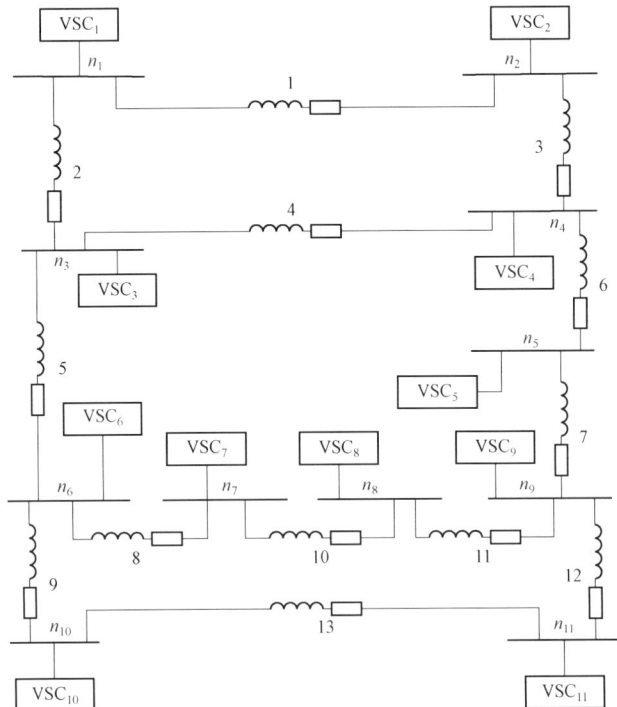

图 5-10　11 节点直流配电网系统网架模型

由于本章分析的直流配电网系统均为正负极对称的双极运行系统,故为了使网架图更加直观清晰,图中只画出正极网架结构,并且假设 NFFCL 优化配置分析中线路正负极对称位置配置情况一致,即优化配置过程只需分析正极线路的配置情况,负极与之对应。对 11 节点直流配电网系统的参数设定如下:节点 5 为 V 节点,即系统平衡节点,用于平衡系统中的功率以及维持系统电压稳定;节点 1~4、节点 6~11 为 P 节点,P 节点中共包含 3 个电源节点和 8 个负荷节点。直流配电网系统具体参数如表 5-6 和表 5-7 所示。

表 5-6　　　　　　　　　11 节点模型换流站节点参数

| 节点编号 | 电容/mF | 控制模式 | 故障时刻等效电流源参数/kA |
|---|---|---|---|
| 1 | 5 | 恒功率: $P = 15\text{MW}$ | 1.4956 |
| 2 | 1 | 恒功率: $P = -3\text{MW}$ | $-0.3006$ |
| 3 | 3 | 恒功率: $P = -9\text{MW}$ | $-0.9031$ |
| 4 | 2 | 恒功率: $P = -6\text{MW}$ | $-0.6018$ |
| 5 | 5 | 恒电压: $U_{dc} = 10\text{kV}$ | 1.5356 |
| 6 | 2 | 恒功率: $P = -6\text{MW}$ | $-0.6040$ |
| 7 | 1 | 恒功率: $P = -3\text{MW}$ | $-0.3027$ |
| 8 | 1 | 恒功率: $P = -3\text{MW}$ | $-0.3029$ |
| 9 | 2 | 恒功率: $P = -6\text{MW}$ | $-0.6050$ |
| 10 | 5 | 恒功率: $P = 15\text{MW}$ | 1.4981 |
| 11 | 3 | 恒功率: $P = -9\text{MW}$ | $-0.9090$ |

注:功率以换流站流向直流系统为正。

表 5-7　　　　　　　　　11 节点模型系统参数

| 名称/单位 | 数值 | |
|---|---|---|
| 直流侧额定电压/kV | 10 | |
| 平波电感/mH | 5 | |
| 线路电阻/(Ω/km) | 0.0139 | |
| 线路电感/(mH/km) | 0.159 | |
| 线路长度/km | 线路 1: 12 | 线路 8: 6 |
| | 线路 2: 6 | 线路 9: 10 |
| | 线路 3: 8 | 线路 10: 4 |
| | 线路 4: 14 | 线路 11: 6 |
| | 线路 5: 16 | 线路 12: 8 |
| | 线路 6: 6 | 线路 13: 12 |
| | 线路 7: 8 | / |

### 5.7.1 候选支路选取

对于已投入运行的直流配电网系统，设定线路两端装设的 DCCB 最大开断电流 $i_{brk}^{max}$ 为 8kA，开断时间 $t_c$ 为 6ms，为了确保 DCCB 能够安全可靠开断故障线路，则需要留有 10%～30%的开断电流裕度，故本章节设定开断电流裕度公式中 $\alpha i_{brk}^{max} = 7kA$。图 5-11 所示为直流配电网系统在没有配置任何限流装置的场景下，系统各线路首端或末端发生极间短路故障时，该线路在断路器开断时刻（$t_c = 6ms$）的故障电流大小，图中表明随着大量新能源并入直流配电网系统，各线路的故障电流水平随之提高，线路 10（7-8）首末端故障电流均小于 DCCB 安全开断电流，而其余线路首末端故障电流并未满足 DCCB 开断电流裕度要求。因此本章节中选取除线路 10（7-8）外的其余 12 条线路作为后续 NFFCL 优化配置研究的候选支路。

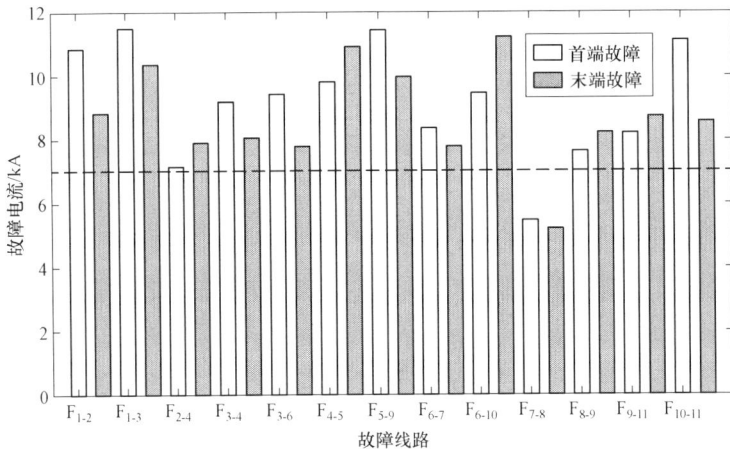

图 5-11　未限流系统极间短路电流最大值（$t_c = 6ms$）

### 5.7.2 优化配置结果分析

基于多目标改进型 NSGA-Ⅱ算法对直流配电网系统 NFFCL 优化配置问题进行求解，算法参数设置如下：种群个体数量为 500，迭代进化总次数为 300；NFFCL 最大等效电压为 7kV，最小等效电压为 0，配置结果中若线路所配置的 NFFCL 等效电压为 0 表示线路未配置 NFFCL；在正极线路上 NFFCL 配置总数量上限为 24。

如图 5-12 和图 5-13 所示为 11 节点直流配电网系统中 NFFCL 优化配置结果的 Pareto 前沿解,采用改进型 NSGA-Ⅱ 算法中拥挤度计算调整模型对 NFFCL 优化配置过程中的配置总数量和容量进行解耦,因此图 5-12 所示为不同配置总数量下的 Pareto 前沿解,图 5-13 所示将不同配置总数量下的 Pareto 前沿解呈现在同一坐标轴上进行对比。图中横纵坐标分别表示限流效果和系统中 NFFCL 总配置等效电压,不同标记符号分别表示配置总数量不同的 Pareto 前沿解。结合图 5-12 和图 5-13 可以看出系统中 NFFCL 总配置等效电压 $F_1$ 越大,限流效果 $F_2$ 越小,代表限流效果越好。根据不同配置数量对比图可知:
① 随着配置总数量的增加,其限流效果可选范围也随之增大。例如图中 NFFCL 配置总数量为 16 时,限流效果 $F_2$ 可选择的范围为 [16.4,24];而 NFFCL 配置总数量为 24 时,限流效果 $F_2$ 可选择的范围为 [12,24]。② 若实际工程中只要求故障时 DCCB 能安全可靠开断故障,而对限流效果没有较高要求时,对应图中 18<$F_2$<24 范围内,此时在同样限流效果下 NFFCL 配置总数量为 16 的方案与其余方案相比,配置总等效电压及配置总数量均为最小,即经济性最优,因此该场景下选择配置总数量为 16 的方案作为最优方案。
③ 若实际工程中对限流效果要求较高时,对应图中 14<$F_2$<18 的情况,此时

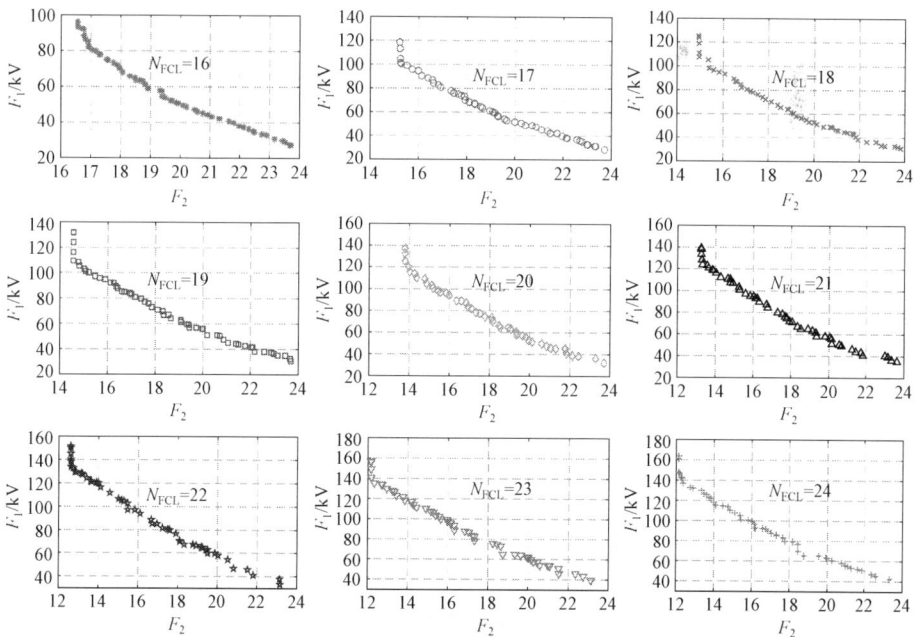

图 5-12 NFFCL 优化配置的 Pareto 前沿解

在同样限流效果下 NFFCL 配置总数量为 16 的方案的总等效电压不再最低，即此时需要考虑容量成本与安装成本之间的关系确定经济性最佳的方案，具体分析可见下节分析，配置总数量为 17～24 的方案也可类似分析。对于 $F_2 < 14$ 的情况，需要配置总数量大于 20 才能满足要求，限流效果要求越高，则配置总数量越多。

为了更好地分析优化配置方案，从图 5-13 所示 Pareto 前沿解中不同位置选取 11 个最为典型的方案，具体方案配置结果如表 5-8 所示。图 5-14 所示为直流配电网系统依据典型方案 $A_1$、$B_5$、$C_1$ 进行 NFFCL 配置后，线路首末端依次发生故障时 DCCB 开断的故障电流，图中左侧表示首端故障，右侧表示末端故障。图中可以看出各个典型方案下系统故障电流均被抑制，方案 $C_1$ 中 NFFCL 配置总数量与总等效电压均为最大，其限流效果也最好，而方案 $A_1$ 虽然限流效果相对较差，但是故障电流也均被限制在 DCCB 安全开断电流之下。

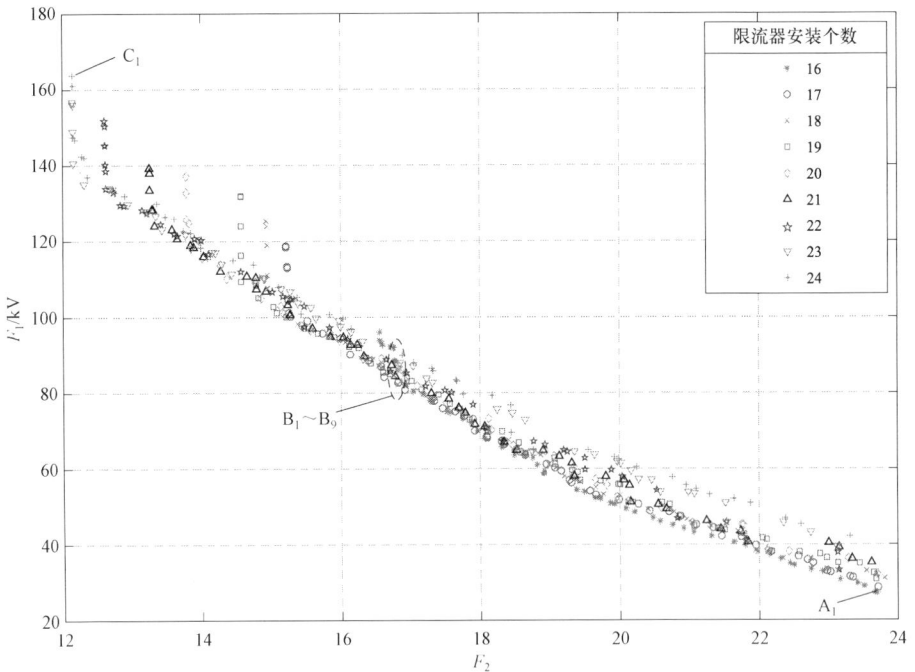

图 5-13 基于 NFFCL 配置数量的 Pareto 前沿解对比

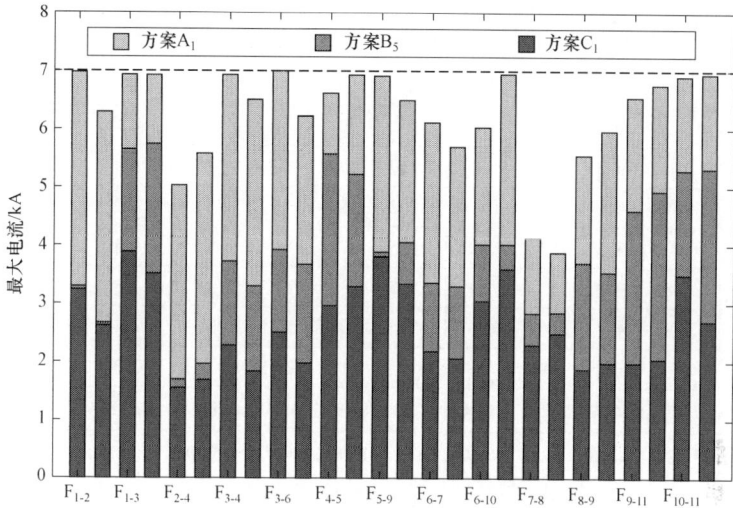

图 5-14 不同方案下各支路首末端故障电流最大值（$t_c = 6\text{ms}$）

表 5-8 考虑 NFFCL 的优化方案的具体配置结果

| 方案 | $A_1$ | $B_1$ | $B_2$ | $B_3$ | $B_4$ | $B_5$ | $B_6$ | $B_7$ | $B_8$ | $B_9$ | $C_1$ | D/mH |
|------|-------|-------|-------|-------|-------|-------|-------|-------|-------|-------|-------|------|
| 1（1-2） | 2.024 | 6.819 | 7.000 | 7.000 | 7.000 | 6.936 | 6.998 | 7.000 | 6.922 | 6.917 | 7.000 | 10 |
| | 0 | 2.720 | 0 | 0 | 0 | 0 | 0 | 0 | 1.087 | 1.144 | 5.355 | 1.643 |
| 2（1-3） | 3.305 | 7.000 | 3.699 | 5.069 | 4.040 | 5.107 | 4.708 | 3.944 | 4.862 | 4.922 | 7.000 | 10 |
| | 0 | 4.250 | 0 | 1.636 | 0 | 1.224 | 0 | 0.028 | 1.103 | 1.014 | 6.923 | 5.543 |
| 3（2-4） | 0 | 0 | 3.301 | 0 | 3.644 | 2.972 | 3.007 | 3.693 | 2.842 | 3.191 | 6.760 | 6.858 |
| | 1.155 | 0 | 6.965 | 5.174 | 6.997 | 6.778 | 6.717 | 6.997 | 6.190 | 6.577 | 7.000 | 9.851 |
| 4（3-4） | 1.057 | 0 | 6.734 | 3.901 | 6.329 | 5.145 | 5.289 | 6.332 | 4.757 | 5.449 | 7.000 | 4.563 |
| | 0 | 0 | 6.871 | 3.159 | 5.889 | 4.602 | 4.343 | 5.922 | 3.796 | 4.400 | 7.000 | 3.515 |
| 5（3-6） | 1.005 | 7.000 | 2.852 | 2.756 | 2.130 | 5.182 | 4.864 | 2.345 | 4.744 | 5.066 | 7.000 | 9.997 |
| | 0 | 5.359 | 0 | 0.000 | 0 | 3.571 | 3.232 | 0.362 | 2.888 | 3.721 | 6.786 | 7.021 |
| 6（4-5） | 1.003 | 4.743 | 4.050 | 2.678 | 3.419 | 0.000 | 1.463 | 3.412 | 1.430 | 1.279 | 6.995 | 4.389 |
| | 2.567 | 6.844 | 6.996 | 5.920 | 6.620 | 4.970 | 5.184 | 6.625 | 5.282 | 5.254 | 7.000 | 5.533 |
| 7（5-9） | 3.026 | 5.797 | 5.372 | 5.715 | 5.419 | 6.916 | 6.657 | 5.394 | 6.717 | 6.630 | 7.000 | 9.046 |
| | 1.172 | 0 | 0.000 | 0 | 0 | 1.665 | 1.823 | 0 | 2.020 | 1.847 | 6.820 | 5.015 |
| 8（6-7） | 1.015 | 6.983 | 6.968 | 5.158 | 6.841 | 5.430 | 5.085 | 6.842 | 5.227 | 4.015 | 7.000 | 10 |
| | 0 | 0 | 4.059 | 0 | 4.438 | 0.000 | 0 | 4.373 | 0.000 | 1.102 | 5.590 | 3.866 |
| 9（6-10） | 1.597 | 0 | 0.000 | 2.402 | 1.516 | 2.049 | 2.569 | 1.787 | 2.520 | 2.784 | 6.969 | 9.841 |
| | 3.085 | 5.630 | 4.842 | 6.715 | 5.523 | 6.547 | 6.810 | 5.501 | 6.736 | 7.000 | 7.000 | 8.854 |

| 方案 | A₁ | B₁ | B₂ | B₃ | B₄ | B₅ | B₆ | B₇ | B₈ | B₉ | C₁ | D/mH |
|---|---|---|---|---|---|---|---|---|---|---|---|---|
| 10（7-8） | 0 | 0 | 0 | 0 | 0 | 0 | 0 | 0 | 0 | 0 | 0 | 0 |
| | 0 | 0 | 0 | 0 | 0 | 0 | 0 | 0 | 0 | 0 | 0 | 0 |
| 11（8-9） | 1.016 | 4.628 | 2.383 | 0 | 1.910 | 0.000 | 1.416 | 1.879 | 1.276 | 1.082 | 6.946 | 6.592 |
| | 1.001 | 7.000 | 5.948 | 4.410 | 5.908 | 4.553 | 4.692 | 5.789 | 4.710 | 4.592 | 7.000 | 9.993 |
| 12（9-11） | 0 | 6.855 | 0.000 | 7.000 | 1.845 | 2.736 | 1.647 | 1.854 | 1.485 | 2.612 | 7.000 | 6.770 |
| | 1.018 | 6.929 | 1.573 | 6.847 | 2.805 | 3.301 | 2.475 | 2.610 | 2.428 | 3.137 | 7.000 | 6.132 |
| 13（10-11） | 2.160 | 3.442 | 3.089 | 5.933 | 2.734 | 5.079 | 5.511 | 2.647 | 5.904 | 5.624 | 7.000 | 6.536 |
| | 0 | 0 | 0 | 3.172 | 0 | 2.183 | 2.812 | 0.358 | 3.048 | 2.770 | 6.676 | 4.081 |
| $F_1$/kV | 27.207 | 91.999 | 82.702 | 84.645 | 85.009 | 86.946 | 87.302 | 85.694 | 87.973 | 92.128 | 163.820 | 165.651 |
| $F_2$ | 23.706 | 16.755 | 16.818 | 16.761 | 16.706 | 16.832 | 16.725 | 16.708 | 16.847 | 16.764 | 12.149 | 19.398 |
| $N_{FCL}$/个 | 16 | 16 | 17 | 18 | 19 | 20 | 21 | 22 | 23 | 24 | 24 | 24 |
| $F_1'$ | / | $16a+$ 91.999 | $17a+$ 82.702 | $18a+$ 84.645 | $19a+$ 85.009 | $20a+$ 86.946 | $21a+$ 87.302 | $22a+$ 85.694 | $23a+$ 87.973 | $24a+$ 92.128 | / | / |

为了对比 NFFCL 优化配置的优劣性，在 11 节点配电网系统中采用较为类似的电感型限流器进行优化配置，其中电感型限流器的等效电感值为 0～10mH，经济性目标函数 $F_L$ 取为等效电感值总和，其余参数不变。电感型限流器优化配置结果如图 5-15 所示，图中表明在配置同样数量的电感型限流器时，

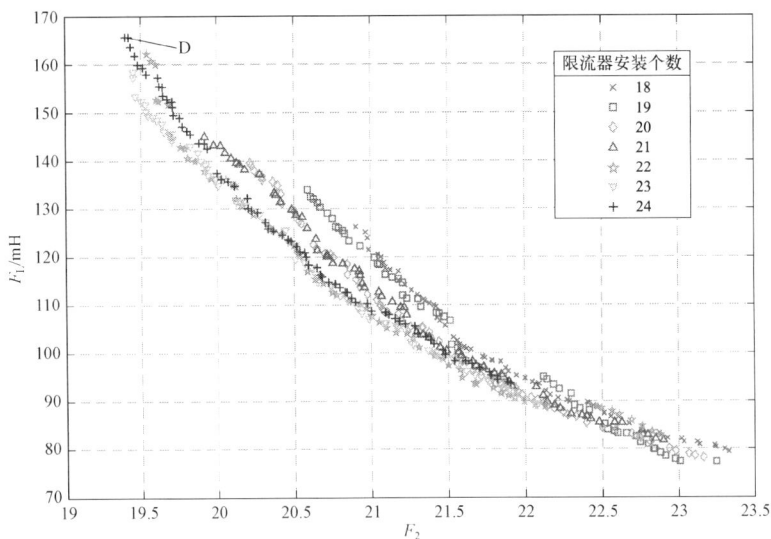

图 5-15 基于电感型限流器配置数量的 Pareto 前沿解

总等效电感值越大则限流效果越好；而在总等效电感值相同的情况下，电感型限流器配置总数量越大，对应的 Pareto 曲线往限流效果较好的方向移动，即限流效果越好。图 5–13 和图 5–15 得到图 5–16 对比图，图中解集 1 为 NFFCL 的 Pareto 解集，解集 2 为电感型限流器 Pareto 解集，结合三个图可知采用 NFFCL 可以得到配置数量更少的方案，在配置数量相同时，解集 1 的限流效果 $F_2$ 值大部分小于解集 2，表明解集 1 配置方案的限流效果更好。

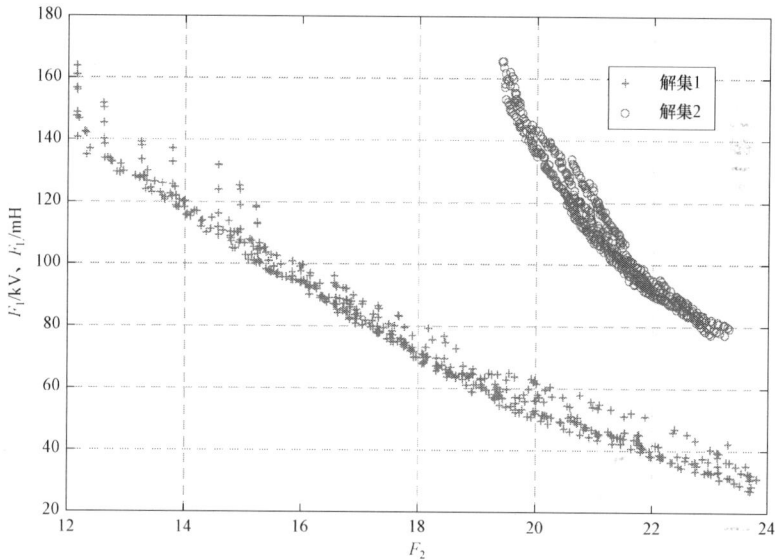

图 5–16　装设不同限流器的 Pareto 前沿解对比

从图 5–15 电感型限流器 Pareto 前沿解中选取限流效果较好的方案 D 与图 5–13 中 NFFCL 的典型方案 $B_1$～$B_9$ 进行对比，方案 $B_1$～$B_9$ 分别与配置总数量 16～24 对应。在 11 节点系统中分别按照上述典型方案进行 NFFCL 配置，再对 13 条线路首末端进行极间短路故障计算（每种配置方案均进行 26 次计算），故障电流值如图 5–17 所示。结果表明，所有典型方案均可有效抑制故障电流，使得 DCCB 能在安全裕度内开断故障线路，并且相比于方案 D 而言，依据方案 $B_1$～$B_9$ 进行配置后各线路故障电流大部分较小，在 NFFCL 配置数量较大时（方案 $B_8$、$B_9$），不同故障点的故障电流值构成的封闭图形在方案 D 图形内部，NFFCL 配置方案限流效果更好。

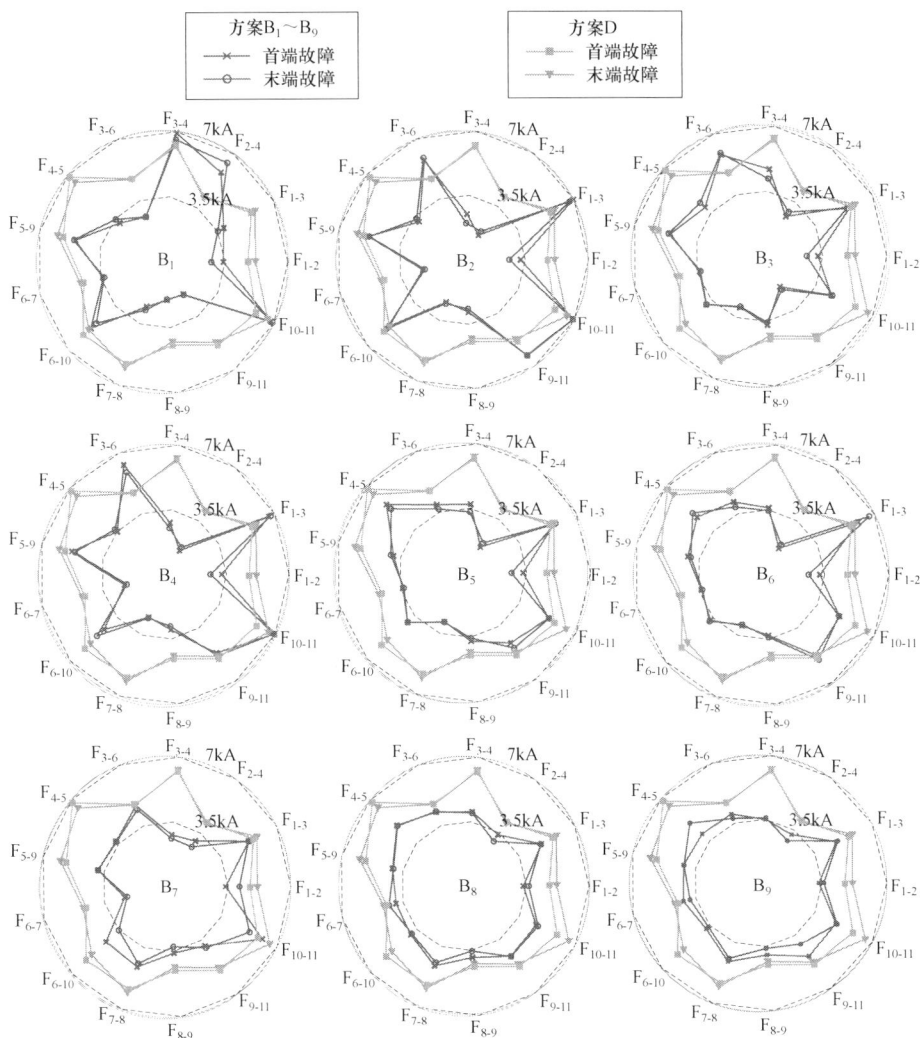

图 5－17　不同位置极间短路故障时的故障电流（$t_\mathrm{c}=6\ \mathrm{ms}$）

### 5.7.3　最优方案选取

在实际工程应用中，决策者可根据经济性与可靠性，灵活地从 Pareto 前沿解中选取最优方案。由上节中分析可知，若对经济性要求较高，则方案 $A_1$ 为最终方案；若可靠性要求较高时，则方案 $C_1$ 为最终方案；对于经济性与可靠性均不占主导地位时，正如上节节中限流效果 $14<F_2<18$ 的场景，无法直接根据 Pareto 前沿解确定最优方案，根据式（5－42）构建的总成本函数以评估

各方案在满足限流效果前提下的经济性。最优方案选取过程中决策者首先结合实际情况确定系统限流效果范围，再将范围内的所有 Pareto 方案代入式（5-42）进行评估，总成本函数值 $F_1'$ 最小的方案即为最佳方案。

假设决策者选取限流效果为 16.75 附近的场景进行分析，即方案 $B_1 \sim B_9$，由式（5-42）可知，方案总成本函数与 NFFCL 配置数量和容量均成正比，故若方案配置容量与数量均较小，则无论 $m$ 值为多少，该方案即为最优方案。表 5-8 中方案 $B_2$ 的配置容量与数量均比方案 $B_3 \sim B_9$ 小，因此该场景下只需对 $B_1$、$B_2$ 进行比较，图 5-18 所示为该场景下总成本函数值随比值系数 $m$ 的变化趋势，图中表明该场景下，若 $m$ 小于 9.297，则方案 $B_2$ 为最优方案，反之方案 $B_1$ 为最优方案。其他限流效果下的场景可类比分析，在此不再赘述。

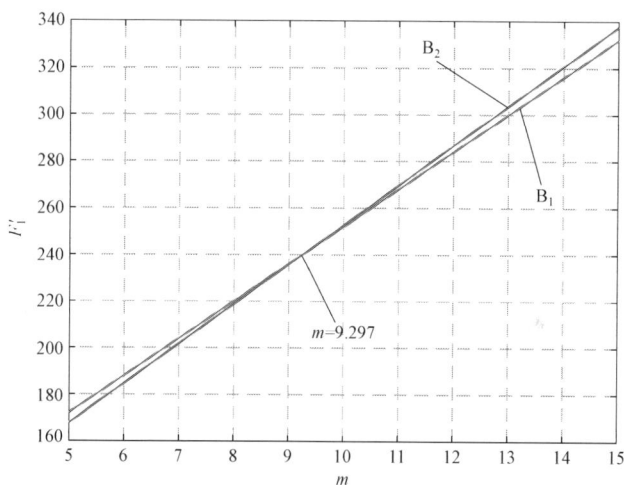

图 5-18  评估值 $F_1'$ 随比值系数 $m$ 变化情况

## 5.8  本 章 小 结

本章节首先基于换流站和故障限流器简化模型，提出一种考虑故障限流器动作的故障电流计算模型，该模型能够方便快速的根据不同工况、不同故障位置以及不同限流措施对故障电流进行计算。其次在 5 节点直流配电网系统验证换流站简化模型的可行性并对故障电流计算值与仿真值进行比较，结果表明故障电流计算值在故障后 8ms 内计算误差均不超过 5%，在保证计算精度的同时计算速度提高了约 152 倍，说明所提故障电流计算模型具有较高的精度与计算效率，实现了优化配置过程中需要短期快速调用故障电流计算模型的要求。最后为了充分发挥柔性限流器在直流配电网中的实用性，提出一种直流配电网中柔性限流器标优化配置方法。通过对 NSGA-Ⅱ算法进行改进，克服了传统NSGA-Ⅱ易陷入局部最优解、算法搜索效率低和早熟收敛的缺点，并在配置过程中实现柔性限流器配置总数量与容量的解耦；综合考虑柔性限流器成本和系统可靠性构建优化配置模型；利用改进 NSGA-Ⅱ算法求得柔性限流器安装数量不同的 Pareto 解集，并就经济性与可靠性之间的关系进行最终方案选取。所提方法能够提供考虑限流器安装数量、安装位置、经济性、限流效果以及直流断路器最大开断电流等多元因素的优化方案，提高配置方法的灵活性和适用范围。

# 6 交流配电网柔性限流器优化配置及经济性分析

实现分压式级联 H 桥柔性限流器的限流方法是解决柔性限流器优化配置问题的关键前提。为了选取限流器优化配置问题中成本、限流效果与负荷可靠性的折中解，本章节提出了一种新型柔性限流器的 Pareto 优化配置方法。首先，该方法在传统灵敏度分析中引入蒙特卡洛故障模拟模型，基于配电网实际特性分析控制变量与运行变量的耦合关系并判断变量对配电网的影响，筛选对配电网影响较大的候选支路，能够有效地减小搜索空间，提高优化算法的求解效率；其次，根据候选位置与三个相互冲突的目标函数，提出一种多目标改进型蝙蝠算法以得到 Pareto 最优解集；最后，通过全寿命周期成本（Life Cycle Cost，LCC）与未来现金流量现值构建柔性限流器的经济价值评估模型，计算柔性限流器的实际使用年限与全寿命周期内的各项成本。所提方法在改进型 IEEE-33节点配电网系统中进行验证，结果表明，该方法在寻找最优解方面具有较高的效率，为柔性限流器的实际工程应用提供了一种新的优化配置思路。

## 6.1 故障模型与灵敏度分析

系统故障期间，通过改变各 H 桥单元开关状态，以输出各分压电容相应参考电压值而达到抑制故障电流的效果。为便于分析分压式级联 H 桥柔性限流器的限流原理，本节将滤波电感、滤波电容、保护电阻与级联 H 桥模块构成的限流装置等效为可变阻抗。该方法相当于在线路中串联了一个大小为 $kZ_{FCL}$（$0<k<1$）的阻抗，其中 $Z_{FCL}$ 为限流器最大等效阻抗，依据控制目标将故障电流抑制于允许范围内的任意参考值，从而达到抑制故障电流的目的。本

小节结合灵敏度分析与蒙特卡洛故障模拟模型以筛选候选支路，大大提高优化配置效率，在限流器优化配置问题中得到了广泛应用。

### 6.1.1 配电网故障模型

用节点阻抗矩阵表示网络节点方程为

$$
\begin{bmatrix} \dot{U}_1 \\ \cdots \\ \dot{U}_i \\ \cdots \\ \dot{U}_j \\ \cdots \\ \dot{U}_n \end{bmatrix} = \begin{bmatrix} Z_{11} & \cdots & Z_{1i} & \cdots & Z_{1j} & \cdots & Z_{1n} \\ \vdots & & \vdots & & \vdots & & \vdots \\ Z_{i1} & \cdots & Z_{ii} & \cdots & Z_{ij} & \cdots & Z_{in} \\ \vdots & & \vdots & & \vdots & & \vdots \\ Z_{j1} & \cdots & Z_{ji} & \cdots & Z_{jj} & \cdots & Z_{jn} \\ \vdots & & \vdots & & \vdots & & \vdots \\ Z_{n1} & \cdots & Z_{ni} & \cdots & Z_{nj} & \cdots & Z_{nn} \end{bmatrix} \begin{bmatrix} \dot{I}_1 \\ \cdots \\ \dot{I}_i \\ \cdots \\ \dot{I}_j \\ \cdots \\ \dot{I}_n \end{bmatrix} \tag{6-1}
$$

式中：$\dot{U}_i$（$i=1\cdots n$）为 $i$ 点对地电压；$\dot{I}_i$（$i=1\cdots n$）为 $i$ 点注入电流；$Z_{ij}$（$i=1\cdots n$，$j=1\cdots n$）为支路阻抗。当系统发生短路故障时，根据叠加与替代原理将故障电压划分为正常分量与故障分量，故节点电压方程可以改写为

$$
\begin{bmatrix} \dot{U}_1 \\ \cdots \\ \dot{U}_f \\ \cdots \\ \dot{U}_n \end{bmatrix} = \begin{bmatrix} \dot{U}_{1(0)} \\ \cdots \\ \dot{U}_{f(0)} \\ \cdots \\ \dot{U}_{n(0)} \end{bmatrix} + \begin{bmatrix} Z_{11} & \cdots & Z_{1f} & \cdots & Z_{1n} \\ \cdots & \cdots & \cdots & \cdots & \cdots \\ Z_{f1} & \cdots & Z_{ff} & \cdots & Z_{fn} \\ \cdots & \cdots & \cdots & \cdots & \cdots \\ Z_{n1} & \cdots & Z_{nf} & \cdots & Z_{nn} \end{bmatrix} \begin{bmatrix} 0 \\ \cdots \\ -\dot{I}_f \\ \cdots \\ 0 \end{bmatrix} \tag{6-2}
$$

式中：$\dot{U}_i$（$i=1,\cdots,n$）与 $\dot{U}_{i(0)}$ 分别为短路点节点电压与短路点电压正常分量；$Z_{nn}$ 为节点阻抗矩阵的自阻抗；$f$ 为故障节点；$\dot{I}_f$ 是故障节点短路电流。

因此结合式（6-1）与式（6-2）可以得出短路故障电流为

$$
\dot{I}_f = \frac{\dot{U}_{f(0)}}{Z_{ff}+Z_f} \approx \frac{1}{Z_{ff}+Z_f} \tag{6-3}
$$

当忽略短路点接地阻抗 $Z_f$ 时，短路故障电流可改写为

$$
\dot{I}_f = \frac{\dot{U}_{f(0)}}{Z_{ff}} \approx \frac{1}{Z_{ff}} \tag{6-4}
$$

由式（6-4）可以看出，通过计算自阻抗的倒数可以求得该节点下的短路电流。结合式（6-2）与式（6-4）可以计算每个节点故障电压，则 $f$ 点发生短路故障后各节点电压与支路电流可以表示为

$$\begin{cases} \dot{U}_1 = \dot{U}_{f(0)} - Z_{1f}\dot{I}_f \\ \dot{U}_f = Z_{1f}\dot{I}_f \\ \dot{U}_n = \dot{U}_{n(0)} - Z_{nf}\dot{I}_f \end{cases} \qquad (6-5)$$

$$\dot{I}_{ij} = \frac{\dot{U}_i - \dot{U}_j}{Z_{ij}} \qquad (6-6)$$

为了模拟分压式级联 H 桥柔性限流器对给定网络产生的影响，本小节将其理想化的等效阻抗加入故障条件下节点阻抗，通过等效阻抗的变化模拟限流器柔性可控的限流效果。为便于修改节点阻抗矩阵，将其原有网络阻抗 $Z_{ij}$ 改变为 $Z'_{ij}$，等效为切除一条阻抗为 $Z_{ij}$ 的支路并增加一条阻抗为 $Z'_{ij}$ 的支路，图 6-1 为配电网三相短路的等值电路图。

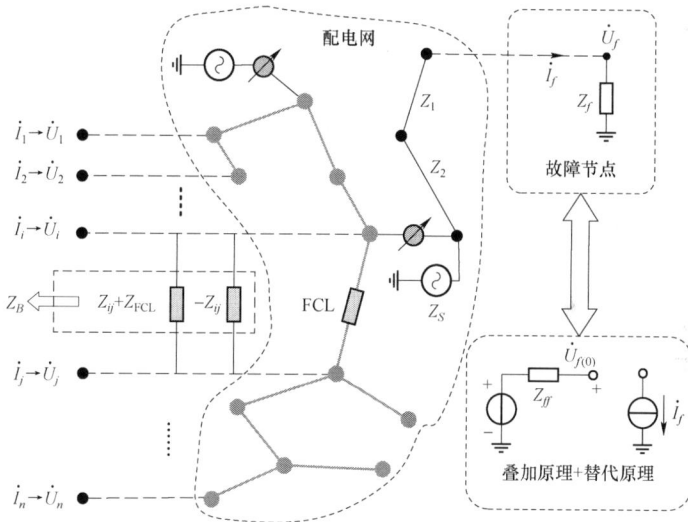

图 6-1 三相短路的等值电路图

在支路 $ij$ 上串入柔性限流器，可将其等效为在该支路上并联一个等效阻抗，其数值大小为

$$Z_B = \frac{-Z_{ij}(Z_{FCL} + Z_{ij})}{Z_{FCL}} \qquad (6-7)$$

则经修正后的自阻抗可以表示为

$$Z'_{ii} = Z_{ii} - \frac{(Z_{ij} - Z_{if})^2}{Z_{ff} + Z_{jj} - 2Z_{fj} + Z_B} \qquad (6-8)$$

## 6.1.2 灵敏度分析法

灵敏度分析法是针对给定系统的输出参量判断对系统产生影响的敏感度，通过灵敏度分析运行变量与控制变量之间的定量关系，以反映变量对于整个系统的影响。传统灵敏度分析法通常利用节点自阻抗来定义灵敏度因子，以减小目标函数的搜索范围，避免矩阵维数过大，其中灵敏度 $\eta_1$ 定义为

$$\eta_1 = \lim_{Z_{CHB\text{-}FCL} \to 0} \frac{\dfrac{(Z_{ij} - Z_{if})^2}{Z_{ff} + Z_{jj} - 2Z_{fj} + Z_B}}{Z_{CHB\text{-}FCL}} = \frac{(Z_{ij} - Z_{if})^2}{Z_{fj}^2} \quad (6-9)$$

如果支路的灵敏度 $\eta_1$ 越大，则表明安装于该支路上的柔性限流器对自阻抗的影响更为明显并且将带来更好的限流效果。

传统灵敏度分析法针对短路故障电流超过标准电流的节点展开计算，其中每个超标节点的支路按灵敏度的降序排列并选取前 $K$ 条支路作为安装限流器的候选支路。但是该方法仅考虑各节点的等故障概率模型，无法反映实际配电网不同节点的故障情况，且短路电流超标节点并非系统短路故障易发点，仅考虑等故障概率模型下支路对超标节点的影响远远不够，需要从配电网发生短路故障等影响因素入手进行综合考虑。因此本章节引入蒙特卡洛故障模拟模型，通过熵值法与层次分析法构造概率函数分布，利用随机数模拟故障发生的概率以计算研究周期内的综合灵敏度。为此，本小节选择 5 个线路指标作为故障评估：$X_1$：输电线路长度；$X_2$：输电线路使用年限；$X_3$：输电线路落雷密度；$X_4$：输电线路污区等级；$X_5$：输电线路重要程度。

1. 层次分析法（Analytic Hierarchy Process，AHP）

AHP 隶属主观赋权法，其权重包含浓烈的个人色彩。首先根据评估指标构建判断矩阵，为了使方案有统一的标准，通过数字 1～9 及其倒数以定义判断矩阵，如表 6-1 所示，解决量化目标函数间比较的难题，提高判断的准确性。

表 6-1　　　　　　　　　　　　相对尺度判定

| 标度 | 含义 |
| --- | --- |
| 1 | 表示两因素同等重要 |
| 3 | 表示一个因素比另一个因素稍微重要 |
| 5 | 表示一个因素比另一个因素明显重要 |

| 标度 | 含义 |
|---|---|
| 7 | 表示一个因素比另一个因素强烈重要 |
| 9 | 表示一个因素比另一个因素极端重要 |
| 2，4，6，8 | 上述两相邻判断的中值 |

依据表 6-1 定义，通过决策者的比较可形成判断矩阵$(D_{ij})_{N \times N}$，其主对角线元素表示该目标函数自行比较，值为 1；而沿主对角线对称的元素互成倒数。

$$D = \begin{bmatrix} D_{11} & D_{12} & D_{13} & D_{14} & D_{15} \\ D_{21} & D_{22} & D_{23} & D_{24} & D_{25} \\ D_{31} & D_{32} & D_{33} & D_{34} & D_{35} \\ D_{41} & D_{42} & D_{43} & D_{44} & D_{45} \\ D_{51} & D_{52} & D_{53} & D_{54} & D_{55} \end{bmatrix} \qquad (6-10)$$

其次，计算所求判断矩阵是否通过一致性检验。最后，由于判断矩阵的列向量与权重的分布情况近似，故根据所生成的判断矩阵估算目标函数权值。

$$\omega_{\text{AHP},j} = \frac{1}{N} \sum_{i=1}^{N} \frac{f_{ij}}{\sum\limits_{k=1}^{N} f_{ki}}, \quad j = 1, 2, \cdots N \qquad (6-11)$$

2. 熵值法（Entropy Weighted Method，EWM）

EWM 隶属客观赋权法，其权重通过数据的熵值呈现，反映各个指标的内在联系。熵值越大，数据越稳定，其权重也相对较小。由于目标函数的量纲、数值均存在差异，因而需要对数据进行归一化处理求得指标矩阵$(x_{ij})_{M \times N}$

$$\begin{cases} x'_{ij} = \dfrac{\max x_j - x_{ij}}{\max x_j - \min x_j} \\ p_{ij} = \dfrac{x'_{ij}}{\sum\limits_{i=1}^{M} x'_{ij}} \end{cases} \qquad (6-12)$$

经归一化处理可将数据整合成同一单位，因而可得各指标的熵值

$$E_j = -\frac{1}{\ln N} \sum_{i=1}^{M} p_{ij} \ln p_{ij}, \ E_j \geqslant 0 \qquad (6-13)$$

则各指标权重可定义为

$$\omega_{\text{EWM},j} = \frac{1 - E_j}{M - \sum_{j=1}^{M} E_j} \quad (6-14)$$

3. 蒙特卡洛故障模拟模型

结合 AHP 与 EWM 求取综合权重，实现主观人为干预与客观数据变化的优势互补。其中组合权重可表示如下

$$\omega_j = \frac{\omega_{\text{AHP},j} \omega_{\text{EWM},j}}{\sum_{k=1}^{N} \omega_{\text{AHP},k} \omega_{\text{EWM},k}}, \quad j = 1, 2, \cdots, N \quad (6-15)$$

因而线路故障概率函数可定义为

$$P_i = \frac{\sum_{j=1}^{N} \omega_j X_{ij}}{\sum_{i=1}^{M} \sum_{j=1}^{N} \omega_j X_{ij}}, \quad i = 1, 2, \cdots, M \quad (6-16)$$

根据式（6-16）可以用随机数 $k_1$ 定义概率密度模型

$$f = \begin{cases} 1, k_1 < P_1 \\ 2, P_1 \leqslant k_1 \leqslant \sum_{i=1}^{2} P_i \\ \vdots \quad \vdots \\ M, \sum_{i=1}^{M-1} P_i \leqslant k_1 \leqslant 1 \end{cases} \quad (6-17)$$

式中：$k_1$ 为［0，1］内的随机数；$f$ 为故障节点。

通过生成一组随机数可以模拟所发生故障的节点，结合故障点与灵敏度可以计算各支路在所有故障模拟点下的总灵敏度。将柔性限流器安装到支路中，如果总灵敏度系数的值越大，则表明装设于该支路能够获得更有效的电流抑制效果。其中，综合灵敏度的表达式定义为

$$\eta = \sum_{i=1}^{t_{\text{fault}}} \frac{(Z_{ij} - Z_{if(k_{1(i)})})^2}{Z_{f(k_{1(i)})j}^2} \quad (6-18)$$

式中：$t_{\text{fault}}$ 为总故障节点数；$f(k_{1(i)})$ 是第 $i$ 次模拟下的短路故障点。依据综合灵敏度的大小进行排序以选择最佳候选位置。

# 6.2 多目标改进型蝙蝠算法

## 6.2.1 数学模型构建

在综合考虑柔性限流器成本、限流效果与负荷可靠性的基础上，本小节提出了一种 Pareto 优化配置方法，其数学表达式如下所示

$$
\begin{cases}
\min F(x) = [\min F_1(x), \min F_2(x), \min F_3(x)] \\
\text{s.t.} \begin{cases} Z_{\text{FCL}}^{\min} \leqslant Z_{\text{FCL}} \leqslant Z_{\text{FCL}}^{\max} \\ N_{\text{FCL}}^{\min} \leqslant N_{\text{FCL}} \leqslant N_{\text{FCL}}^{\max} \end{cases}
\end{cases} \tag{6-19}
$$

式中，$x = (x_1, x_2, \cdots, x_n)$ 表示三维问题的解；$F(x)$ 表示三维问题的目标空间；$N_{\text{FCL}}$ 表示柔性限流器的数量，$N_{\text{FCL}}^{\max}$ 与 $N_{\text{FCL}}^{\min}$ 分别为柔性限流器个数的上下限；$Z_{\text{FCL}}$ 表示柔性限流器的等效阻抗，$Z_{\text{FCL}}^{\max}$ 与 $Z_{\text{FCL}}^{\min}$ 分别为柔性限流器等效阻抗的上下限。

柔性限流器优化配置的第一个目标函数 $F_1$ 是投资成本，目前制约一项新兴设备投入最饱受关注的是其经济性，过高的成本将影响设备的工程使用，因此在约束空间内实现其成本的最小化显得尤为重要。由于目前柔性限流器未实现大规模的生产建设，因此参照现有限流器的文献资料构建新型限流器的成本模型。依照设备成本的基本结构，将柔性限流器的成本划分为安装成本与容量成本，其中安装成本与限流器个数相关，容量成本与限流器等效阻抗相关。为简化计算公式，选用投入数量少，等效阻抗小的柔性故障限流器配置方案作为成本等效表达式，可表示为

$$
F_1 = N_{\text{CHB-FCL}} + \sum_{i=1}^{N_{\text{CHB-FCL}}} Z_{\text{CHB-FCL}}(i) \tag{6-20}
$$

柔性限流器优化配置的第二个目标函数用于评价限流效果，通过限流比率确保各节点的故障电流接近正常电流，有利于维持配电网的安全稳定运行。当限流比例越小时，表示该配置方案体现更好的限流能力，其目标函数表示为

$$
F_2 = \log_M \left[ \sum_{i=1}^{M} f_{rate} \left( \frac{I_{\text{CHB-FCL}}(i)}{I_{\text{without}}(i)} \right) \right] + f_{\text{pena}} \tag{6-21}
$$

$$
f_{rate}(a) = \begin{cases} (M+1)^{k-1}, \dfrac{k-1}{s} \leqslant a \leqslant \dfrac{k}{s} & (k=1,2,\cdots,s) \\ (M+1)^s, a \geqslant 1 \end{cases} \tag{6-22}
$$

$$f_{\text{pena}} = \frac{p_c \sum_{i=1}^{M} \max\{I_{\text{CHB-FCL}}(i) - I_{\text{per}}^{\max}, 0\}}{\sum_{i=1}^{M} I_{\text{without}}(i)} \qquad (6-23)$$

式（6-22）中：$I_{\text{CHB-FCL}}(i)$ 是短路故障时触发柔性限流器后的节点电流；$I_{\text{without}}(i)$ 为短路故障时刻未接入柔性限流器的节点电流；$f_{\text{pena}}$ 是由故障电流约束所确定的惩罚函数；$s$ 表示预设的限流比例阶段，取 10；$p_c$ 是惩罚系数；$I_{\text{per}}^{\max}$ 为最大允许电流。

当 $I_{\text{CHB-FCL}}(i)$ 小于 $I_{\text{per}}^{\max}$ 时，$f_{\text{pena}}$ 近似于 0；否则式（6-23）成立。当某节点装设柔性故障限流器与未装设柔性故障限流器的短路电流值相差较大，$F_2$ 数值更低，则柔性故障限流器优化配置方案的限流效果更好。

柔性限流器优化配置的第三个目标函数用于评价配电网的可靠性，采用加权负荷可靠性指标对配电网进行可靠性评估，由系统平均中断持续时间、平均服务不可用指标、平均能源未供给指标组成。当加权负荷可靠性指标（Weighted Load Reliability Index，WLRI）数值越低时，表明系统可靠性越高。因此，其目标函数可表示为

$$F_3 = \sum_{i=1}^{M} \omega_{\text{CIC},k}(\text{WLRI}_{x,i}^{\text{without}} - \text{WLRI}_{x,i}^{\text{CHB-FCL}}) \qquad (6-24)$$

$$\omega_{\text{CIC},k} = \frac{第 i 个用户中断成本}{所有用户平均中断成本} \qquad (6-25)$$

$$\text{WLRI}_{x,i}^{\text{CHB-FCL}} = \text{SAIDI}_{x,i}^{\text{FCL}} + \text{ASUI}_{x,i}^{\text{FCL}} + \text{AENS}_{x,i}^{\text{FCL}}$$
$$= \frac{\lambda_i^{\text{FCL}} N_i}{\sum_{k=1}^{M} N_k} + \frac{r_i^{\text{FCL}} \lambda_i^{\text{FCL}} N_i}{8760 \sum_{k=1}^{M} N_k} + \frac{r_i^{\text{FCL}} P_i}{\sum_{k=1}^{M} N_k} \qquad (6-26)$$

$$\lambda_i^{\text{FCL}} = \lambda_i^{\text{without}} - \eta_i^{\text{FCL}} \lambda_{i,\text{faultcurrent}}^{\text{without}} \qquad (6-27)$$

式中：$\omega_{\text{CIC},k}$ 是第 $k$ 个负荷的显著性，由每个用户的中断成本而确定；$\lambda_i^{\text{FCL}}$ 为安装柔性限流器后保护设备的故障率；$\eta_i^{\text{FCL}}$ 为安装柔性限流器后故障电流抑制率；$N_i$、$r_i^{\text{FCL}}$、$P_i$ 分别为客户数量、维修时间、电力需求功率；WLRI 为加权负荷可靠性指标；SAIDI 为系统平均中断持续时间指标；ASUI 为平均服务不可用指标；AENS 为平均能源未供给指标；CIC 为用户中断成本。从提高系统可靠性的角度上看，$F_3$ 指标越高，即越适合安装柔性限流器。

传统优化决策通过权重系数合并不同目标函数，然而每个目标函数的维度不一致使得权重系数引起的主观偏差对规划结果产生较大的影响，由于指标之间的非同步性而使得空间中不存在令所有指标均达到最小的解。本章节通过引入支配关系、Pareto 最优解和 Pareto 最优前沿解以解决多目标规划问题。

支配关系：当满足式（6-28）和式（6-29），则解 $x_{(1)}$ 支配解 $x_{(2)}$，定义为 $x_{(1)} \prec x_{(2)}$。

$$F_i(x_{(1)}) \leqslant F_i(x_{(2)}), \forall i = 1, 2, \cdots, m \qquad (6-28)$$

$$F_j(x_{(1)}) < F_j(x_{(2)}), \exists j = 1, 2, \cdots, m \qquad (6-29)$$

Pareto 最优解：Pareto 最优解为所有支配解的集合

$$P = \{x^*\} = \{x_{(1)} \in x^* \,|\, \nexists\, x_{(2)} \in x : x_{(2)} \prec x_{(1)}\} \qquad (6-30)$$

Pareto 最优前沿解：由 Pareto 最优解映射的所有点集定义的边界

$$F = \left\{ \begin{bmatrix} OF_j(x_i) & \cdots & OF_m(x_i) \\ \vdots & \cdots & \vdots \\ OF_j(x_n) & \cdots & OF_m(x_n) \end{bmatrix} x_i \in x^*, j \in m \right\} \qquad (6-31)$$

为了理解 Pareto 最优原理，图 6-2 所示为两目标函数问题下，受支配解与非受支配解的相互关系。其中黑色点为 Pareto 最优前沿解下的各最优解，以 $n$ 点为例，该点不受任何解支配，却支配着三个白色的受支配解；$n-1$、$n$、$n+1$ 三点无相互支配关系，处于同一优先级。因而可以看出，Pareto 最优前沿解并非一个解，而是一群无差别解集，而决策者可根据实际需求选取最为合适的解作为规划方案。

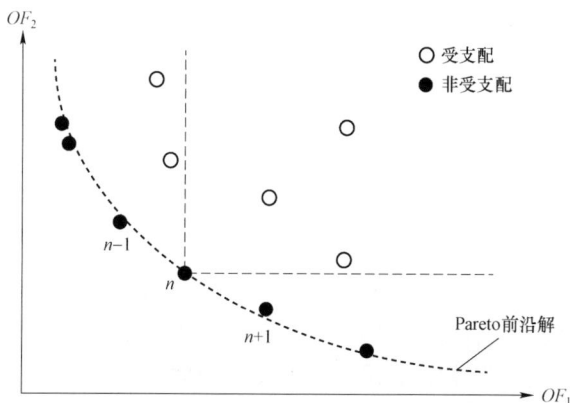

图 6-2　受支配解与非受支配解的关系

## 6.2.2 蝙蝠算法原理

蝙蝠算法（Standard Bat Algorithm，SBA）通过仿生蝙蝠回声定位获取食物的特性而构建的启发式算法。种群在飞行过程中通过改变波长等参数以实现避开障碍物或者找到猎物。在此，分别定义第 $i$ 个虚拟蝙蝠的频率 $f_{ri}$、速度 $v_i$、位置 $p_i$ 如下

$$f_{ri} = f_{r\min} + \tau_1 \times (f_{r\max} - f_{r\min}) \tag{6-32}$$

$$v_i(t) = v_i(t-1) + f_{ri} \times (p_i(t-1) - p_{best}) \tag{6-33}$$

$$p_i(t) = p_i(t-1) + v_i(t) \tag{6-34}$$

式中：$f_{ri}$ 频率限制为 $[f_{r\min}, f_{r\max}]$；$\tau_1[\tau_1 \in (0,1)]$ 是一个随机变量；$p_{best}$ 为当前种群中的最优解。

其中局部搜索作为一种常规的优化技术，其在蝙蝠算法中的应用主要是通过更新音量 $lo_i$ 与脉冲发射率 $r_i$ 以寻找当前最优方案附近的较优方案。定义 $lo_i$ 与 $r_i$ 表达式为

$$lo_i(t+1) = \tau_2 lo_i(t) \tag{6-35}$$

$$r_i(t+1) = r_0[1 - \exp(-\tau_3 t)] \tag{6-36}$$

式中：$\tau_2[\tau_2 \in (0,1)]$ 与 $\tau_3(\tau_3 > 0)$ 分别表示 $lo_i$ 的衰减系数和 $r_i$ 增长系数；$r_0$ 为初始脉冲发射率。

在蝙蝠找到猎物后或靠近障碍物，将降低音量并提高脉冲发射率，以提高搜索效率。

经典蝙蝠算法首先在搜索空间中随机生成一组初始蝙蝠种群，通过随机化设置每个个体的速度与位置。同时通过计算目标函数以选择排序靠前中的个体作为当前局部最优解 $p^*$，基于式（6-32）～式（6-34）生成新的蝙蝠种群。如果生成的随机数 rand $> r_i$，则在当前最优解 $p^*$ 附近搜索一个新的局部最优解 $p^{**}$，同时通过边界条件进行最优解约束。如果生成的随机数 rand $< A_i$（$A_i$ 为设置的概率参数）并且 $f(p^{**}) < f(p^*)$，则接受新的局部最优解 $p^{**}$，同时通过式（6-35）和式（6-36）更新音量与脉冲发射率。计算所有个体的目标函数并按照其数值大小排列，同时更新本次迭代中的当前最优解 $p^*$。当满足最终迭代次数或连续多次迭代过程中最优解方案不发生变化时，输出全局最优解。

其中经典蝙蝠算法的伪代码如表 6-2 所示。

| 表 6-2 | 经典蝙蝠算法的伪代码 |
|---|---|

1 初始化蝙蝠种群 $p_i$ 与速度 $v_i$

2 定义频率 $f_i$

3 音量 $lo_i$ 与初始化脉冲发射率 $r_i$

4 **repeat**

5 　　通过式（6-32）～式（6-34）生成新的解集

6 　　从解集中选择一个当前最佳解 $p^*$

7 　　**if** rand$>r_i$ **then**

8 　　　　在最佳解附近生成一个新的局部最优解 $p^{**}$

9 　　**End**

10 　　**if** rand$<A_i$ **and** $f(p^{**})<f(p^*)$**then**

11 　　　　接受新解

12 　　　　通过式（6-35）和式（6-36）减小 $lo_i$ 并增大 $r_i$

13 　　**End**

14 　　对蝙蝠种群进行排序并寻找当前最优解 $p^*$

15 **until** 满足最终迭代条件

16 输出最优解

## 6.2.3　多目标改进型蝙蝠算法

为了更有效地处理多目标优化问题，本小节在经典 SBA 的基础上引入随机惯性权重（Stochastic Inertia Weight，SIW）策略、局部迭代搜索（Iterative Local Search，ILS）策略、均衡策略（Balance Strategy）、非支配排序策略（Non-dominant Sorting Strategy），通过引入 SIW 策略搜索得稳定解；引入 ILS 策略使结果跳出局部最优解；引入均衡策略以更新发射率与音量实现局部解与全局解的均衡；引入非支配排序策略实现种群在多维空间的搜索。该算法克服局部最优与早熟收敛的缺点，在优化精度与收敛稳定性方面具有显著优势。

1. SIW 策略

通过引入随机惯性权重 $\omega_{SIW}$ 以提高算法的搜索能力，速度更新公式为

$$v_i(t) = \omega_{SIW} v_i(t-1) + f_{ri}[p_i(t-1) - p_{best}] \tag{6-37}$$

$$\omega_{SIW} = u_{SIW}^{min} + \tau_4(u_{SIW}^{max} - u_{SIW}^{min}) + \tau_5\sigma_{SIW} \tag{6-38}$$

式中：$u_{SIW}^{max}$ 与 $u_{SIW}^{min}$ 分别为随机惯性权重的最大、最小影响因子；$\tau_4/\tau_5[\tau_i\in(0,1), i=4,5]$ 是随机变量；$\sigma_{SIW}$ 为偏移系数。

该策略为蝙蝠速度的更新引入了一个权重系数，并利用随机变量调整权

值，不仅可以维持种群的多样性，保持搜索过程中种群的持续进化，而且在迭代过程中种群不易被局部最优解吸引而早熟收敛，有利于解决传统蝙蝠速度更新中最优解不稳定等问题。

2. ILS 策略

在满足接受条件的情况下，ILS 策略通过随机数试探性地寻找 $x_*$ 附近的解以跳出当前的局限解，其中最优解的更新公式为

$$x_* = \begin{cases} x_*' = x_* \tau_6 \\ \text{当 } F(x_*') < F(x_*) \text{ 或 } e^{\{-[F(x_*')-F(x_*)] > \tau_7\}} \end{cases} \quad (6-39)$$

式中：$x_*'$ 为中间状态变量；$\tau_6/\tau_7[\tau_i \in (0,1), i=6,7]$ 是随机变量。

在搜索过程中，围绕全局最优解的附近寻找较优解，实现局部搜索，其中接受准则是一种随机因素的贪婪方法以指导种群寻找全局最优解 $p_{best}$。

3. 均衡策略

当种群在空间搜索时，通过产生较大的音量与较低的频率，以实现空间的广泛搜索，在靠近目标后，蝙蝠将减小发出的音量而增大频率以准确定位。根据以上特性，均衡策略通过脉冲发射率 $r_i$ 控制蝙蝠的飞行并且通过音量 $lo_i$ 接受新解，以实现局部解与全局解的平衡搜索，其中 $r_i$ 与 $lo_i$ 新的更新公式为

$$r_i(t+1) = \tau_r r_i(t)^2 \sin[\pi r_i(t)] \quad (6-40)$$

$$lo_i(t+1) = \left(\frac{lo_{max}-lo_{min}}{t-t_{max}}\right)(1-t_{max}) + lo_{min} \quad (6-41)$$

式中：$\tau_r$ 为迭代参数；$lo_{min}$ 与 $lo_{max}$ 为音量的上下限约束；$t_{max}$ 为最大迭代次数。

脉冲发射率更新公式采用正弦映射函数，音量更新公式采用单调随机函数，图 6-3 为脉冲发射率与音量在 300 次迭代内的函数变化。从图中可以看出，脉冲发射率相较于传统的指数函数具有更广的搜索范围，实现局部最优解的动态搜索；音量变化曲线相较于传统的随机函数也有着更广阔的搜索范围，传统的随机函数当音量变为 0 时即停止搜索，容易陷入局部最优解，而本小节所改进的单调随机函数能够实现在种群搜索过程中的动态响应，跳出局部最优解。

4. 非支配排序策略

决策指标之间的冲突与非同步性使得在规划过程中不存在某个方案令每个指标均实现其最优状态。针对这一问题，本小节将 Pareto 最优特性引入，该策略作为博弈论的一个基本概念，无论所给定的状态及过程如何变化，最终所剩余的决策量必须属于一个非支配解集。简而言之，非支配排序策略用于解决多维度问题，最终生成一组 Pareto 前沿解集。

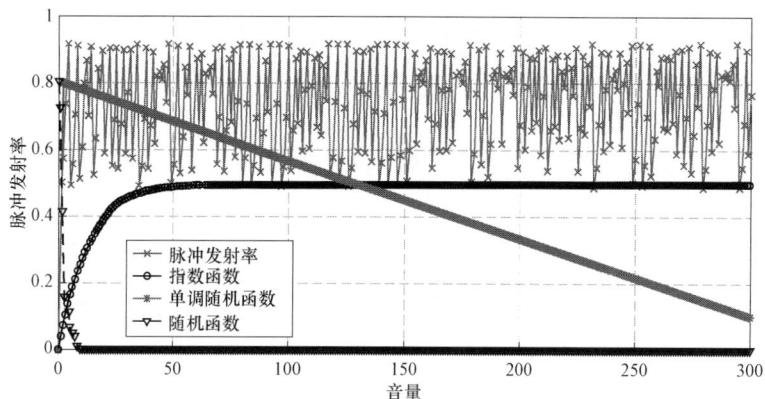

图 6-3 脉冲发射率与音量的函数变化曲线

图 6-4 展示了非支配排序策略中的种群筛选。结合式(6-28)和式(6-29)的支配关系，在每一代搜索中依照个体间的支配关系将种群划分为不同等级，首先从种群中筛选出一群非支配解，将该种群定义为 Rank1。其次将排除种群 Rank1 后剩余的种群进行支配关系排序，将所选取的非支配解集定义为 Rank2，依次类推，直至定义所有种群。最后通过拥挤度计算选择拥挤度较大的种群进入子代，同时舍弃剩余种群。

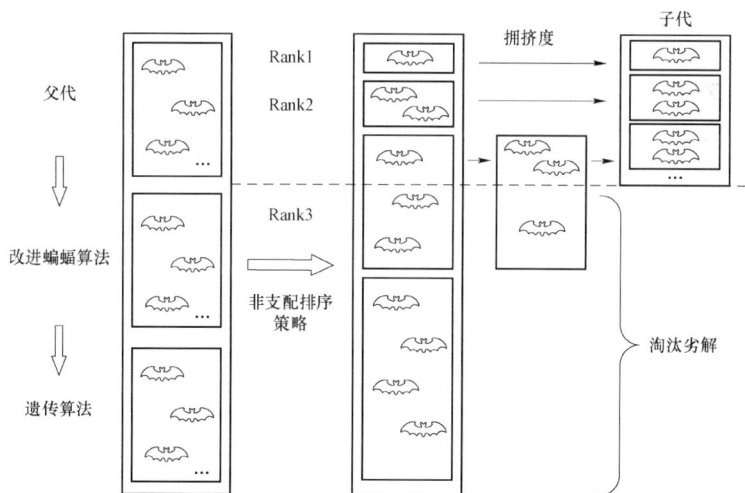

图 6-4 非支配排序策略中的种群筛选

其中拥挤度计算用于描述个体间的距离，为了使个体在空间分布更为均匀，其空间距离越大，个体越不易陷入局部最优解。本章节在传统拥挤度距离 $D(x)$ 的计算基础上，引入方差计算公式，得到新的拥挤度距离公式 $E(x)$ 为

$$D(x) = \frac{\sum_{j=2}^{n-1}\left(\left|\sum_{i=1}^{3}\frac{\left|F_i(j+1)-F_i(j-1)\right|}{F_{i,\max}-F_{i,\min}}\right|-E(x)\right)^2}{n-1} \qquad (6-42)$$

$$E(x) = \sum_{i=1}^{3}\frac{\left|F_i(x+1)-F_i(x-1)\right|}{F_{i,\max}-F_{i,\min}} \qquad (6-43)$$

式中：$n$ 为种群个数；$F_i(j+1)$ 为第 $(j+1)$ 个粒子在第 $i$ 个目标函数下的数值；$F_i(x+1)$ 为第 $(x+1)$ 个粒子在第 $i$ 个目标函数下的数值；$F_{i,\max}$ 与 $F_{i,\min}$ 分别为第 $i$ 个决策变量的最大最小值。

　　传统的拥挤度计算容易造成不同维度上的拥挤度差异较大而使个体无法保留，因此改用方差计算的拥挤度能够保证个体在空间分布的均匀性，防止粒子陷入局部最优。

　　结合上述四种策略与 SBA 算法，可以得到图 6-5 所示的多目标改进型蝙蝠算法（Multi-objective improved bat algorithm，MOIBA）流程图。首先随机生成初始种群并作为第一次迭代的父代，在每一代种群竞争中将优秀的个体保留，淘汰较差的个体，同时在优秀的个体中繁育出子代进行新的种群竞争，往复循环直至最后一次迭代。优化问题在种群中的优胜劣汰最终输出 Pareto 前沿解。

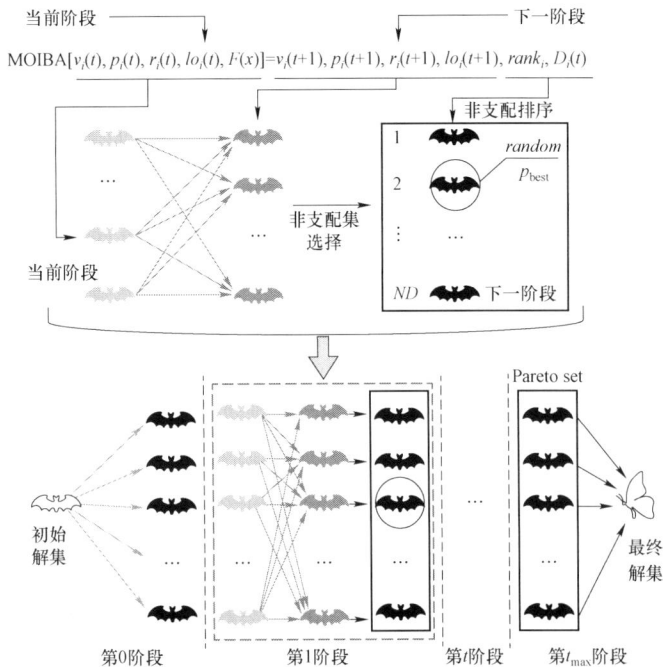

图 6-5　MOIBA 流程图

# 6.3 柔性限流器经济成本模型

经济性作为影响新兴技术能够广泛推广应用的关键因素,技术层面与经济层面的齐头并进,方可促进产业的高速发展。针对柔性限流器的纵向评估即成本角度,常采用 $LCC$ 准则以综合计算设备成本,其数学表达式为

$$LCC = CI + CO + CF + CD \qquad (6-44)$$

式中:$CI$ 代表投资成本;$CO$ 代表运行成本;$CF$ 代表维修成本;$CD$ 代表回收处置成本。

传统规划问题常常将研究周期与设备的使用周期等效,而未考虑到设备更换产生的费用,并且过短的研究周期未能充分体现设备的全部价值。因此本小节对柔性限流器的经济成本进行分析时,设置研究阶段 $t_r$ 大于设备的使用寿命 $t_{FCL}$,这将产生新的问题,即:由于设备的不同使用寿命,难以选取一个合适的研究周期使得所有设备更换次数为整数,当研究周期截止时,设备仍存在着剩余价值。因此本章节根据设备实际使用情况计算其使用年限,而非将其简化为额定寿命。图 6-6 为基于设备更换的全寿命周期成本模型中的各部分价值成本。

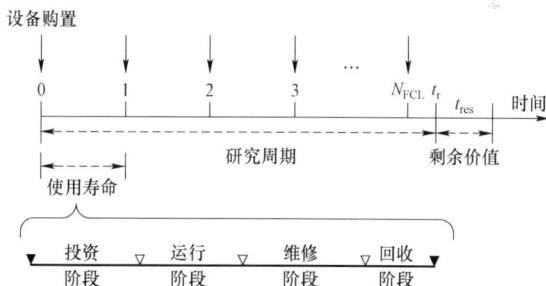

图 6-6 基于设备更换的全寿命周期成本模型

## 6.3.1 柔性限流器使用寿命

当流过柔性限流器的电流达到一定数值,因等效阻抗而产生的热损耗对设备使用寿命的影响不容忽视。由于柔性限流器处于发展阶段,较少有文献针对故障时刻浪涌电流造成柔性限流器寿命的定量损失开展实验分析,若将柔性限流器的实际使用寿命等效为额定寿命,在规划过程中必然产生误差,因此通过

简化寿命模型对柔性限流器的实际使用年限进行定量分析有助于规划的准确性。本小节基于设备疲劳寿命与热损耗特性对柔性限流器的使用寿命展开研究。

图 6-7 所示为流经限流器电流与设备损耗系数拟合曲线，其中 $I_{act}$ 为动作阈值电流；$I_{max}$ 为最大承载电流；$S_{Qmax}$ 与 $S_{Qmin}$ 分别为损耗系数的最大最小值。当电流小于 $I_{act}$ 时，由于限流器未被触发动作而不存在任何损耗；当电流处于 $I_{act}$ 与 $I_{per}^{max}$ 之间，存在一个较小的损耗系数 $S_{Qmin}$；当电流处于 $I_{per}^{max}$ 与 $I_{max}$ 之间，由于损耗的规律未知，本处拟采用二次曲线进行模拟；当电流大于 $I_{max}$，柔性限流器的寿命损耗随着电流的增加呈线性直线加速。

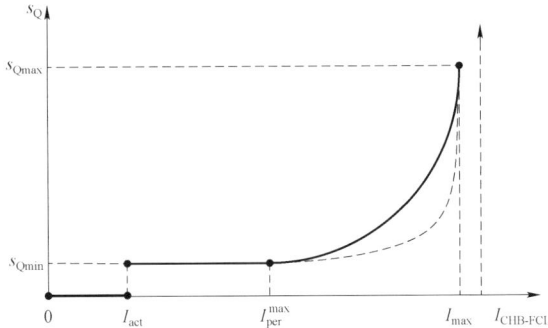

图 6-7  流经限流器电流与设备损耗系数拟合曲线

通过结合上文中所求的蒙特卡洛故障模拟点与损耗公式可以构建柔性限流器的损耗函数 $S_{Qsum}$

$$S_{Q}sum = \sum_{k=1}^{t_{fault}} S_Q I_{CHB\text{-}FCL,k}^2 Z_{CHB\text{-}FCL} T_Q \qquad (6-45)$$

$$\eta_{loss} = \frac{S_{Q}sum}{S_F} \qquad (6-46)$$

式中：$t_{fault}$ 为故障结束时刻；$I_{CHB\text{-}FCL}$ 为流经柔性限流器的电流；$Z_{CHB\text{-}FCL}$ 为柔性限流器自身阻抗；$T_Q$ 为故障维持时间；$\eta_{loss}$ 为柔性限流器寿命损耗率；$S_F$ 为柔性限流器的极限寿命。如果 $\eta_{loss} = 1$，则表明所对应的故障年份为柔性限流器的使用寿命 $t_{FCL}$。

## 6.3.2  全寿命周期成本

由于研究周期具有一定时间段的跨越，难免存在着货币价值在时间上的变化，而未来现金流量现值可以将项目方案每年的资金流动折算成现值，以实现

配置方案的合理评估，其中未来现金流量现值基本公式为

$$PV = \sum_{i=1}^{n} F(1+i)^{-n} \tag{6-47}$$

式中：$PV$ 为现值；$F$ 为终值；$n$ 为研究年限。为便于分析，在本章节的经济分析中，将各年份的成本终止值折算至研究初始年份时的现值。

参照传统限流器的投资费用，可将其分为容量费用与安装费用。通过结合图 6-6，柔性限流器的投资成本 $CI$ 可表示为

$$CI = c_{\mathrm{p}} \left[ \sum_{i=0}^{N_{\mathrm{CHB\text{-}FCL}}} (npv)^{it_{\mathrm{FCL}}} - \left( \frac{t_{\mathrm{res}}}{t_{\mathrm{FCL}}} \right) (npv)^{t_{\mathrm{r}}} \right] \sum_{i=0}^{N_{\mathrm{CHB\text{-}FCL}}} Z_i^{\mathrm{CHB\text{-}FCL}} + N_{\mathrm{FCL}} c_{\mathrm{r}} \sum_{i=0}^{N_{\mathrm{FCL}}} (npv)^{it_{\mathrm{FCL}}} \tag{6-48}$$

$$npv = (1-q)\left( \frac{1+b}{1+p} \right) \tag{6-49}$$

式中：$c_{\mathrm{p}}$ 为容量成本因子；$N_{\mathrm{CHB\text{-}FCL}}$ 为柔性限流器个数；$t_{\mathrm{res}}$ 为残值时间；$t_{\mathrm{FCL}}$ 为限流器的使用年限；$c_{\mathrm{r}}$ 为安装成本因子；$npv$ 为现值计算函数；$q$ 为价格变化系数（随着研发技术的发展，其购置成本也将相应下降）；$b$ 为通货膨胀率；$p$ 为利率。

式（6-48）可分为设备容量费用与安装费用，由于容量费用中对于 $N_{\mathrm{FCL}}$ 在研究周期 $t_{\mathrm{r}}$ 前并非完全消耗，存在剩余使用年限 $t_{\mathrm{res}}$，因此减去相应的剩余价值。而安装费未存在剩余价值。

运行成本一般指在设备投入阶段，对设备进行日常、定期的人工维护，每年的运行成本按照当年设备价格的百分比进行计算，故柔性限流器的运行成本 $CO$ 为

$$CO = c_{\mathrm{p}} k_{\mathrm{co}} \left( \sum_{i=0}^{t_{\mathrm{r}}} (npv)^i \right) \sum_{i=0}^{N_{\mathrm{CHB\text{-}FCL}}} Z_i^{\mathrm{CHB\text{-}FCL}} \tag{6-50}$$

式中：$k_{\mathrm{co}}$ 为运行成本因子。

维修成本 $CF$ 根据设备的故障率进行计算，其计算公式可表达为

$$CF = c_{\mathrm{p}} k_{\mathrm{cf}} \left( \sum_{i=0}^{t_{\mathrm{r}}} h_{\mathrm{cf}}(i)(npv)^i \right) \sum_{i=0}^{N_{\mathrm{CHB\text{-}FCL}}} Z_i^{\mathrm{CHB\text{-}FCL}} \tag{6-51}$$

$$h_{\mathrm{cf}}(t) = \begin{cases} \alpha_1 - t^{\beta_1 - 1}, & t < t_1 \\ \alpha_2 t^{\beta_2 - 1}, & t > t_2 \end{cases} \tag{6-52}$$

式中：$k_{\mathrm{cf}}$ 为年维修成本因子；$h_{\mathrm{cf}}$ 为故障率；$\alpha_1$，$\alpha_2$ 和 $\beta_1$，$\beta_2$ 分别为威布尔分布故障率函数参数。

为模拟柔性限流器的故障状况,构建图 6-8 所示的基于浴盆函数的柔性限流器故障概率曲线。当设备处于投运前期时,由于设备刚投入时的不稳定性,故障率呈现较高水平;当设备投入一定时间,将处于逐渐稳定状态且其故障率也处于最低的平稳状态;当设备投入至使用年限的末期,随着电力电子器件的老化与线路的衰老,设备故障率呈现不断上升的趋势,并且使用时间越久故障率越高。

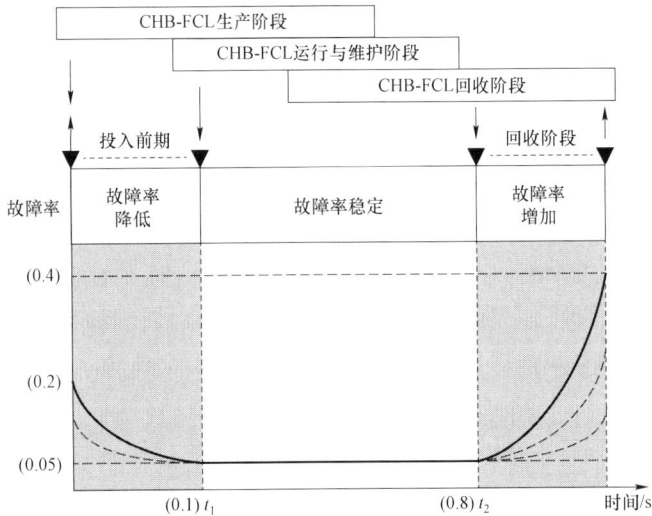

图 6-8 基于浴盆函数的柔性限流器故障概率曲线图

回收成本 CD 表示设备的寿命周期结束后,为处理旧设备所需要支付的费用,其中包含设备残值费用与环保支出费用。由于目前柔性限流器尚处于发展阶段,尚无明确回收价值参数,因此基于初始投资成本的比例计算公式为

$$CD = c_p k_{cd} \left( \sum_{i=0}^{N_{CHB\text{-}FCL}} (npv)^{it_{FCL}} \right) \sum_{i=0}^{N_{CHB\text{-}FCL}} Z_i^{CHB\text{-}FCL} \qquad (6-53)$$

式中:$k_{cd}$ 为回收成本因子。

# 6.4 仿 真 验 证

为验证所提柔性限流器优化配置方法的有效性,本章节选取 IEEE-33 节点配电网系统对柔性限流器进行优化配置,其结构示意图如图 6-9 所示。该系统基准电压为 12.66kV;系统总负载为 5084.26+j2547.32kVA;光储发电系统中包含一个光伏发电系统与一个储能电站，为方便计算，其容量统一设置为500kVA，次暂态电抗设为0.2。具体仿真参数如表6-3所示。

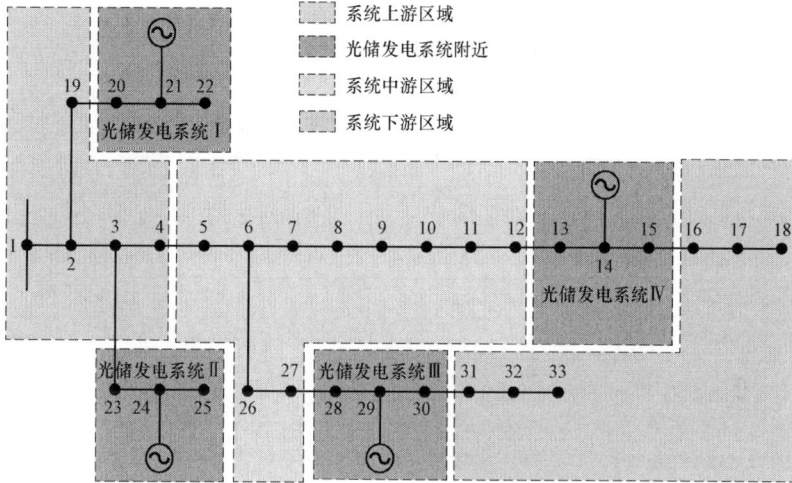

图6-9  IEEE-33节点配电网

## 6.4.1  筛选候选支路

在传统灵敏度分析模型中，首先基于式（6-4）计算三相短路故障节点电流，选取故障电流超过10kA的故障节点，基于式（6-9）计算超标节点中各支路所对应的灵敏度，依据降序排列并选取前8条支路作为候选支路。

表6-3　　　　　　　　IEEE-33节点配电网中线路参数与用户数据

| $i$ | $j$ | 阻抗（Ω） | $j$节点的负载（kVA） | $X_1$ | $X_2$ | $X_3$ | $X_4$ | $X_5$ | 类型 | 用户数量 | $\omega_k$ | $[P_1, P_2]$ |
|---|---|---|---|---|---|---|---|---|---|---|---|---|
| 1 | 2 | 0.0922 + j0.047 | 100 + j60 | 30 | 30 | 4.5 | 3.9 | 10 | 大用户 | 1 | 1.8 | [0, 0.07] |
| 2 | 3 | 0.4930 + j0.2511 | 90 + j40 | 10 | 300 | 4.4 | 3.9 | 7 | 大用户 | 1 | 1.7 | [0.07, 0.13] |
| 3 | 4 | 0.3660 + j0.1864 | 120 + j80 | 9 | 25 | 4.1 | 3.2 | 4.5 | 大用户 | 1 | 1.6 | [0.13, 0.17] |
| 4 | 5 | 0.3811 + j0.1941 | 60 + j30 | 8 | 27 | 4.0 | 3.5 | 4 | 大用户 | 1 | 1.4 | [0.17, 0.21] |
| 5 | 6 | 0.8190 + j0.7070 | 60 + j20 | 12 | 25 | 3.2 | 3.1 | 3.8 | 小用户 | 1 | 1.4 | [0.21, 0.25] |
| 6 | 7 | 0.1872 + j0.6188 | 200 + j100 | 13 | 25 | 2.7 | 3.0 | 3.5 | 住宅 | 220 | 0.5 | [0.25, 0.28] |
| 7 | 8 | 0.7114 + j0.2351 | 200 + j100 | 3 | 25 | 2.5 | 0.8 | 3.2 | 住宅 | 220 | 0.5 | [0.28, 0.30] |
| 8 | 9 | 1.0300 + j0.7400 | 60 + j20 | 6 | 25 | 2.8 | 2.5 | 3.1 | 商业 | 10 | 1.5 | [0.30, 0.32] |
| 9 | 10 | 1.0440 + j0.7400 | 60 + j20 | 14 | 23 | 3.0 | 1.3 | 3.0 | 商业 | 10 | 1.5 | [0.32, 0.35] |
| 10 | 11 | 0.1966 + j0.0650 | 45 + j30 | 17 | 22 | 2.6 | 2.6 | 3 | 商业 | 10 | 1.5 | [0.35, 0.37] |

续表

| $i$ | $j$ | 阻抗（Ω） | $j$ 节点的负载（kVA） | $X_1$ | $X_2$ | $X_3$ | $X_4$ | $X_5$ | 类型 | 用户数量 | $\omega_k$ | $[P_1, P_2]$ |
|---|---|---|---|---|---|---|---|---|---|---|---|---|
| 11 | 12 | $0.3744 + j0.1238$ | $60 + j35$ | 11 | 22 | 2.3 | 2.0 | 3 | 商业 | 10 | 1.5 | [0.37, 0.39] |
| 12 | 13 | $1.4680 + j1.1550$ | $60 + j35$ | 8 | 22 | 2.9 | 2.5 | 3 | 商业 | 10 | 1.5 | [0.39, 0.41] |
| 13 | 14 | $0.5416 + j0.7129$ | $120 + j80$ | 18 | 25 | 4.2 | 3.5 | 8 | 住宅 | 220 | 0.6 | [0.41, 0.47] |
| 14 | 15 | $0.5910 + j0.5260$ | $60 + j10$ | 10 | 25 | 3.2 | 2.6 | 5.5 | 住宅 | 220 | 0.5 | [0.47, 0.51] |
| 15 | 16 | $0.7463 + j0.5450$ | $60 + j20$ | 15 | 20 | 2.2 | 2.6 | 2 | 住宅 | 220 | 0.5 | [0.51, 0.52] |
| 16 | 17 | $1.2890 + j1.7210$ | $60 + j20$ | 8 | 20 | 2.8 | 2.8 | 1.5 | 住宅 | 220 | 0.5 | [0.52, 0.54] |
| 17 | 18 | $0.3720 + j0.5740$ | $90 + j40$ | 24 | 20 | 2.1 | 2.4 | 1 | 住宅 | 220 | 0.5 | [0.54, 0.55] |
| 2 | 19 | $0.1640 + j0.1565$ | $90 + j40$ | 22 | 25 | 3.5 | 3.1 | 7 | 大用户 | 1 | 1.6 | [0.55, 0.60] |
| 19 | 20 | $1.5042 + j1.3554$ | $90 + j40$ | 6 | 22 | 2.2 | 2.5 | 4 | 住宅 | 220 | 0.6 | [0.60, 0.62] |
| 20 | 21 | $0.4095 + j0.4784$ | $90 + j40$ | 22 | 26 | 3.9 | 3.6 | 8 | 住宅 | 220 | 0.6 | [0.62, 0.68] |
| 21 | 22 | $0.7089 + j0.9373$ | $90 + j40$ | 8 | 22 | 2.4 | 2.8 | 5.5 | 住宅 | 220 | 0.5 | [0.68, 0.71] |
| 3 | 23 | $0.4512 + j0.3 - 83$ | $90 + j50$ | 10 | 23 | 2.3 | 2.2 | 4 | 大用户 | 1 | 1.6 | [0.71, 0.74] |
| 23 | 24 | $0.8980 + j0.7091$ | $420 + j200$ | 18 | 26 | 3.6 | 3.3 | 8 | 住宅 | 220 | 0.6 | [0.74, 0.79] |
| 24 | 25 | $0.8960 + j0.7011$ | $420 + j200$ | 10 | 24 | 2.8 | 2.8 | 5.5 | 住宅 | 220 | 0.6 | [0.79, 0.82] |
| 6 | 26 | $0.2030 + j0.1034$ | $60 + j25$ | 6 | 22 | 2.2 | 2.2 | 4.5 | 商业 | 10 | 1.4 | [0.82, 0.84] |
| 26 | 27 | $0.2842 + j0.7006$ | $60 + j25$ | 5 | 22 | 2.1 | 1.6 | 4.5 | 商业 | 10 | 1.4 | [0.84, 0.86] |
| 27 | 28 | $1.0590 + j0.9337$ | $60 + j20$ | 8 | 22 | 1.8 | 1.9 | 4.5 | 商业 | 10 | 1.4 | [0.86, 0.89] |
| 28 | 29 | $0.8042 + j0.7006$ | $120 + j70$ | 14 | 26 | 3.4 | 2.9 | 7.5 | 住宅 | 220 | 0.6 | [0.89, 0.94] |
| 29 | 30 | $0.5075 + j0.2585$ | $200 + j600$ | 5 | 24 | 2.2 | 2.4 | 6 | 住宅 | 220 | 0.6 | [0.94, 0.97] |
| 30 | 31 | $0.9744 + j0.9630$ | $150 + j70$ | 18 | 22 | 1.1 | 1.5 | 3 | 住宅 | 220 | 0.6 | [0.97, 0.98] |
| 31 | 32 | $0.3105 + j0.3619$ | $210 + j100$ | 12 | 20 | 1.5 | 1.4 | 2.5 | 住宅 | 220 | 0.6 | [0.98, 0.99] |
| 32 | 33 | $0.3410 + j0.5362$ | $60 + j40$ | 15 | 20 | 1.2 | 1.4 | 2 | 住宅 | 220 | 0.5 | [0.99, 1] |

根据表6-4选择重复出现的支路与灵敏度数值较大的支路，可以筛选出8条支路，分别是：19-20、20-21、3-23、24-25、6-26、30-31、31-32、32-33。由于传统灵敏度计算方法未考虑配电网的实际情况，仅参照支路对整个配电网的影响，因而存在不必要的规划，如相邻线路的连续放置，也没有针对网络支路的重要性进行考虑。

表6-4　　　　　故障节点电流与柔性限流器候选支路灵敏度

| 节点 | 故障电流 | 灵敏度 |
|---|---|---|
| 5 | 10.6440 | 6-26（1.9353）；5-6（1.8741）；29-30（0.9696）；30-31（0.9342）；31-32（0.8971）；32-33（0.8946） |

| 节点 | 故障电流 | 灵敏度 |
|---|---|---|
| 6 | 14.1514 | 3−23（1.2805）；6−26（1.0085）；32−33（0.9433）；<br>31−32（0.9254）；20−21（0.9214）；19−20（0.9176） |
| 7 | 12.1318 | 6−26（5.3511）；3−23（1.5641）；32−33（0.9361）；<br>31−32（0.9359）；24−25（0.9158）；30−31（0.9020） |
| 26 | 12.5335 | 3−23（1.3934）；24−25（0.9461）；9−10（0.9453）；<br>20−21（0.9284）；21−22（0.9200）；19−20（0.9118） |
| 27 | 10.6252 | 3−23（1.5288）；6−26（1.5036）；24−25（0.9615）；<br>9−10（0.9449）；19−20（0.9242）；1−2（0.9195） |

本章节所提灵敏度分析中，设置蒙特卡洛故障模拟总次数为 1500 次，模拟等效年限为 15 年，即每年发生 100 次故障；基于历史经验与人工判定构建层次分析法判断矩阵：$D=$ [1，1/2，1/4，1/4，1/8；2，1，1/2，1/2，1/4；4，2，1，1，1/2；4，2，1，1，1/2；8，4，2，2，1]，可以得到 $X_1 \sim X_5$ 的对应层次分析法的权重 $\omega_{AHP}=$ [0.0526，0.1053，0.2105，0.2105，0.4211]；基于表 6−3 中的 $X_1 \sim X_5$ 的参数，可以得到 $X_1 \sim X_5$ 的对应熵值法的权重 $\omega_{EWM}=$ [0.2157，0.2977，0.1812，0.1153，0.1901]。通过式（6−15）和式（6−16）可以得到线路故障概率，其计算结果如表 6−3 中 $[P_1, P_2]$ 所示。通过式（6−18）可以模拟所生成的 1500 次故障，将故障点代入式（6−19）可以求得综合灵敏度数值，如表 6−5 所示。通过累加每次短路故障中各支路灵敏度，选取灵敏度总值 $\eta$ 排序靠前的 8 条支路作为候选位置。可以筛选出 8 条支路，分别是：24−25、3−4、32−33、31−32、28−29、20−21、13−14、26−27。

表 6−5　　　　　　　　　柔性限流器候选支路灵敏度

| 候选支路 | 灵敏系数 $\eta \times 10^5$ | 候选支路 | 灵敏系数 $\eta \times 10^5$ |
|---|---|---|---|
| 24−25 | 2.1793 | 28−29 | 1.2876 |
| 3−4 | 2.1491 | 20−21 | 0.9129 |
| 32−33 | 1.7190 | 13−14 | 0.8557 |
| 31−32 | 1.3172 | 26−27 | 0.8451 |

灵敏度计算法通过缩小规划空间，减小多目标优化算法的无效搜索范围，提高了算法的效率。通过对比表 6−4 与表 6−5 可以看出，两种方法所选择的支路 24−25、32−33、31−32、20−21 相同，然而本章节所提灵敏度分析法较

传统计算方法所选择的支路，不仅规避了相邻线路的重复放置，减少了过度放置而产生的资源浪费，而且考虑了系统的实际情况，针对配电网中分布式电源区域的重要性进行筛选放置。

### 6.4.2 算法性能分析

本章节基于反世代距离（Inverted Generational Distance，IGD）指标评价多目标优化算法中 Pareto 前沿解的收敛性和一致性。其中，指标值越低，表示算法得到的 Pareto 前沿解的收敛性和多样性越好，越接近参考 Pareto 前沿解。IGD 可以表示为

$$\text{IGD} = \frac{1}{|P|} \sum_{i=1}^{|P|} \min_{j=1}^{|A|} \sqrt{\sum_{m=1}^{M} \left( \frac{f_m(p_i) - f_m(a_j)}{f_m^{\max} - f_m^{\min}} \right)^2} \qquad (6-54)$$

式中，$A$ 表示算法所生成的非支配解集，$a_j \in A$，$j = 1, 2 \cdots |A|$。$P$ 表示计算 IGD 时的一组参考点，$p_i \in P$，$i = 1, 2 \cdots |P|$。$f_m^{\max}$ 和 $f_m^{\min}$ 分别为 $P$ 中第 $m$ 个目标的最大最小值，$m = 1, 2 \cdots M$，$M$ 为目标个数。

表 6-6 所示为三种算法在四个测试函数中的 IGD 数值，其平均值与标准差是同一算法在同一测试函数上独立运行 50 次的统计结果。可以看出，MOIBA 算法在不同测试函数中获得最小的平均值与标准差，较传统的 NSGA-Ⅱ 与 MOPSO 算法有着更好的收敛性。需要注意的是，根据免费午餐定理，无法期望在每个测试函数均获得最佳 IGD 值，本处仅罗列出表现较好的四个测试函数作为展示。

表 6-6       三种算法在四个测试函数中的 IGD 数值

| 测试函数 | | MOIBA | NSGA-Ⅱ | MOPSO |
|---|---|---|---|---|
| ZDT1 | 平均值 | 1.9E-03 | 5.1E-01 | 1.3E-02 |
| | 标准差 | 2.9E-03 | 7.4E-02 | 1.8E-03 |
| ZDT2 | 平均值 | 3.4E-03 | 7.6E-01 | 1.8E-02 |
| | 标准差 | 5.4E-03 | 1.4E-01 | 5.1E-03 |
| ZDT3 | 平均值 | 9.8E-04 | 3.6E-01 | 1.1E-01 |
| | 标准差 | 1.7E-03 | 4.0E-02 | 7.1E-02 |
| ZDT6 | 平均值 | 1.9E-02 | 1.65 | 4.4E-01 |
| | 标准差 | 1.5E-2 | 9.8E-01 | 2.4E-02 |

为了进一步凸显本章节所提算法在实际应用中的性能表现，将 NSGA-II、MOPSO 和 MOIBA 算法分别代入本章节所提的柔性限流器优化配置数学模型中，并输出每一次迭代中所得到的最小值，以验证所提算法的收敛能力。其中，设置蝙蝠种群数与算法最终迭代数分别为 50、300；柔性限流器最大最小阻抗分别为 10Ω 与 0Ω；柔性限流器安装个数最大为 8 个，最小为 1 个；惩罚系数 $p_c$ 取 100；最大允许电流 $I_{per}^{max}$ 为 12kA；随机惯性权重的最大影响因子 $u_{SIW}^{max}$ 与最小影响因子 $u_{SIW}^{min}$ 分别为 0.9 与 0.4；蝙蝠频率 $f_{ri}$ 限制为[0,1]；迭代参数 $\tau_r$ 为 2.3；音量 $lo$ 的上下限约束为[0.6,0.9]。

图 6-10 所示为目标函数的收敛曲线图，可以看出：在迭代次数达到 50 次时，MOIBA 的收敛曲线均能处于一个较低水平，在迭代次数达到 150 次前，收敛曲线均已达到最小值且不再降低。因此通过三种算法的比较可以看出，本章节所提的 MOIBA 算法在收敛速度与精度上表现较其余两种算法更为优异，更能贴切全局最优解的需求。

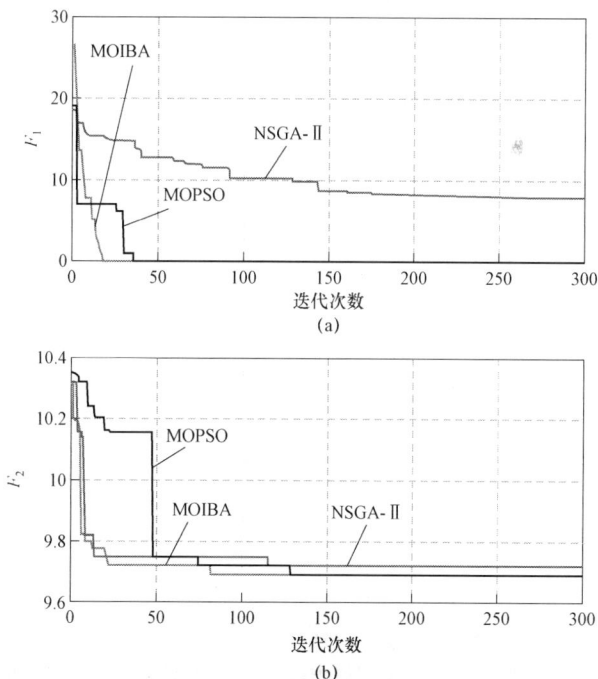

图 6-10 MOIBA 算法与其他算法的目标函数收敛曲线（一）

（a）第一个目标函数；（b）第二个目标函数

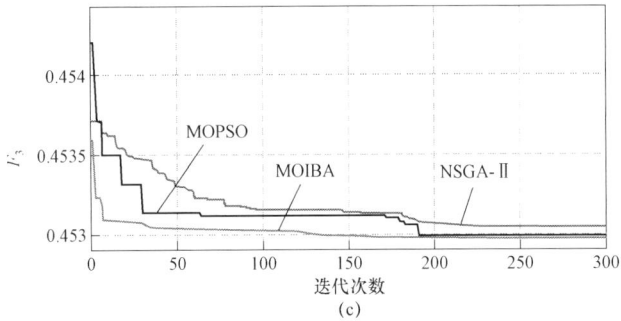

图 6－10　MOIBA 算法与其他算法的目标函数收敛曲线（二）

（c）第三个目标函数

### 6.4.3　优化配置结果

由于目前较少有文献对柔性限流器的损耗寿命进行破坏性实验验证，为了计算损耗系数与电流之间的关系，将 $S_{Qmin}$、$S_{Qmax}$、$I_{act}$、$I_{max}$ 分别设置为 0.0001、0.01、5kA、30kA。由于柔性限流器还未完全商业化，缺乏具体的成本参数，参考文献通常将限流设备的安装成本设定为容量成本的 5～10 倍，在本节经济配置研究中，选择容量成本作为基准成本，设定柔性限流器安装成本为与容量成本比值为 1:0.1；价格变化系数 $q$ 为 0.01；通货膨胀率 $b$ 为 0.03；利率 $p$ 为 0.06；运行成本因子 $k_{co}$ 取 0.04；年维修成本因子 $k_{cf}$ 取 0.4；故障率函数参数 $\alpha_1$、$\alpha_2$ 和 $\beta_1$、$\beta_2$ 分别为 0.2、0.4、1.74、10.32；回收成本因子 $k_{cd}$ 取 0.1；母线与线路的维修时间分别设置为 2 年、5 年；设置研究周期设置为 50 年。

图 6－11 所示为基于 MOIBA 算法的限流器优化配置 Pareto 前沿解，三维空间中各个坐标系代表相应目标函数值，其中不同符号组成的曲线分别代表装设 1、2、3、4 个柔性限流器时的 Pareto 前沿解。可以看出，柔性故障限流器的目标函数负荷可靠性 $F_3$ 与限流效果 $F_2$ 成正比；负荷可靠性 $F_3$ 以及限流效果 $F_2$ 均与成本 $F_1$ 成反比。当所选取的柔性限流器配置方案所对应的投资成本越低时，其限流效果与负荷可靠性变得越差；当所选配置方案所对应的可靠性越好时，该方案对应的限流效果也越好。

从图 6－11 中柔性限流器装设数量不同案例中各选一组配置方案，分别标志为案例 I、案例 II、案例 III、案例IV，代表着四个不同的优化解，各方案具体优化数据如表 6－7 所示。这些结果显示了对不同目标函数的偏好的最优选择，如果将目标函数 $F_1$ 限制于 $0<F_1<3.8$，则安装一个柔性限流器是最佳选择；如果将目标函数限制于 $9.78<F_2<10.23$ 和 $0.453<F_3<0.455$，则安装四个

柔性限流器是最佳选择。此外，安装两个或者三个柔性限流器则处于以上两种情况之间的均衡抉择。其中，案例 I 在支路 28−29 中装设等效阻抗为 0.6117Ω，该限流器的使用寿命为 10 年；案例 II 在支路 28−29、3−4 中分别装设等效阻抗为 2.0247、1.5198Ω，限流器的使用寿命分别为 10、15 年；案例 III 在支路 28−29、3−4、26−27 中分别装设等效阻抗为 5.5825、1.7492、0.4088Ω，限流器的使用寿命分别为 5、15、13 年；案例 IV 在支路 28−29、3−4、26−27、13−14 中分别装设等效阻抗为 4.5262、2.9731、0.7945、3.6598Ω，限流器的使用寿命分别为 6、6、10、10 年。同时可以看出，在 50 年的全寿命周期中，柔性限流器的投资成本占全部支出的 60%，运行成本和维修成本占总支出的 20% 与 10%，其余为回收成本。因此，决定柔性限流器能否快速发展仍取决于设备成本费用的降低。

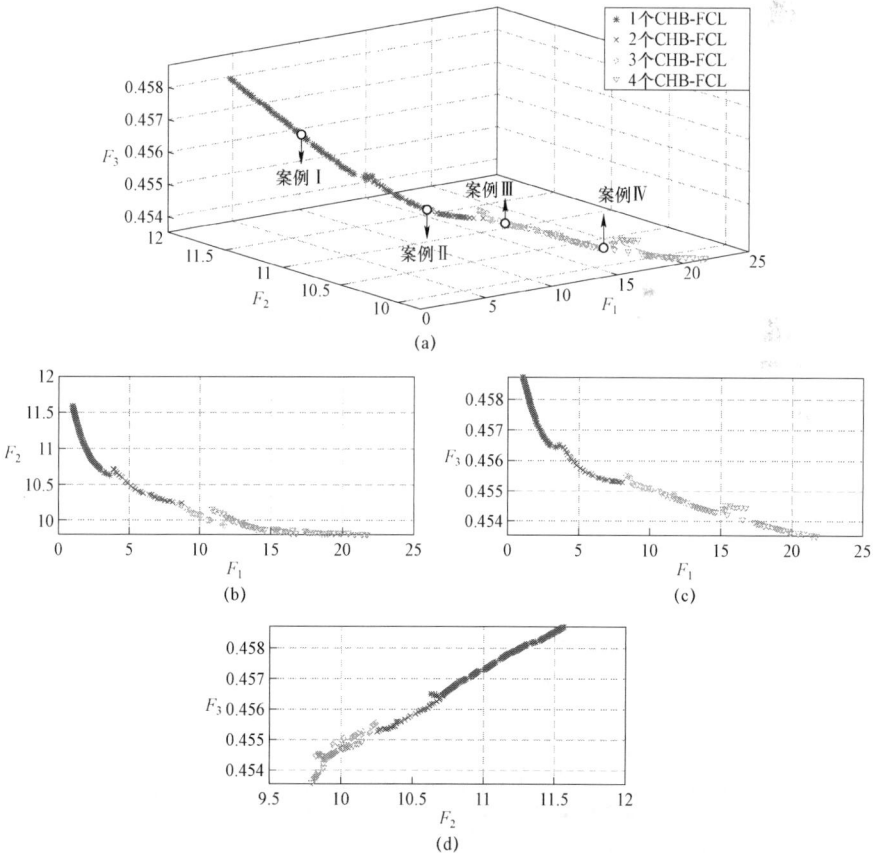

图 6−11　基于 MOIBA 算法的限流器优化配置 Pareto 前沿解

（a）三维图；（b）俯视图；（c）正视图；（d）侧视图

表 6-7 所选配置方案的经济成本值

| 案例 | 方案 | $t_{FCL}$ | $F_1$ | $F_2$ | $F_3$ | LCC | CI | CO | CF | CD |
|---|---|---|---|---|---|---|---|---|---|---|
| I | 28-29<br>(0.6117) | 10 | 1.61 | 11.1416 | 0.4577 | 288.7 | 181.3 | 56.0 | 39.7 | 11.7 |
| II | 28-29<br>(2.0247) | 10 | 5.54 | 10.4201 | 0.4556 | 572.6 | 355.6 | 114.0 | 80.5 | 22.5 |
| | 3-4<br>(1.5198) | 15 | | | | | | | | |
| III | 28-29<br>(5.5825) | 5 | 10.74 | 10.0002 | 0.4550 | 993.7 | 651.7 | 173.1 | 123.6 | 45.3 |
| | 3-4<br>(1.7492) | 15 | | | | | | | | |
| | 26-27<br>(0.4088) | 13 | | | | | | | | |
| IV | 28-29<br>(4.5262) | 6 | 15.95 | 9.8597 | 0.4545 | 1440.4 | 970.2 | 232.1 | 167.7 | 70.4 |
| | 3-4<br>(2.9731) | 6 | | | | | | | | |
| | 26-27<br>(0.7945) | 10 | | | | | | | | |
| | 13-14<br>(3.6598) | 10 | | | | | | | | |

图 6-12 为案例 I 至 IV 下各节点短路故障电流值。可以看出，当未装设柔性故障限流器时，有 3 条母线（6、7、26）的故障电流超出最大允许电流值，在配电网馈线首端以及微电网节点附近的故障电流明显高于其他节点。通过装

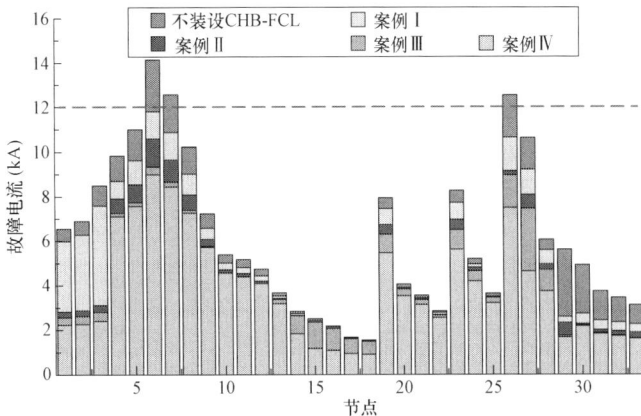

图 6-12 不同方案下各节点短路故障电流值

设柔性故障限流器，可以看出四个案例中各节点故障电流均有明显被抑制，其中案例Ⅳ的限流效果最为明显，虽然案例Ⅰ的限流效果较差，但是也将所有节点的故障电流抑制于最大允许电流值以下。随着柔性故障限流设备数量的增加，柔性故障限流器的限流效果与负荷可靠性均呈现升高趋势，但是其成本也随之增大。因此，针对柔性限流器的最佳规划配置方案取决于决策者主观判断，根据实际情况的需要选择相应方案。

图 6-13 所示为从 NSGA-Ⅱ、MOPSO 和 MOIBA 算法中获得未约束柔性限流器的规划数目前提下的 Pareto 前沿解。从图中可以看出，MOIBA 所得Pareto 前沿解相较其他两种算法处于主导地位。其中，NSGA-Ⅱ算法所得到的解集在空间中分布较为分散且堆叠度高，这是由于在搜索过程中部分种群陷入局部最优解，没有跳出搜索范围所造成。相比于 NSGA-Ⅱ算法，MOPSO 和MOIBA 算法有着更广泛的搜索范围，由于使用了一种新的拥挤度，MOIBA算法较 MOPSO 算法分布更为均匀。

从图 6-13 的各个算法中选取合适的案例，分别标志为案例Ⅴ、案例Ⅵ、案例Ⅶ，同时计算各方案下限装设方案的使用年限、各目标函数、全寿命周期成本值。各方案的优化数据如表 6-8 所示。

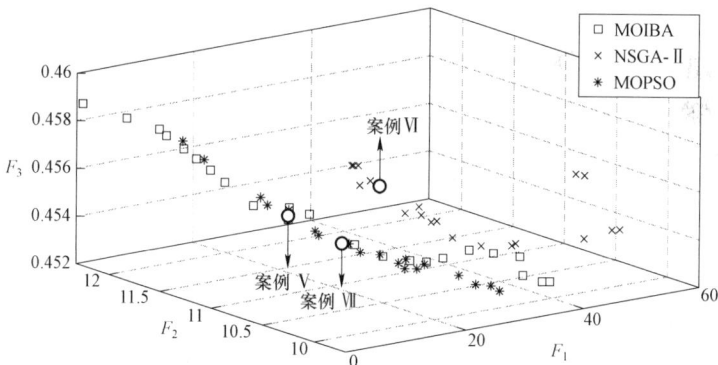

图 6-13　未约束柔性限流器的规划数目前提下的 Pareto 前沿解

表 6-8 可以看出，NSGA-Ⅱ算法所选案例需要装设 5 个柔性限流器，MOPSO 算法所选案例需要装设 3 个柔性限流器，MOIBA 算法所选案例需要装设 3 个柔性限流器。其中 MOIBA 所选案例中方案的装设位置与 NSGA-Ⅱ、MOPSO 方案的位置相重合，然而 MOIBA 所得方案的三个目标函数均小于其余两个算法。由于案例Ⅴ、Ⅶ中装设的限流器数量较少，流过限流器的故障电

流较大，导致限流器寿命损耗增大而缩短寿命，增大成本。

表 6-8　　　　　　　　　所选配置方案的经济成本值

| 案例 | 方案 | $t_{FCL}$ | $F_2$ | $F_3$ | $LCC$ |
|---|---|---|---|---|---|
| 案例 V （MOIBA） | 3-4（1.0495） | 11 | 10.7294 | 0.4557 | 948.564 |
| | 20-21（1.4219） | 10 | | | |
| | 28-29（2.9521） | 6 | | | |
| 案例 VI （NSGA-II） | 3-4（2.8008） | 15 | 10.8008 | 0.4573 | 1460.3 |
| | 20-21（3.8287） | 10 | | | |
| | 24-25（1.1829） | 10 | | | |
| | 31-32（0.9485） | 10 | | | |
| | 32-33（6.5646） | 10 | | | |
| 案例 VII （MOPSO） | 13-14（0.3793） | 10 | 10.9040 | 0.4561 | 955.655 |
| | 26-27（0.3297） | 10 | | | |
| | 28-29（4.0766） | 6 | | | |

综合上述仿真可以看出，本章节所提 MOIBA 算法不仅收敛速度更快，而且有着更好的 Pareto 前沿解空间分布。值得一提的是，多目标优化算法是将所有目标函数处理为相对最小化，然而没有一种方法能够使得所有目标函数同时处于最小值，一个目标函数的减少必然引起其他目标函数的增大。因此通过生成一组 Pareto 相对最优解集供决策者进行选择。

# 6.5　本　章　小　结

为了充分发挥柔性限流器的柔性、可控性，本章节提出了一种新的柔性限流器优化配置方法。首先基于蒙特卡洛故障模拟模型计算各支路的灵敏度，使得预先筛选出的支路更接近网络实际情况，而且通过优化搜索空间实现多目标搜索速度的提高；其次采用多目标改进型蝙蝠算法，在优化问题的搜索速度与搜索能力均强于传统多目标优化算法；最后通过构建经济成本评估模型，考虑到运行损耗下的柔性限流器使用寿命，并计算全寿命周期内各类成本的净现值。本章节为柔性限流器优化配置提供了较好的解决思路，为工程规划提供了可行的建议，推动柔性限流器的工程实际应用。

# 后 记

在撰写完《交直流电网柔性限流技术》后，作者深感责任重大，同时也为能够在这个领域做出一些微薄的贡献而感到欣慰。这本书不仅是对作者多年来在交直流电网柔性限流技术方面研究成果的总结，更是对未来电力工程技术发展的展望和期许。

在撰写过程中，作者深刻感受到了交直流电网技术的复杂性和挑战性。随着电力系统的不断发展，交直流混合电网已经成为了现代电力系统的重要组成部分。然而，这种电网结构也带来了许多新的问题。为了解决这些问题，柔性限流技术应运而生，以其独特的优势和广泛的应用前景，成为了电力工程技术领域的研究热点。

在本书中，作者详细介绍了柔性限流技术中交直流限流器的工作原理和控制方法，希望能够让读者更好地理解和掌握这项技术，为未来的电力工程实践提供有益的参考。

最后，感谢作者的同事、朋友们以及学生，他们在撰写这本书的过程中提供了许多宝贵的意见和建议。感谢出版社的编辑和工作人员，他们为这本书的出版付出了辛勤的努力和汗水。

作者期望《交直流电网柔性限流技术》这本书的出版能为电力工程技术领域的发展注入新的活力和动力。也期待着在未来的日子里，能够继续在这个领域做出更多的贡献，为电力行业的繁荣和发展贡献自己的力量。

**作者于福州大学旗山校区**